U0263622

"十二五"国家重点图书出版规划项目

公共安全应急管理丛书

非常规突发水灾害 应急合作管理与决策

王慧敏　刘高峰　陶飞飞　佟金萍◎著

科学出版社

北京

内 容 简 介

进入 21 世纪以来，频发的水灾害不仅威胁人民生命安全和国家公共安全，也对水危机管理提出了挑战。面对脆弱的现代文明及政府提高应对突发事件应急管理能力的需求，在不确定性环境下，缓解水危机问题，有效进行水灾害应急管理成为当务之急。本书从理论、方法和应用三个方面系统地研究了非常规突发水灾害应急管理问题，以复杂系统科学为方法论，以和谐发展理念为指导，以水灾害应急处置问题为导向，分析水灾害应急管理系统演化规律，全面深入地展开非常规突发水灾害应急合作管理基本理论、决策方法和系统实现的研究。本书提供了两个应用研究，即水旱灾害问题比较突出的淮河流域非常规突发洪水灾害应急合作管理和云南省非常规突发干旱灾害应急合作响应。

本书可作为水利管理、资源环境、灾害管理、风险与应急管理等相关专业的师生的参考书，也可供相关科研单位、管理部门及决策部门的科技、管理人员参考。

图书在版编目(CIP)数据

非常规突发水灾害应急合作管理与决策/王慧敏等著.—北京：科学出版社，2016

（公共安全应急管理丛书）

ISBN 978-7-03-044275-8

Ⅰ.①非⋯　Ⅱ.①王⋯　Ⅲ.①水灾-应急对策-研究

Ⅳ.①P426.616

中国版本图书馆 CIP 数据核字(2015)第 098634 号

责任编辑：魏如萍　王丹妮 / 责任校对：张曼
责任印制：霍兵 / 封面设计：无极书装

科 学 出 版 社 出版

北京东黄城根北街 16 号
邮政编码：100717
http://www.sciencep.com

中国科学院印刷厂 印刷

科学出版社发行　各地新华书店经销

*

2016 年 7 月第 一 版　开本：1/16 720×1000
2016 年 7 月第一次印刷　印张：17
字数：343 000

定价：**102.00 元**

（如有印装质量问题，我社负责调换）

丛书编委会

主　编

范维澄　教　授　清华大学

郭重庆　教　授　同济大学

副主编

吴启迪　教　授　国家自然科学基金委员会管理科学部

闪淳昌　教授级高工　国家安全生产监督管理总局

编　委（按姓氏拼音排序）

曹河圻　研究员　国家自然科学基金委员会医学科学部

邓云峰　研究员　国家行政学院

杜兰萍　副局长　公安部消防局

高自友　教　授　国家自然科学基金委员会管理科学部

李湖生　研究员　中国安全生产科学研究院

李仰哲　局　长　国家发展和改革委员会经济运行调节局

李一军　教　授　国家自然科学基金委员会管理科学部

刘　克　研究员　国家自然科学基金委员会信息科学部

刘铁民　研究员　中国安全生产科学研究院

刘　奕　副教授　清华大学

陆俊华　副省长　海南省人民政府

孟小峰　教　授　中国人民大学

邱晓刚　教　授　国防科技大学

汪寿阳　研究员　中国科学院数学与系统科学研究院

王飞跃　研究员　中国科学院自动化研究所

王　垒　教　授　北京大学

王岐东　研究员　国家自然科学基金委员会计划局

王　宇　研究员　中国疾病预防控制中心

吴　刚　研究员　国家自然科学基金委员会管理科学部

总　序

自美国"9·11事件"以来,国际社会对公共安全与应急管理的重视度迅速提升,各国政府、公众和专家学者都在重新思考如何应对突发事件的问题。当今世界,各种各样的突发事件越来越呈现出频繁发生、程度加剧、复杂复合等特点,给人类的安全和社会的稳定带来更大挑战。美国政府已将单纯的反恐战略提升到针对更广泛的突发事件应急管理的公共安全战略层面,美国国土安全部2002年发布的《国土安全国家战略》中将突发事件应对作为六个关键任务之一。欧盟委员会2006年通过了主题为"更好的世界,安全的欧洲"的欧盟安全战略并制订和实施了"欧洲安全研究计划"。我国的公共安全与应急管理自2003年抗击"非典"后受到从未有过的关注和重视。2005年和2007年,我国相继颁布实施了《国家突发公共事件总体应急预案》和《中华人民共和国突发事件应对法》,并在各个领域颁布了一系列有关公共安全与应急管理的政策性文件。2014年,我国正式成立"中央国家安全委员会",习近平总书记担任委员会主任。2015年5月29日中共中央政治局就健全公共安全体系进行第二十三次集体学习。中共中央总书记习近平在主持学习时强调,公共安全连着千家万户,确保公共安全事关人民群众生命财产安全,事关改革发展稳定大局。这一系列举措,标志着我国对安全问题的重视程度提升到一个新的战略高度。

在科学研究领域,公共安全与应急管理研究的广度和深度迅速拓展,并在世界范围内得到高度重视。美国国家科学基金会(National Science Foundation, NSF)资助的跨学科计划中,有五个与公共安全和应急管理有关,包括:①社会行为动力学;②人与自然耦合系统动力学;③爆炸探测预测前沿方法;④核探测技术;⑤支持国家安全的信息技术。欧盟框架计划第5~7期中均设有公共安全与应急管理的项目研究计划,如第5期(FP5)——人为与自然灾害的安全与应急管理,第6期(FP6)——开放型应急管理系统、面向风险管理的开放型空间数据系统、欧洲应急管理信息体系,第7期(FP7)——把安全作为一个独立领域。我国在《国家中长期科学和技术发展规划纲要(2006—2020年)》中首次把公共安全列为科技发展的11个重点领域之一;《国家自然科学基金"十一五"发展规划》把"社会系统与重大工程系统的危机/灾害控制"纳入优先发展领域;国务院办公厅先后出台了《"十一五"期间国家突发公共事件应急体系建设规划》、《"十二五"期间国家突发事件应急体系建设规划》、《"十二五"期间国家综合防灾减灾规划》和《关于加快应急产业发展的意见》等。在863、973等相关科技计划中也设立了一批公共安全领域的重大项目和优先资助方向。

针对国家公共安全与应急管理的重大需求和前沿基础科学研究的需求，国家自然科学基金委员会于 2009 年启动了"非常规突发事件应急管理研究"重大研究计划，遵循"有限目标、稳定支持、集成升华、跨越发展"的总体思路，围绕应急管理中的重大战略领域和方向开展创新性研究，通过顶层设计，着力凝练科学目标，积极促进学科交叉，培养创新人才。针对应急管理科学问题的多学科交叉特点，如应急决策研究中的信息融合、传播、分析处理等，以及应急决策和执行中的知识发现、非理性问题、行为偏差等涉及管理科学、信息科学、心理科学等多个学科的研究领域，重大研究计划在项目组织上加强若干关键问题的深入研究和集成，致力于实现应急管理若干重点领域和重要方向的跨域发展，提升我国应急管理基础研究原始创新能力，为我国应急管理实践提供科学支撑。重大研究计划自启动以来，已立项支持各类项目八十余项，稳定支持了一批来自不同学科、具有创新意识、思维活跃并立足于我国公共安全核应急管理领域的优秀科研队伍。百余所高校和科研院所参与了项目研究，培养了一批高水平研究力量，十余位科研人员获得国家自然科学基金"国家杰出青年科学基金"的资助及教育部"长江学者"特聘教授称号。在重大研究计划支持下，百余篇优秀学术论文发表在 SCI/SSCI 收录的管理、信息、心理领域的顶尖期刊上，在国内外知名出版社出版学术专著数十部，申请专利、软件著作权、制定标准规范等共计几十项。研究成果获得多项国家级和省部级科技奖。依托项目研究成果提出的十余项政策建议得到包括国务院总理等国家领导人的批示和多个政府部门的重视。研究成果直接应用于国家、部门、省市近十个"十二五"应急体系规划的制定。公共安全和应急管理基础研究的成果也直接推动了相关技术的研发，科技部在"十三五"重点专项中设立了公共安全方向，基础研究的相关成果为其提供了坚实的基础。

重大研究计划的启动和持续资助推动了我国公共安全与应急管理的学科建设，推动了"安全科学与工程"一级学科的设立，该一级学科下设有"安全与应急管理"二级学科。2012 年公共安全领域的一级学会"（中国）公共安全科学技术学会"正式成立，为公共安全领域的科研和教育提供了更广阔的平台。在重大研究计划执行期间，还组织了多次大型国际学术会议，积极参与国际事务。在世界卫生组织的应急系统规划设计的招标中，我国学者组成的团队在与英、美等国家的技术团队的竞争中胜出，与世卫组织在应急系统的标准、设计等方面开展了密切合作。我国学者在应急平台方面的研究成果还应用于多个国家，取得了良好的国际声誉。各类国际学术活动的开展，极大地提高了我国公共安全与应急管理在国际学术界的声望。

为了更广泛地和广大科研人员、应急管理工作者以及关心、关注公共安全与应急管理问题的公众分享重大研究计划的研究成果，在国家自然科学基金委员会管理科学部的支持下，由科学出版社将优秀研究成果以丛书的方式汇集出版，希望能为公共安全与应急管理领域的研究和探索提供更有力的支持，并能广泛应用到实际工作中。

　　为了更好地汇集公共安全与应急管理的最新研究成果，本套丛书将以滚动的方式出版，紧跟研究前沿，力争把不同学科领域的学者在公共安全与应急管理研究上的集体智慧以最高效的方式呈现给读者。

重大研究计划指导专家组

前　言

　　人类自诞生以来，就一直与水灾害相伴相随，并与之进行了不屈不挠的抗争。21 世纪以来，我国经济社会持续高速发展，积累的诸多重大矛盾和问题也以其特有的方式爆发，如重大自然灾害及公共突发事件。非常规突发水灾害事件就是一个典型，如 1998 年长江流域特大洪灾、2003 年和 2007 年淮河大洪水、2007 年无锡蓝藻暴发事件、2009 年年初我国 15 省份不同程度的干旱灾害、2010 年海南特大洪水灾害、2011 年南方多省市旱涝急转灾害、2012 年北京"7·21"特大暴雨事件、2013 年四川省多地遭遇特大暴雨及浙江余姚市百年一遇的水灾等。这些非常规突发水灾害不仅危害人们的生命安全，也对国家公共安全提出了挑战。

　　中共十六大以来，重大自然灾害和重大突发公共事件的应急管理受到社会各界广泛关注和高度重视。尽管上述非常规突发水灾害事件得到了有效的化解和处理，但水灾害应急管理仍存在诸多问题：一是"条块分割"、"多龙治水"的体制性问题导致政府行政权力配置效率低下，增大了管理难度；二是责任主体不清，部门职能交叉错位，政府之间、部门之间缺乏有效合作，管理效率不高；三是道德规范、利益导向、信息扭曲、监督乏力等制约因素的影响，沟通机制难以发挥作用，导致各级政府、社会与公众之间的激励不足和信任危机，使我国非常规突发水灾害应急管理陷入"集体行动的困境"。而形成这一困境的深层次原因，在于以往的应急管理机制和策略并未建立在个体和群体对突发事件的心理和风险感知等预期反应上，使得相关应急管理机制难以约束异质个体的应急行为，导致应急管理中多利益主体（如政府、部门、公众等）的理性行为引发集体非理性。符合现实的非常规突发水灾害应急管理"集体行动的逻辑"必须是参与水灾害应急管理过程中的每个理性个体在追求自身利益的决策和行为选择中通过交互适应、策略互动实现自我实施的规则与群体规范，实现合作的群体秩序。国外实践经验表明，突发事件的应急处置已从传统的即时反应和被动应对转向更加注重全过程的、综合性的应急管理，从灾害的类别管理、部门管理转向全面参与、相互协作的应急管理，从随机性的、就事论事的管理转向依靠法制和科学的应急管理。在"以人为本、人水和谐"的思想指导下，探索符合中国国情的非常规突发水灾害应急合作管理理论与决策方法，具有重大的理论价值和现实意义。

　　非常规突发水灾害具有非常规性和高度不确定性特征，人类对它的演化规律尚缺乏足够的认知，很难进行事先预防，使得传统应对突发事件的"预测—应对"管理范式遇到了挑战，有必要建立基于"情景依赖"的非常规突发水灾害应急管理范式。"沟通与协调"是水资源管理的时代特征，考量非常规突发水灾害应急处置过程中利益主体的角色、关系及其适应行为规则，建立多主体无缝合作的应急合作机制，有助于提高应急管理能力。政府是应急管理的主体，应急决策能力成为政府的核心执政能力之一。面对当代脆弱的文明及政府应对突发事件应急管理能力，迫切需要构建"情景依赖"型的以政府为主导、多主体合作的非常规突发水灾害应急机制及水灾害应急合作研讨决策支持平台，从而保障我国的生态环境安全和社会安全，达到提高预防、处置非常规突发水灾害事件应急能力的目的。

基于上述认识，我们以系统科学为方法论，以和谐发展理念为指导，以问题为导向，改变传统"预测—应对"管理模式，建立基于"情景依赖"的水灾害应急管理的基本理论、模型和方法，分析应急主体行为、合作机制和系统演化规律，构建应急合作管理体系和系统模型，运用综合集成研讨方法，展开非常规突发水灾害应急管理的系统方法与应用研究，构建突发洪水、干旱灾害应急合作研讨决策平台，并在淮河流域和云南省进行了仿真试验及应用研究。作者将相关研究成果整理出版，希望能为读者在复杂系统理论研究、水灾害应急管理研究等方面提供参考和帮助。

本书围绕非常规突发水灾害应急管理理论、方法及应用展开讨论和介绍。全书共分7章。第1～5章侧重于阐述理论与方法，第6～7章侧重于介绍应用与实践。理论与方法部分对非常规突发水灾害的基本理论与基本方法进行了较深入的分析，重点介绍了非常规突发水灾害应急管理的系统分析，应急合作机制分析，应急合作管理体系构建，水灾害应急合作管理系统建模，以及水灾害应急合作研讨决策方法、决策平台设计与实现。应用与实践部分有两个应用案例，包括淮河流域非常规突发洪水灾害应急合作管理、云南省非常规突发干旱灾害应急合作响应的应用研究。

本书的研究成果得到了国家自然科学基金（90924027、71303074）、国家社会科学基金（12&ZD214、10AJY005、10CGL069）、水利部公益性行业科研专项经费资助项目（200801027、201001044）、高等学校博士学科点专项科研基金（20120094110018）、教育部人文社会科学基金（09YJC790125、11YJCZH123）及企事业单位的委托等项目的资助。获得省部级科技进步奖一等奖1项、二等奖3项，通过省部级科技成果鉴定5项，本书的写作是在以上工作基础上完成的。

感谢课题组成员张乐博士、陈蓉博士、许玲燕博士、鞠琴博士为本书付出的辛苦工作。感谢淮河流域水利委员会、云南省水利厅、云南省水利科学研究院等合作单位在调研和研究过程中给予的帮助和支持。作者在撰写本书的过程中参考

的大量文献资料已尽可能一一列出，但难免有所疏漏，在此表示歉意，并向所有
的文献作者表示衷心感谢。

限于作者水平，书中不足之处在所难免，恳请学术前辈、领域专家、同行学
者及广大读者批评指正。

作　者

2016 年 1 月 1 日

于河海大学

目　　录

第 1 章

绪　　论

■ 1.1　关于非常规突发水灾害

进入 21 世纪以来，在经济社会持续高速发展的同时，长期以来我国经济社会发展过程中积累的诸多重大矛盾和突出问题以其特有的方式所爆发——重大突发公共事件，如 2003 年的 SARS 危机，2005 年人禽流感事件，2008 年中国南方雨雪冰冻灾害，2008 年中国汶川特大地震灾害，2008 年中国三鹿奶粉事件，2009 年 H1N1 甲型流感，2010 年西南五省市旱灾及江南暴雨洪灾，2010 年青海玉树地震，2012 年北京"7·21"特大暴雨事件，2013 四川省多地发生特大暴雨，2013 年浙江余姚市百年一遇的水灾等。这些非常规的重大突发公共事件比历史上任何时期都活跃，诱因越来越复杂，表现形式越来越多，涉及面越来越广，次生衍生危害越来越大，破坏性越来越强，似乎正在演化为一种常态。

在《国家突发公共事件总体应急预案》(2005 年)和《中华人民共和国突发事件应对法(以下简称《突发事件应对法》)》(2007 年)中，将突发公共事件分为 4 类[1,2]：①自然灾害事件类，主要包括水旱灾害、气象灾害、地震灾害、地质灾害、海洋灾害、生物灾害、森林草原火灾等；②事故灾难事件类，主要包括企业各类安全事故、交通运输事故、公共设施设备事故、环境污染、生态破坏事件等；③公共卫生事件类，主要包括传染病疫情、群体性不明原因疾病、食品安全和职业危害、动物疫情及其他严重影响公众健康和生命安全的事件；④社会安全事件类，主要包括恐怖袭击、经济安全、涉外突发事件等。在这 4 类突发公共事件中，自然灾害事件对人类社会的影响最为频繁、最为广泛、最为严重。全世界每年发生的大大小小的自然灾害非常多，近年来还呈现出增加的趋势。根据比利时布鲁塞尔 CRED(Centre for Research on the Epidemiology of Disasters)的 EM-DAT 数据库统计，在 1990～2010 年的 20 年间，全球自然灾害发生的次数及受灾人数如图 1.1 所示。从图 1.1 可知，在 1990～1999 年，全球自然灾害的发生次数年均 250 例；在 2000～2010 年，年均发生次数上升至 400 例，自然灾害越来越频繁。自然灾害影响的受灾人数也呈整体上升趋势，其中 2002 年因自然灾害而受灾的人数达 6.58 亿，2007～2010

年受灾人数均在 2.0 亿左右。2010 年，中国发生各类重大自然灾害达 25 例，远远高于其他国家，居全球首位(图 1.2)。而其中以水旱为主的水文类自然灾害就发生了 13 例，占全年自然灾害的 50% 以上。

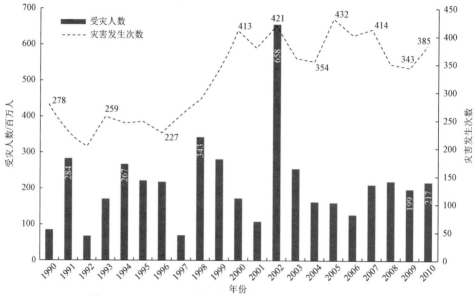

图 1.1　1990～2010 年全球自然灾害发生的次数及受灾人数

资料来源：CRED. Annual Disaster Statistical Review 2010：
The numbers and trends[R]. Brussels：CRED，2011

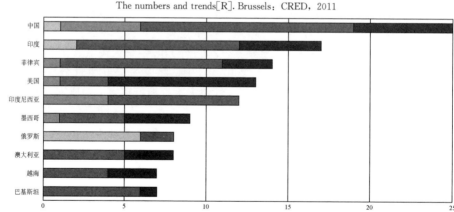

类型	中国	印度	菲律宾	美国	印度尼西亚	墨西哥	澳大利亚	俄罗斯	巴基斯坦	越南	总计
气候类灾害	1	2	0	0	0	0	0	6	0	0	9
地球物理类灾害	5	0	1	1	4	1	0	0	0	0	12
水文类灾害	13	10	10	3	8	4	5	2	6	4	65
气象类灾害	6	5	3	9	0	4	3	0	1	3	34
总计	25	17	14	13	12	9	8	8	7	7	120

图 1.2　2010 年全球自然灾害发生次数排名前十位的国家

资料来源：CRED. Annual Disaster Statistical Review 2010：
The numbers and trends[R]. Brussels：CRED，2011

1.1.1 非常规突发水灾害事件概述

水是生命之源、万物之灵。然而，水太多、水太少、水太脏都会给人类造成灾害。近年来我国非常规突发水灾害事件频繁发生。对由国家减灾委员会主持评选出的 2006~2010 年国内 50 件重大自然灾害事件进行分类统计，如表 1.1 所示，非常规突发水灾害几乎占到了重大自然灾害总次数的一半(48%)。

表 1.1 2006~2010 年国内重大自然灾害统计[3]

类型	沙尘	洪涝干旱	台风	火灾	地震	暴风雪	泥石流	合计
发生次数	1	24	6	1	6	7	5	50
占总次数比例/%	2	48	12	2	12	14	10	100

区域性的洪水干旱灾害几乎年年发生，影响范围广、强度大、灾情重。随着城市化和工业化的加速，水污染正成为危害人们生存健康的又一大水灾害问题。相关资料显示，近年来我国发生的环境污染与破坏事故中，水污染事故约占到了50%[4]。1994 年淮河水污染，2004 年沱江特大水污染，2005 年松花江水污染事件，2006 年湖南岳阳砷污染事件，2007 年无锡蓝藻暴发事件，2008 年青岛浒苔暴发事件，2009 年江苏旅程镇水源遭污染、广东北江重金属污染等，2010 年松花江支流水体污染事件……各地频繁发生的水灾害事件令人触目惊心。一般而言，突发洪水干旱灾害归属于自然灾害类突发事件，而突发水污染事件往往被归属于事故灾难类突发事件，本书将着重关注自然灾害类的突发洪水干旱灾害事件，暂不考虑突发水污染事件。

1. 洪水灾害

洪水通常是指由暴雨、急剧融冰化雪、风暴潮等自然因素引起的江、河、湖、海水量迅速增加，水位猛烈上涨的一种自然现象。若洪水超过江、河、湖、水库等水体的蓄水容量或承受能力，造成部分地区人员伤亡和财产损失的事件，则形成洪水灾害。洪水灾害与人类社会活动密切相关。在水利科学界，洪水灾害通常包括水灾和涝灾，水灾一般是指因河流泛滥淹没田地所引起的灾害，涝灾是指因长期大雨或暴雨而产生大面积积水或土地过湿致使作物减产的现象。由于水灾和涝灾往往同时发生，难以区分，因此本书将水灾和涝灾统称为洪水灾害。依据水利部分类方法，洪水灾害可分为多种类型，如表 1.2 所示。这种分类主要从洪水发生的区域及发生的形式两个角度进行划分。若从发生原因角度出发，洪灾则多半由强降雨导致，这是最主要也是最常见的一类突发状况。此外，由于洪水、风暴潮、地震、恐怖活动等引发的水库垮坝、堤防决口、水闸倒塌等次生灾害则是另一类突发状况。

表 1.2　洪水的分类

一级划分	二级划分	简要说明
河流洪水	暴雨洪水	中低纬度地区，洪水的发生多由降雨形成，最常见且威胁最大
	山洪	山区，地形及河床陡峭，洪峰涨落急剧
	泥石流	大量泥石连同水流下泄形成
	融雪洪水	高纬度地区积雪地区，积雪大量融化形成
	冰凌洪水	中高纬度地区，上下游封冻期或解冻期差异形成冰坝而引起
	溃坝洪水	水库瞬间溃决导致
湖泊洪水		因河湖水量交换或湖面风力作用或两者同时作用产生
海岸洪水	天文潮	海水受引潮力作用产生的海洋水体波动
	风潮	台风、热带风暴等强烈的天气系统引起的水位异常升降
	海啸	水下地震或火山爆发引起的巨浪

　　洪水灾害是当今世界最主要、最频繁发生的自然灾害。中国是遭受洪水灾害影响程度最严重的国家，发生频率高、历时长、范围广。据不完全统计，从公元前 200 年到 1949 年，中国共发生较大洪水灾害 1092 次，平均每 2 年一次[3]。20世纪上半叶，1931～1949 年仅 19 年，长江中下游的荆州地区被淹 5 次，汉江中下游被淹 11 次；1900～1951 年黄河下游决口 13 次；淮河中下游是"两年一小水，三年一大水"，其中 1921 年、1931 年洪水尤其严重；松辽流域平均 2～3 年发生一次洪水；1910～1949 年海河发生较大洪水 7 次，平均 5.5 年一次。20 世纪后半叶，中国发生的较大洪水灾害有 1950 年淮河大洪灾，1954 年长江大洪灾，1963 年海河大洪灾，1975 年河南特大暴雨洪灾，1981 年四川暴雨洪灾，1983 年安康城特大洪灾，1985 年辽河洪灾，1988 年嫩江、柳江、洞庭湖洪灾，1991 年淮河、太湖、滁河洪灾，1994 年长江、珠江、海河、黄河、松花江、辽河等流域的支流发生不同程度的大洪水，1995 年我国多地区发生了严重洪水灾害，1996 年长江中下游受灾最重，1998 年中国经历了一场长江、松花江、嫩江全流域性特大洪水灾害，全国直接经济损失达 2500 多亿元。进入 21 世纪以来，2003 年、2005 年、2006 年、2007 年、2010 年均发生严重的洪水灾害。

　　据统计，1950～2010 年全国因洪水灾害累计受灾约 59 920 万 hm^2，倒塌房屋 1.22 亿间，死亡 27.88 万人[5]。1990～2010 年洪灾造成的经济损失如表 1.3所示，年平均直接经济损失 1237.8 亿元，我国水灾直接经济损失约占全国自然灾害损失的 56%，约占同期国内生产总值(gross domestic product，GDP)的1.5%，远远高于西方发达国家的水平。例如，日本 20 世纪 90 年代以来平均洪灾经济损失仅占同期 GDP 的 0.22%，而美国仅为 0.03%。

表 1.3 1990～2010 年中国洪水灾害灾情统计

年份	受灾面积 /$10^3 hm^2$	成灾面积 /$10^3 hm^2$	死亡人数 /人	倒塌房屋 /万间	直接经济损失	
					绝对值/亿元	占 GDP 比重/%
2010	17 866.69	8 727.89	3 222	227.10	3 745.43	0.93
2009	8 748.16	3 795.79	538	55.59	845.96	0.25
2008	8 867.82	4 537.58	633	44.70	955.44	0.30
2007	12 548.92	5 969.02	1 230	102.97	1 123.30	0.42
2006	10 521.86	5 592.42	2 276	105.82	1 332.62	0.63
2005	14 967.48	8 216.68	1 660	153.29	1 662.20	0.90
2004	7 781.90	4 017.10	1 282	93.31	713.51	0.45
2003	20 365.70	12 999.80	1 551	245.42	1 300.51	0.96
2002	12 384.21	7 439.01	1 819	146.23	838.00	0.70
2001	7 137.78	4 253.39	1 605	63.49	623.03	0.57
2000	9 045.01	5 396.03	1 942	112.61	711.63	0.72
1999	9 605.20	5 389.12	1 896	160.50	930.23	1.13
1998	2 2291.80	13 785.00	4 150	685.03	2 550.90	3.26
1997	13 134.80	6 514.60	2 799	101.06	930.11	1.25
1996	20 388.10	11 823.30	5 840	547.70	2 208.36	3.25
1995	14 366.70	8 000.80	3 852	245.58	1 653.30	2.83
1994	18 858.90	11 489.50	5 340	349.37	1 796.60	3.84
1993	16 387.30	8 610.40	3 499	148.91	641.74	1.85
1992	9 423.30	4 464.00	3 012	98.95	412.77	1.55
1991	24 596.00	14 614.00	5 113	497.90	779.08	3.61
1990	11 804.00	5 605.00	3 589	96.60	239.00	1.29

资料来源：国家防汛抗旱总指挥部，水利部. 中国水旱灾害公报 2010[M]. 北京：中国水利水电出版社，2011；国家统计局. 中国统计年鉴 2010[M]. 北京：中国统计出版社，2010

20 世纪以来，中国发生的典型非常规突发洪水灾害如下[6]：

1921 年淮河流域、长江上游、黄河流域发生大洪水，全国 155 个县受灾。淮河全流域大水，干流中渡站洪峰流量达 15 000m^3/s。河南、山东、安徽、江苏四省 327 万 hm^2 农田被淹，灾民 760 万，死亡 24 900 人，经济损失 2.12 亿银元。四川岷江、沱江、涪江、嘉陵江和长江上游干流及汉江大水，渭河大水，长江寸滩洪峰流量 76 400m^3/s，四川、陕西两省 90 余县市水灾，死亡数千人。黄河在山东东明县、利津县境内决口。辽河中下游部分地区和湖北、安徽、江苏沿江及湘江上游发生水灾。

1931 年 6～8 月，气候反常，珠江、长江、淮河及松辽流域，降雨日数多数达 35～50 天。其间不断出现大雨和暴雨，"南起百粤北至关外大小河川尽告涨溢"，造成全国性的大水灾。全国受灾区域达 16 个省 592 个县市，其中，长江中下游和淮河流域灾情十分严重。长江各大支流普遍发生洪水，干流上游宜昌河段最大流量 64 600m³/s，长江中下游江堤圩垸普遍决口，江汉平原、洞庭湖区、鄱阳湖区、太湖区大部被淹，武汉三镇受淹达 3 个月之久。淮河干、支流同时暴发洪水，干流下游中渡站洪峰流量达 16 200m³/s，蚌埠上下淮北大堤 100 余千米尽行溃决，苏北运东大堤失守，里下河地区 10 多县陆沉。据统计，湖南、湖北、江西、浙江、安徽、江苏、山东、河南八省合计受灾人口 5127 万，占当时人口的 1/4，受灾农田面积 973 万 hm²，占当时耕地面积的 28%，死亡约 40 万人，经济损失 22.54 亿银元。

1935 年，长江、黄河、珠江流域发生大洪水，受灾区域达 368 个县（市）。长江中游 7 月上旬发生历时 5 天罕见特大暴雨，暴雨区位于长江中游澧水、清江、三峡区间下段小支流以及汉江中下游地区，200mm 等雨量线笼罩面积达 11.94 万 km²，相应降水总量 593 亿 m³，暴雨中心五峰站累计 5 天雨量 1281.8mm。澧水、沮漳河、汉江均发生近百年来未有的大洪水，长江干流宜都至城陵矶河段洪水位很高，超过 1931 年，自宜昌至汉口堤防圩垸普遍溃决，荆江大堤得胜台、麻布拐等处溃决，江汉平原被淹，灾情最重的是汉江中下游和澧水下游。汉江下游左岸遥堤溃决，一夜之间淹死 8 万多人，澧水下游两岸淹死 3 万多人。洪水造成湖南、湖北、江西、安徽四省 152 个县市受灾，5.9 万 km² 面积被淹。受灾农田 150.9 万 hm²，受灾人口 1000 余万，死亡 14.2 万人，损毁房屋 40.6 万间。黄河大水，花园口洪峰流量 14 900m³/s，河决山东鄄城，淹江苏、山东两省 27 个县，受灾面积 1.2 万 km²，灾民 341 万，死亡 3065 人。珠江水系西江、北江、东江同时大水，沿江和三角洲地区 20 余县市受淹。岷江、沱江、嘉陵江及乌江大水，四川、贵州两省 50 余县市受灾。

1949 年全国发生大面积水灾，范围包括 20 多个省的 354 个县市，灾民达 4450 万人，其中长江中下游、珠江流域的西江灾情最重。长江中下游干支流普遍大水，干流许多控制河段如沙市、湖口等处出现了历史最高水位，江河圩垸堤防大多溃决，受淹农田达 180 万 hm²，受灾人口 810 余万，死亡 5.7 万人。珠江水系的西江流域发生大范围的大雨和暴雨，上游支流红水河、柳江、郁江、桂江均发生大洪水，干流梧州站洪峰流量达 48 900m³/s，为西江干流近百年来罕见的特大洪水。西江流域和珠江三角洲遭受严重水灾，广东、广西两省农田受灾 39.3 万 hm²，灾民 370 万人。梧州、桂林、柳州、南宁等沿江城市尽被水淹，梧州市被淹历半月之久，市区水深达 5～6m。此外，海滦河流域、四川盆地、汉江上游、沂沭泗水系、黄河下游和辽河中下游、辽西沿海地区也发生了较严重的水灾。

　　1954 年，大气环流异常，梅雨期延长，长江中下游、淮河流域发生了近百年来罕有的特大洪水。长江汉口站洪峰流量 76 100m³/s，最高洪水位 29.73m，超过历史最高水位 1.45m，中下游各控制站超过历史最高水位 0.18～1.66m，长江干流下游大通站洪峰流量 92 600m³/s，7～9 月径流量 6123 亿 m³，为同期多年均值的 1.7 倍。长江中下游地区遭受严重水灾，湖南、湖北、江西、安徽、江苏五省有 123 个县市受灾，农田受淹 317 万 hm²，受灾人口 1888 万，死亡 3 万余人。与此同时，淮河流域也发生了特大洪水。7 月淮河流域出现 6 次大暴雨，王家坝洪峰流量 9610m³/s，蚌埠站最高水位 22.18m，超过历史最高水位 1.03m，洪峰流量 11 600m³/s。干流各控制站 30 天洪量均超过 1931 年。淮北大堤失守，堤防普遍溃决，淮北平原大片被淹。全流域农田成灾面积达 408.2 万 hm²，其中以安徽省灾情最重。安徽、江苏两省死亡 1930 人。海河流域 6～8 月降雨量超过常年同期 1 倍以上，造成大面积内涝，农田受涝面积 292.7 万 hm²。长江、淮河、海河三大流域农田受灾面积超过 1000 万 hm²。此外，黄河中下游干流及中游支流渭河、汾河，东北西辽河流域及浙江、广东、广西等部分地区洪水灾害也较严重。

　　1991 年，全国气候异常，西太平洋副热带高压长时间滞留在长江以南地区，江淮流域入梅早，雨势猛，历时长，淮河发生了自 1949 年以来的第二位大洪水，3 个蓄洪区、14 个行洪区先后启用；太湖出现了有实测记录以来的最高水位（4.79m），苏州、无锡、常州地区工矿企业和乡镇企业损失严重；长江支流滁河、澧水和乌江部分支流及鄂东地区中小河流举水等相继出现近 40 余年来最大洪水；松花江干流发生两次大洪水，哈尔滨站最大流量 10 700m³/s，佳木斯站最大流量 15 300m³/s，分别为 1949 年以来第三位和第二位。据统计，全国有 28 个省（自治区、直辖市）不同程度遭受水灾，农田受灾 2459.6 万 hm²，成灾 1461.4 万 hm²，倒塌房屋 497.9 万间，死亡 5113 人，直接经济损失 779.08 亿元。其中，安徽、江西两省灾情最重，合计农田受灾 966.5 万 hm²，成灾 672.8 万 hm²，死亡 1163 人，倒塌房屋 349.3 万间，直接经济损失 484 亿元。

　　1998 年，中国的北方和长江一带形成了两个大的降雨区，发生了自 1954 年以来的又一次全流域性大洪水。从 6 月中旬起，洞庭湖、鄱阳湖连降暴雨、大暴雨使长江流量迅速增加。7 月下旬至 9 月中旬初，受长江上游干流连续 7 次洪峰及中游支流汇流叠加影响，大通站流量 8 月 2 日最大达 82 300m³/s，仅次于 1954 年洪峰流量，居历史第二位。南京站 7 月 29 日出现最高潮位 10.14m，居历史第二位，在 10.0m 以上持续 17 天之久。镇江站 8 月 24 日出现 8.37m 的高潮位，仅比 1954 年低 1cm，居历史第三位。西江、闽江流域也发生了不同程度的洪灾，加上东北的松花江、嫩江洪水泛滥，全国包括受灾最重的江西、湖南、湖北、黑龙江四省，共有 29 个省（自治区、直辖市）都遭受了不同程度的洪灾，受灾人数上亿，近 500 万间房屋倒塌，2000 多万 hm² 土地被淹，直接经济损失 2550 多亿元人民币。

2003 年，淮河流域梅雨期降雨量异常偏高，共发生 6 次降雨过程，两次致洪暴雨主雨区分别分布在淮滨至洪泽湖干流、淮北各支流中下游和苏北地区，以及大别山区、沿淮中游和高邮湖地区，次降雨量在 200mm 以上，局部地区超过 500mm。2003 年 6 月下旬至 7 月下旬，淮河大小支流均发生了多次洪水，干流出现 3 次大的洪水过程，淮河干流水位全线超过警戒水位，润河集至淮南河段水位超过历史最高水位。王家坝站在 7 月 3 日出现年最高水位 29.42 m，相应地最大流量为 7610 m³/s；润河集站 7 日出现年最大流量 7170 m³/s，11 日出现年最高水位 27.80 m；正阳关站 12 日出现年最高水位为 26.80m。2003 年 7 月，淮河洪水给河南、安徽、江苏三省造成严重损失，受灾面积 384.7 万 hm²，其中成灾面积 259.1 万 hm²，绝收面积 112.9 万 hm²，受灾人口 3730 万，因灾死亡 29 人，倒塌房屋 77 万间，直接经济损失 286 亿元。

2007 年 7 月，淮河流域梅雨期降雨量为常年的 2～3 倍，导致淮河出现多次洪水过程，淮河干流全线超过警戒水位，部分河段及支流超过保证水位。淮河干流王家坝站最高水位大于 2003 年，与 1954 年持平，为有实测资料以来仅次于 1954 年的流域性大洪水。本次降水范围很广，遍及淮河水系和沂沭泗水系。暴雨区主要位于淮河水系，其主要强降雨过程有 4 次，暴雨轴线呈东西向，与淮河干流走向基本一致，且集中在干流两侧。降水过程累积面平均雨量约 420.6mm。淮河上游出现 4 次洪水过程，以第二次洪水为最大。在淮河上游 4 次洪水向下游推进过程中，受淮河干流河道调蓄作用、支流来水、区间降雨及沿淮 9 个行蓄洪区运用的共同影响，润河集至正阳关河段出现 2～3 次较为明显的洪水过程，淮南至蚌埠(吴家渡)河段演变坦化为一次洪水过程。2007 年，淮河洪水造成淮河流域四省农作物洪涝受灾面积 250 万 hm²(其中涝灾面积约占 2/3)，成灾面积 160 万 hm²，受灾人口 2474 万，因灾死亡 4 人，倒塌房屋 11.53 万间，直接经济总损失 155.2 亿元。

2. 干旱灾害

干旱灾害是全世界分布范围最广的自然灾害之一，能够引发森林火灾、粮食减产、水资源短缺等多种灾难性后果，对自然环境、人类社会都有着重大影响。跨入 21 世纪以来，极端干旱气候的频发已使水越来越快地成为了稀缺资源，全球人口饱受"水危机"的侵害。全球干旱与半干旱地区面积约占陆地面积的 25% 和 30%，且在湿润地区也常伴有季节性的或难以预测的干旱灾害。根据联合国国际减灾战略机构统计报告，20 世纪以来，干旱灾害在全球造成超过 1100 万人死亡，20 亿人的正常生活受到影响。其中，1972 年世界范围特大干旱灾害使全球粮食产量下降 2%，埃塞俄比亚 20 万人、数百万牲畜因旱灾死亡。作为发达国家的美国也难以抵御干旱灾害的威胁，1988 年特大干旱灾害造成粮食减产三成以上，经济损失达到 390 亿美元，并且给全球粮食价格带来了巨大冲击。2002 年，澳大利亚发生了百年一遇的严重干旱。2012 年，干旱席卷了美国的 48 个州近 64% 的国土，其中 42% 的国土面临严重干旱。令人担忧的是，联合国减灾国际会议于 2005 年通过的《兵库行动纲领》中指出，在全球变暖背景下，干旱灾害存在愈演愈烈的发展趋势，发生频率将大大增加，发生范围越来越广。联合国政府间气候变化专门委员会（Intergovernmental Panel on Climate Change，IPCC）系列评估报告也指出，未来旱灾有不断增加的趋势[7]，且全球气候变化和人类活动的影响更加剧了旱灾发生的风险[8,9]。此外，美国国家大气研究中心（National Center for Atmospheric Research，NCAR）近年研究也证实了上述预期，认为温室气体排放、全球气候变暖及极端干旱灾害之间存在稳定联系，如不在现有排放水平上加以限制，未来 30 年内包括亚洲、美国、南欧、非洲、拉美、中东等世界大片区域将长期处于极端干旱状态[10]。《科学》杂志的气候模型预测：至 2100 年，25% 的非洲大陆地表水水位会极大地降低，未来非洲大陆将面临更加严重的缺水问题。据测算，每年因干旱造成的全球经济损失高达 60 亿~80 亿美元[11]。

我国干旱灾害也十分突出，1949 年以来的 60 多年，全国年均受旱面积约 2130 万 hm^2，因旱损失粮食 160 多亿千克，占各种自然灾害损失粮食的 60% 以上，年均有 2720 多万农村人口和 2070 多万头大牲畜发生饮水困难[12]。从地理学角度看，我国有 45% 的国土属于干旱或半干旱地区，加上人类活动对植被、土层结构的破坏使大量天然降水无效流失，导致了水资源持续减少，加大了我国旱灾的发生概率。从历史学角度看，我国历来就是多旱多灾的国家，关于我国旱灾的记载可见于历代史书、地方志、刻记、碑文等文物史料。公元前 206 年~1949 年，我国曾发生旱灾 1056 次。1640 年（明崇祯十三年）曾有记录在旱区发生"树皮食尽，人相食"的现象；1785 年（清乾隆五十年）有旱情记载，"草根树皮，搜食殆尽，流民载道，饿殍盈野，死者枕藉"；电影作品《一九四二》记录了 1942~1943 年大旱，仅河南一省饿死、病死者即达数百万人。从时间维度看，自新中国成立以来，我国旱灾发生的频率和损失程度呈上升趋势（图 1.3）。我国历史上干旱灾害频发，几乎每年都会遭遇范围各异、程度不同的干旱灾害，仅 21 世纪前 12 年中就发生了多次严重干旱灾害。例如，2000 年和 2001 年是特旱年，2002 年、2003 年、2006 年、2007 年、2009 年是严重旱年，2010 年西南地区大旱，但全国范围来看，属于中度干旱年，2011 年西南地区旱情持续、长江中下游地区和太湖河网地区旱情严重。图 1.4 显示了 2011 年我国各省（自治区、直辖市）因旱受灾面积占耕地面积的比例情况，从图中可以看出云贵地区、两湖地区旱情严重。

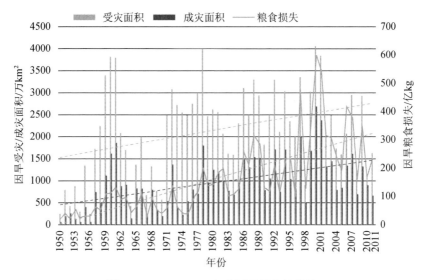

图 1.3 1950～2011 年我国干旱灾情统计

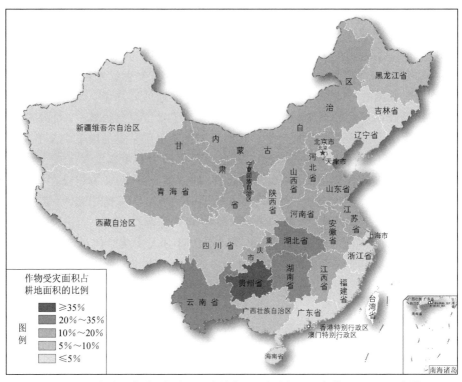

图 1.4 2011 年我国各省(自治区、直辖市)因旱受灾面积占耕地面积的比例情况

未包含台湾省和香港、澳门特别行政区统计数据

旱灾中受损最严重的当数农业生产，粮食及各类经济作物的产量急速下降，

严重的还影响到工业生产、城市供水和生态环境，使灾情"雪上加霜"。2009 年，我国西南地区由于降雨持续偏少、气温持续偏高、水汽蒸发量大、雨季提早结束、土壤墒情差，广西、重庆、四川、贵州、云南五省（自治区、直辖市）遭受罕见旱灾，损失十分严重。导致旱灾发生的高温干燥气候还极可能引起森林火灾、病虫害、沙尘暴等其他灾害，因此，控制旱情的进一步扩大就显得尤为重要。与洪灾的显著特征相似，旱灾的爆发也是能量积累的相对漫长的过程。另据研究预测，在全球气候变暖背景下，我国仍将持续经历气候变暖过程，北方部分地区年平均径流深将减少 2%～10%，预计 2050 年西部冰川面积将减少近 30%，高山地区冰储量也将大幅度减少。气候变化通过复杂的影响机制，改变整个水文循环过程，增加了干旱灾害发生频次，加深了干旱灾害损失。

总的来看，不管是从全球范围，还是从我国区域来看，未来可预计时间内，干旱灾害的发生频率及其带来的社会经济影响均将呈现出增加趋势。特别地，我国人均水资源占有量不足全球平均水平的 30%，且水资源时空分布不均，干旱灾害的发生将进一步加剧水资源短缺态势。

1.1.2 中国水安全形势严峻及面临的挑战

中国非常规突发水灾害事件愈演愈烈，2011 年出现了旱涝急转的现象，1～5 月，小麦主产区发生秋冬连旱；长江中下游的湖北、湖南、江西、安徽、江苏五省降水量为近 60 年来同期最少。入汛后，长江中下游地区出现 4 次强降雨过程，引发洪涝、滑坡、泥石流等灾害。6 月份长江中下游地区区域平均降水量创 50 年来历史同期最大值。同期受短时强降雨影响，北京、武汉、长沙等大城市一度遭受严重内涝，交通大范围受阻，群众生产生活受到严重影响。全球气候变化加剧、人类经济社会快速发展将严重影响水灾害的发生和发展，防汛抗旱和应急救灾形势严峻，同时也对现有的防汛抗旱标准及水灾害应急管理提出了许多新的挑战。

1. 全球气候变化引起非常规突发水灾害的频繁发生

气候变化已成为 21 世纪世界最重大的环境问题之一。全球气候正呈现以变暖为主要特征的显著变化，对中国水资源的变化产生重大影响。气候变化引发水文循环变化将引起水资源在时间和空间上的重新分布和水资源量的改变。据科学家研究发现，近百年来，中国年平均气温升高了(0.65±0.15)℃，比全球平均增温幅度[(0.6±0.2)℃]略高；中国年均降水量变化趋势不明显，但区域降水变化波动较大，如华北地区每 10 年减少 20～40mm，而华南与西南地区每 10 年增加 20～60mm[13]。20 世纪 90 年代以来，暴雨、洪涝、强台风等极端灾害频繁发生，先后于 1991 年、1996 年、1998 年、2003 年、2005 年、2007 年发生了不同程度的流域性大洪水。短历时强暴雨及强暴雨日数在全国各地均有增加的趋势，特别是西部和华南地区增加明显。根据 IPCC 第四次《气候变化评估报告》，到 21 世纪末，全球地表温度将继续升高 1.8～4℃，导致某些区域的降雨量出现±20％的波动，尤其是中高纬度地区，高温和干旱可能更为突出[14]。随着气候变化的影响，大气的持水能力增加，水文循环加快，极端气候事件发生的频次和强度将增加，非常规突发水灾害将愈加频繁和加剧。

2. 人类经济社会发展加剧了非常规突发水灾害的致灾强度

随着经济社会的不断发展，"人水争地"的现象愈演愈烈，人类面对极端气候事件时的脆弱性也在不断增长。人们由于经济建设和社会活动的需要，进行不合理的流域资源开发及不合理的水利工程建设，使得自然河流系统发生了改变，引起水土流失、河道淤积；盲目围垦导致湖泊萎缩、调蓄能力降低、生态环境退化严重。例如，长江中下游地区的湖泊数量自 20 世纪 50 年代的 1066 个锐减到 90 年代初的 182 个；洞庭湖水面面积从 1949 年的 4350km² 缩小到 1983 年的 2343 km²，蓄水量也从 293 亿 m³ 下降到 178 亿 m³。长江中下游地区是中国社会经济发展较为发达的地区，但也是全球洪水灾害发生最频繁、危害最严重的地区。据统计，世界人口从 1900 年的不到 17 亿增长到 2011 年的 70 多亿，110 年间人口增长了 4 倍多；中国人口从 1949 年的 5.4 亿增长到 2010 年的 13.4 亿，60 年间增长了 2 倍多。1950～1995 年，发达国家城市居民人数增长了 37％左右，在欠发达国家，城市居民人数也增加了 1～2 倍，发达国家城市化率已达 80％以上；在中国，城市化率从 1949 年的 10.64％提高到 2011 年的 51.27％。这种城市和人口的快速增长，破坏性的人类活动导致植被破坏、地表沉降、河道非法占用、排泄洪能力降低，自然环境严重退化，加剧了洪水灾害的致灾强度。此外，城市经济多元化及资产的高度密集，致使人类社会综合承灾能力脆弱，人口、经济和财产向水灾害高风险区聚集，使现代工业社会对水灾害的易损性不断增大。

3. 防汛抗旱标准低及应急管理滞后增加了水灾害应急救援的难度

经过多年努力，我国江河的防汛抗旱工程体系基本建成，但仍然存在堤防标准偏低、控制性不足、蓄滞洪区启用困难、水库病险严重等问题。以防洪为例，我国的防洪规划标准普遍偏低，大部分防洪工程只是针对抵御中小型洪水设计的，而对于非常规突发水灾害的超标洪水，防洪规划适应性在减弱。例如，我国江河湖泊现有防洪标准在不启用蓄滞洪区的情况下，一般只能防御 20～30 年一遇的洪水，长江中下游干流的防洪标准仅 10～20 年一遇，中小河流防洪标准更低；600 多座防洪重点城市中，有 400 多座城市防洪能力低于标准以下；大部分防洪工程修建于 20 世纪五六十年代，年久失修，现已造成大量险工险段和病险水库。防洪抗旱规划是指导流域或区域建设的重要依据，防洪抗旱保护范围应与区域总体规划范围相协调，不同地区需要合理界定并采用不同防洪抗旱标准设防。但是我国大部分区域的总体规划是在 20 世纪 90 年代初期编制的，普遍缺乏防洪抗旱规划内容，加之城市化进程加快，目前已基本失去指导区域建设和发展的作用。因此，随着非常规突发水灾害的频繁发生，现有的防洪抗旱规划标准已经不能适应新的洪旱灾害防御。非常规突发水灾害发生后，在防洪抗旱工程无法抵御的情况下，洪旱灾害应急管理就显得尤为重要。近年来，我国水灾害突发事件应急管理机构在逐步健全，制度也在不断完善，在历年洪旱灾害处置上也取得了显著成效。但也存在不少薄弱环节，如对非常规突发水灾害的严重性估计不足、敏感性不够，洪旱灾害应急处置过程中主体责任不明确、应急管理机制不健全、信息传递不畅等。这些都加剧了非常规突发水灾害应急救援的难度，也对应急管理部门提出了挑战。

1.2 非常规突发水灾害应急管理

1.2.1 非常规突发水灾害应急管理的概念与内涵

1. 相关概念

什么是非常规突发水灾害？在界定非常规突发水灾害之前，有必要对"非常规突发事件""巨灾""极端事件"等相关概念进行梳理，对其有清楚的认识。

（1）非常规突发事件

狭义来讲，突发事件是指在一定区域内突然发生的，规模较大且对社会产生广泛负面影响的，对生命和财产构成严重威胁的事件和灾难。广义来讲，突发事件是指在组织或者个人原定计划之外或者在其认识范围之外突然发生的，对其利益具有损伤性或潜在危害性的一切事件[15]。突发事件有很多不同的表述方式，国际上对突发事件有代表性的定义主要有欧洲人权法院对"公共紧急状态"的解释，即"一种特别的、迫在眉睫的危机或危险局势，影响全体公民，并对整个社会的正常生活构成威胁"。在概念使用上，"事件"（event）、"事故"（accident、incident）、"灾难"（disaster）、"灾害"（hazard）、"危机"（crisis）、"紧急状态/紧急情况"（state of emergency）、"风险"（risk）"等词都与突发事件含义相近。在突发事件中，很重要的一类就是突发公共事件。《国家突发公共事件总体应急预案》将突发公共事件定义为突然发生，造成或者可能造成重大人员伤亡、财产损失、生态环境破坏和严重社会危害，危及公共安全的紧急事件[1]。而非常规突发事件是指前兆不充分，具有明显的复杂性特征和潜在次生衍生危害，破坏性严重，采用常规管理方式难以应对处置的突发事件[16]。例如，2001 年"9·11"事件，2003 年 SARS 事件，2004 年印度洋海啸，2005 年美国新奥尔良飓风，2007 年我国无锡太湖蓝藻暴发事件，2008 年我国南方雨雪冰冻灾害和汶川特大地震灾害，2009 年年初我国特大干旱灾害，2010 年海地、智利、我国青海玉树大地震及甘肃舟曲特大山洪泥石流灾害，2011 年日本 9.0 级地震、我国 "7·23" 甬温线特大铁路交通事故等，都属于非常规突发公共事件。

（2）巨灾

巨灾通常是指由于自然灾害或人为祸因引起的大面积的财产损失或人员失踪伤亡事件，具有典型的低频率、高强度的特点。实际上，国际上对 "巨灾" 还没有严格的定义，人们对它尚未有明确统一的定性或定量的认识和规范。人们大多从损失金额、死亡人数、影响范围、发生频率、周期长短等方面对巨灾大小加以衡量，以区别于小范围、小金额、短周期的一般灾害。从目前的相关研究来看，一个事件是否被定义为巨灾事件主要从以下角度衡量[17,18]：①从全人类的角度，Posner 于 2004 年把巨灾定义为 "导致严重的成本损失，甚至可能威胁人类生存的事件"；②从一个国家或地区的角度，慕尼黑再保险公司（Munich Re Group）认为如果灾害发生后，受灾地区无法自救，而必须依靠区域间或国际援助，那么这样的灾害就被定义为巨灾；③从保险业的角度，标准普尔（Standard & Poor's）在 1997 年将巨灾简单定义为一次事件或造成 500 万美元或更多的被保险损失的系列相关事件；美国联邦保险服务局（Insurance Services Office，ISO）将巨灾定义为 "一次导致财产直接保险损失超过 2500 万美元（按 1998 年的价格水平，1997 年以前定义为至少 500 万美元）并影响到大范围保险人和被保险人的事件"；美国联邦审计署（Government Accountability Office，GAO）对巨灾的定义则为 "用于统计考虑的目的，涉及导致被保财产的总数损失超过一个给定的数额的一个或者一系列相关事件的名词"。SIGMA 杂志在 2005 年度报告中规定，巨灾损失统计选取的下限为航运 1560 万元，航空 3120 万美元，其他损失 3870 万美元；或者总损失 7750 万美元；或者死亡和失踪人数为 20 人，受伤人数 50 人，无家可归 2000 人。瑞士再保险公司（Swiss Re-insurance Company）对巨灾的界定标准为航运 1310 万美元以上，航空 2630 万美元以上，其他损失 3300 万美元以上；或者总损失 6600 万美元以上；或者死亡和失踪人口在 20 人以上，受伤人数 50 人以上，无家可归 2000 人以上。巨灾主要还是通过损失的影响程度来定义的。实际上，巨灾是一个发展的概念，不同时期、不同对象对巨灾的定义也有所不同。

（3）极端事件

在水文、气象领域，当水文气象要素的状态严重偏离其平均态时，可以认为是不易发生的事件，不易发生的事件在统计意义上就可以称为极端事件。可以取标准方差作为极端事件的判据，如温度距平小于 -2σ（标准方差）为异常低温事件等。根据 IPCC 第四次报告、美国气候变化科学项目综合评估报告等研究成果，最常见的是基于气象要素的概率分布，采用某个百分位作为极端值的阈值，超过这个阈值的值被认为是极值，该事件可以被认为是极端事件。美国气候变化科学

项目综合评估报告中给出的极端事件的定义阈值为出现概率小于或等于 10％的
事件(图 1.5)。

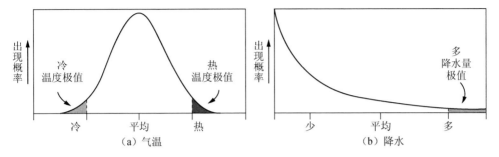

图 1.5 气温、降水概率分布(极端天气事件为小概率事件,位于概率分布曲线尾部)

在水利科学界,目前国内外学者并没有对极端洪水干旱给出准确定义。由于
极端洪水干旱事件多由极端降水导致,因此,有些学者以流域内出现频率在
10％以内的降水事件作为导致极端洪水干旱事件的前兆识别。也有些学者综合考
虑历史洪水干旱资料与站点实测流量资料,定义极端洪水干旱事件为流量观测值
的最大 10％以内(图 1.6)。不难发现,极端事件主要是从水文、气象等自然要素
的角度以概率统计的方法来定义的。

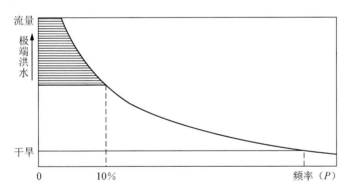

图 1.6 极端洪水、干旱事件示意

2. 非常规突发水灾害的定义与特征

分析、比较、借鉴上述相关概念,我们认为,非常规突发水灾害可定义为在
自然因素或人为因素下突然发生的,对社会造成广泛负面影响,严重威胁多数人
的生命财产安全,需要政府干预并立即采取应对措施的灾害性重大涉水事件。非
常规突发水灾害具有一般洪水干旱灾害的共性特征,如不均匀性、差异性、多样
性、随机性、规律性、可控性及自然和社会的双重属性等,同时也具有频率低、
损失巨大、预测困难等自身特有的一些复杂性特征。

（1）不均匀性、差异性和多样性

非常规突发水灾害的不均匀性和差异性，不仅表现在空间分布上，同时也表现在时间分布上。在中国，华南地区、东部沿海、长江中下游、淮河流域、海河流域为洪灾多发区，松花江、辽河、黄河中下游、珠江、西南地区为次多灾区，华北、云贵地区则为旱灾多发区。由于降雨具有明显的季节性，洪水干旱灾害发生的时间分布也表现了显著的差异性和不均匀性，一般情况下，各地较大范围洪水灾害出现的时间集中在 4～9 月，南方早、北方迟；干旱灾害出现在冬春季节。由于自然环境差异较大，不同地区自然条件和社会经济条件也不尽相同，因此，每次洪水干旱灾害的大小、影响范围和程度都是不一样的，具有多样性。

（2）自然和社会的双重属性

突发水灾害既具有自然属性，又有社会属性。水灾害的致灾因子、孕灾环境主要表现为自然属性，而承灾体、灾情活动等则主要表现为社会属性。突发水灾害的双重属性，表明水灾害的管理不仅要考虑灾害本身，还要从社会的角度来理解。

（3）动态性、随机性和不确定性

洪水干旱是不平稳的随机现象。水旱灾害是由致灾因子、孕灾环境、承灾体等多因素共同作用而形成的，而如暴雨、海啸、溃坝、蒸发等致灾因子，大气环境、水文气象环境、下垫面环境等孕灾环境，人类经济、社会等承灾体，都是在全球气候变化和人类活动的影响下不断变化的，具有动态性和高度不确定性。以暴雨型洪水为例，降雨的时空分布和雨量大小都是动态、随机、不确定性的，由于地形地貌、地质、植被等下垫面状况不同，以及防洪调度决策的影响，洪水发生的概率、时间、地点、强度大小、破坏程度等都具有高度不确定性。

（4）频率低、损失大

在一个国家或一个国家内部的较大区域，一般性的洪旱灾害会经常发生，而破坏性大的洪水和风暴潮等极端洪水，或是大面积极端干旱则很少发生，甚至几年或更长时间才发生一次。虽然非常规突发水灾害发生的频率低，但其所造成的影响却是非常巨大的。SIGMA 杂志数据显示，1992 年、1999 年的保险损失额分别高达 324 亿美元和 286 亿美元。21 世纪以来，仅在 2001 年，自然灾难所导致损失就达 120 亿美元。其中的水灾害造成的损失就占了很大一部分。非常规突发水灾害已经威胁到人类社会的可持续发展。

（5）预测困难

非常规突发水灾害涉及自然现象和人类活动，成因复杂，且每次发生的状况都不同，因此对其预测都极为困难。此外，非常规突发水灾害发生频率低造成其历史资料与数据的参考价值较少，由于建筑环境、技术、商业结构、资产评估及人口分布等的变化，历史资料无法完全适用于现代社会。这种很低的原地重演性和较少的历史数据使人们对非常规突发水灾害的认识、预报、防御经验难以积累。

（6）可控性和可管理性

水灾害是可控制的，这是水灾害区别于地震、飓风等其他自然灾害的一个重要特点。在自然外力与人类活动的双重影响下，同样的天气条件可以形成不同的降雨时空分布，同样的降雨可以形成不同的洪水干旱过程，同样的洪水干旱可能导致不同的损失，同样的损失可以形成不同的灾难性影响。非常规突发水灾害的可控性和可管理性就表现在，以工程手段对洪水干旱进行调节，以法律、行政、经济、教育等综合性的手段对人类在受灾区中的行为进行管理，争取最有利的可能性，达到削弱洪水干旱的危害性、变害为利的目的。非常规突发水灾害的可控性和可管理性也表明，虽然水灾害不可避免，但其带来的损失和不利影响完全可以通过人类提高自身管理水平来控制和减轻。

3. 非常规突发水灾害的内涵

有了突发事件，也就有了应急管理（emergency management，EM）。目前，"应急管理"这一词还没有一个被普遍接受的定义，比较有代表性的定义有：美国联邦应急管理署（Federal Emergency Management Agency，FEMA）[19]将应急管理定义为"面对紧急事件时准备、缓解、反应和恢复的过程，并且它是一个动态的过程"；Hoetmer[20]定义应急管理为"应用科学、技术、计划和管理等多方面的知识来处理或管理可以造成民众伤亡或者财产损失或者严重影响到社会的正常生活秩序的突发事件，以减少这些突发事件所造成的冲击"；Mitchell[21]将应急管理定义为"为应对即将出现或已经出现的灾害而采取的救援措施，这不仅包括紧急灾害期间的行动，还包括灾害发生前的备灾措施和灾害发生后的救灾工作"；计雷等[22]、陈安和李铭禄[23]将应急管理定义为"为了降低突发灾难性事件的危害，基于对造成突发事件的原因、突发事件发生和发展过程，以及所产生的负面影响的科学分析，有效集成社会各方面的资源，运用现代技术手段和现代管理方法，对突发事件进行有效地监测应对、控制和处理"。祁明亮等[24]认为应急管理就是在突发公共事件的爆发前、爆发后、消亡后的整个时期内，用科学的方法对其加以干预和控制，使其造成的损失最小。

根据非常规突发水灾害及上述应急管理的定义，我们认为，非常规突发水灾害应急管理是指在非常规突发水灾害发生的事前、事中、事后的整个时期内，运用科学的技术手段和管理方法，有效组织协调可利用的一切资源，对非常规突发水灾害进行有效的监测预警、控制调度和救援处理，保护人们生命安全，并将非常规突发水灾害造成的经济损失降到最低。

非常规突发水灾害应急管理具有其深刻的内涵：

1）非常规突发水灾害是自然界的洪水、干旱、水污染作用于人类社会的产物，是人与自然关系的一种表现。人类发展的历史就是一部与水灾害既斗争又协调的历史。长期实践探索证明，依靠工程控制水灾害是除水灾、兴水利外的重要途径之一，新中国成立以来中国人民成功抗御了多场洪旱灾害，在科技不够发达、水利基础设施薄弱的社会经济发展初期，控制水灾害思路无疑是正确的、有效的。然而，21世纪以来，随着全球气候变化、社会经济快速发展，各类极端洪旱灾害频繁发生，如2003年、2007年淮河流域大洪水，2009年我国十五省市大旱，2010年西南五省（自治区、直辖市）洪旱并发，2011年我国南方旱涝急转……极端洪旱灾害的影响越来越严重。新的形势要求人们改变防灾减灾策略。2003年年初，水利部明确提出，我国防洪要从"控制洪水"向"管理洪水"转变、抗旱要从"单一抗旱"向"全面抗旱"转变，这是我国新时期治水方略调整的重要标志与必然趋向，同时意味着在水灾害管理方面，治水思想从以工程手段为主的被动式水灾害控制转向以风险（应急）管理为主的主动式水灾害管理。这就是中国非常规突发水灾害应急管理问题的背景和根源。

2）非常规突发水灾害应急管理问题归根结底是人水和谐发展问题。虽然非常规突发水灾害不能完全控制和战胜，但人类可以通过认识非常规突发水灾害的自然规律和潜在风险，增强自身适应与承受风险的能力，规范和调整自身行为，达到人与水、人与自然的和谐。非常规突发水灾害应急管理能有效促进、实现人水和谐发展，人水和谐的实现必须解决好非常规突发水灾害的风险控制和应急处置问题。

1.2.2　水灾害应急管理实践的现状分析

现代气候变化条件下，水灾害事件表现出许多新的特点：在量级上远远超过历史极值，发生频次大幅增加；在空间上历来水灾害较少的地区也出现了特大洪水干旱灾害；水灾害事件更为复杂、严重，更具有放大性。这些新特点给中国预防和管理非常规突发水灾害带来极大的难度。这些非常规突发水灾害属于一类突发公共事件，往往是不可预见、突然发生的，影响范围广，后果极其严重，很难预防。一旦发生，不仅危害人们的生命安全，也对国家公共安全提出了挑战。正是因为这些非常规突发水灾害的不断出现，水灾害应急管理得到了全社会的普遍关注。中国政府十分重视提高非常规突发水灾害应急管理的能力，无论在理论研究上还是在实践应用中，都投入了巨大的人力、物力、财力。目前，在面临大灾情况下，中国已经建立起了由中央政府直接指挥、统一部署，地方各级政府分级管理，各部门分工负责，军队积极参与，以地方为主、中央为辅的灾害应急管理体制。对国家级和省级来说，这种响应主要体现在各部门在分别落实救灾责任的同时进一步加强综合协调；对于地市级政府来说，响应重点是落实本级政府抗灾救灾的职责[25]。其中，民政部大力开展了应急预案的制定和实施工作；水利部开展城市、农村防洪建设，组建了多支社会力量抢险队伍；中国气象局加强了非常规突发水灾害相关天气监测、预测及发布等能力的建设。在法规建设方面，政府针对非常规突发水灾害制定了相关的应急法律法规，对相应的应急工作作出了具体的规定，使应急管理逐渐走向制度化和法制化。

随着政府对非常规突发水灾害重视程度的增加及人力、物力、财力的大幅度投入，我国的非常规突发水灾害应急管理能力有了较大的提高，各级政府在应对灾害的实践中也积累了较多的经验，取得了较好的减灾效果。但是，我国的应急管理工作还处在不断的探索和尝试实践中，还存在许多问题。

1) 应急管理水平区域间差异较大，经济较发达地区（如东部地区）及灾害多发地区的应急水平相对较高，相反，经济欠发达地区的应急水平相对较弱。中国政府的应急管理工作相对国外来讲比较原始，系统化程度不高。各级政府的应急水平不平衡，由中央到地方，应急管理能力逐级下降，这与地方政府作为应急管理主体相矛盾；同时，各部门之间的应急管理较为分散，形成了"分灾种、分部门"的灾害管理模式。

2) 体制与现实的矛盾，责任划分模糊，缺乏立法保障。江河湖水具有跨界性和流动性，这使得一旦发生自然灾害或水污染等重大水灾害事件，一定涉及多个行政区划。在各级人民政府行政首长对本地工作负责的情况下，对同一个流域水灾害事件的治理就出现"多龙治水"的现象，体制性的问题增加了应急管理过程中沟通与协调的难度。

3) 突发事件危机意识薄弱。由于中国政府对危机管理的重视刚刚起步，组织、信息、科研、人力、物力等各方面的准备也处于初始阶段。中国应急管理职能由各地方政府部门承担，各级政府对突发事件抱有"临时抱佛脚"的观念，缺乏积极性和主动性，"等、要、靠"依赖思想严重；在宣传上处在简单的操作层面，各种教育实践流于形式，缺少结合突发事件的模拟演习，对民众应急技能的培训基本处于空白，导致民众应急能力不足。

4) "重救轻防"。"侧重应急预防，兼顾应急处置"的应急管理新观念尚未全面深入到政府部门的应急工作中。大多数情况下，政府只注重事后应急，轻视事前预防，对突发事件应急管理存有误解，把更多的精力和物资放到事后应急抢险中，对应急预防重视不足。政府在应急过程中精力容易集中在眼前最为紧急的灾情上，容易忽视综合性、复杂性的整体应急，导致应急资源高度分散，缺乏集中协调等。

5) 缺乏统一的指挥机构。我国目前与水灾害应急相关的管理机构自上而下有国家防汛抗旱总指挥部（以下简称"国家防总"）、流域防汛抗旱指挥部、省应急中心、地方应急指挥中心等，应急指挥部或领导小组大多临时成立于灾害发生时，其权力、合法性有限，政府和有关职能部门的权限尚不明确，不能充分发挥指挥协调作用。突发事件往往涉及很多部门,这些部门缺乏法定权限,权力、责任存在严重分割,这时政府部门之间的协调就显得尤为重要。

6) 法律法规不健全。法制建设是推进非常规突发水灾害应急管理工作正常开展的保证。目前,我国已制定了一些与突发事件处理有关的法律法规,但这些法律法规更多的是从宏观层面进行规范,对非常规突发水灾害事件微观层面法律法规还不全面,缺乏统一的沟通协调机制,一些具体制度规范尚未形成统一的法律体系,现有的应急管理法律制度体系不完善。

7) 缺乏应急管理的多方合作。一个地区爆发的突发水灾害事件很容易波及周边地区,产生区域性影响,因此想要快速化解突发水灾害事件对全社会造成的负面影响,单靠政府的力量远远不够,要调动全社会的力量,各个地区同舟共济,才能克服一切困难。政府是应对突发水灾害事件的核心力量,而我国政府在应急管理上没有能很好地调动和整合全社会力量和资源,缺乏与非政府组织、媒体、企业等组织的有效合作。

1.2.3 非常规突发水灾害应急管理变革

上述问题一方面反映了政府之间、部门之间缺乏合作,行政权力配置效率低下;另一方面由于非常规突发水灾害的复杂性和次生衍生性,增大了中国非常规突发水灾害应急管理的难度,必然对中国政府的执政能力提出非常严峻的考验,成为衡量和谐社会建设的重要标准。政府是构建和谐社会的主体,是进行非常规突发水灾害应急管理的主体,世界各国都把应急管理作为重要的政府职能,着力提高应对突发事件的能力。借鉴国际经验,从中国的实际出发,构建政府主导下的非常规突发水灾害应急合作机制具有重大的现实意义和长远的历史意义。

目前,在沟通与协调成为时代特征的背景下,我国应急管理的主体格局逐渐由改革开放前的政府单一模式向改革开放后的"多主体参与"的主体多样性模式转变。面对政府应急管理主体格局的逐步调整及越来越多的应急参与主体,应急管理过程中各应急参与主体的沟通和协调效率显得尤为重要,它直接影响着突发事件的应急效果。如何在短时间内动员各社会主体有序参与、如何保证各应急参与主体间高效的沟通和协调,从本质上讲,是如何保证非常规突发水灾害事件应急管理中的应急参与主体高效合作的问题。在应急管理过程中,各个应急参与主体如果缺少沟通与协调,将直接影响应急工作效率的提高,同时考虑到非常规突发水灾害突发性和不确定性的增加,中国政府应对非常规突发水灾害的能力面临着极大的挑战。因此,要提高我国水灾害应急管理水平,促进应急参与主体的沟通和协调,就必须对非常规突发水灾害应急管理中多主体合作问题进行研究。多主体间高效合作的基础是主体间有效的沟通和协调,有效的沟通和协调建立在各应急参与主体自身利益得到满足的基础上。政府作为水灾害应急管理的核心主体,必须在非常规突发水灾应急管理过程中能够充分发挥自身的作用,尊重各应急参与主体的利益诉求,缓解相互之间的矛盾,促进彼此间的沟通和协作。因此,构建以政府为主导、多主体合作的非常规突发水灾害事件应急机制响应了时代发展的要求。

1) 中国水问题已成为危害国家公共安全的重大问题。目前,关于突发事件应急管理的研究主要集中在地震、食品安全、恐怖袭击等方面,而对于非常规突发水灾害的应急研究和管理实践关注较少。面对中国严峻的水问题情景,展开非常规突发水灾害应急管理的系统研究是十分必要和迫切的。

2) 由于非常规突发水灾害边界条件(极端环境、信息匮乏或过剩、时间和资源紧张、系统结构复杂变化等)特殊,目前缺乏对其基础性内在演化规律的认识,使得传统应对突发事件的“预测-应对”管理范式遇到了挑战。有必要将非常规突发水灾害所面临的“情景”作为科学研究的基本参量和科学问题构造的基本假设加以考虑,建立基于“情景依赖”的非常规突发水灾害应急合作机制。

3) “沟通与协调”是水资源管理的时代特征。由于非常规突发水灾害特殊边界条件的约束,多维空间上多个利益主体目标冲突问题的存在,应急合作机制及其技术支持的缺乏,更加剧了非常规突发水灾害应急管理的难度。因此,考察非常规突发水灾害应急处置过程中各个利益主体的角色定位、各个利益主体间的关系及其适应环境变化的“行为规则”,建立多主体无缝合作的非常规突发水灾害应急机制,有助于优化配置应急资源(人力、物力、时间、信息、资金等),提高快速响应、有效预防和有序处置非常规突发水灾害应急能力的目的。

4) 政府是进行非常规突发水灾害应急管理的主体,应急决策能力成为政府必备的核心执政能力之一。为了降低在缺少了解非常规突发水灾害情况下的决策失误,加强应对非常规突发水灾害所采取的极端手段,必须建立以政府为主导的非常规突发水灾害应急合作机制,变消极被动的应付为积极主动的应对,减少甚至避免政府的“超常”行为,从而提高政府依法行政水平和宏观管理能力。

面对现代脆弱的文明及政府提高应对突发事件应急管理能力的需求,迫切需要构建以政府为主导、多主体无缝合作的非常规突发水灾害应急机制。非常规突发水灾害的应急管理是一个支持“情景—沟通—合作—共识/认同—行动”的动态应急决策过程,通过非常规突发水灾害应急系统中不同层次的具有适应性的主体(adaptive agent)之间,以及主体与环境的合理协调和共生机理的分析,通过研究非常规突发水灾害应急系统多主体协同演化,以刻画和描述非常规突发水灾害的应急合作机制,形成以政府为主导、多主体无缝合作的共识方案,达到应急系统的整体帕累托(Pareto)最优,从而保障我国的生态环境安全和社会安全,达到提高预防、处置非常规突发水灾害应急能力的目的。本书提出的非常规突发水灾害应急管理理论与方法,也将为我国其他重大自然灾害及重大突发公共事件应急管理提供理论指导和实践借鉴。

1.3　国内外相关研究进展

1.3.1　水灾害应急管理研究进展

国外关于灾害应急管理源于20世纪60年代,以美国成立联邦应急管理署为标志;成熟于20世纪80年代,克兰特利(Quarantelli)和史蒂芬·菲克(Steven Fink)为代表人物。Dynes和Quarantelli[26]从社会学角度对各类灾害的紧急应对进行了深入研究,发表了关于灾害突发事件应急管理中的行为、组织、协作和应对等有价值的研究成果,如《大规模灾难中帮助行为研究》等;史蒂芬·菲克出版了《危机管理——对付突发事件的计划》一书,比较系统地阐述了危机管理的基本理论,同时还对许多案例进行了分析,有很强的实用性[27]。我国对灾害应急管理的研究始于20世纪90年代,如早期魏加宁[28]对危机管理理论的产生背景、危机管理的方法原则、危机中的决策机制等进行了论述。2003年的SARS事件后,我国理论界对突发事件应急管理进行了系统研究。

目前,国内外关于水灾害事件应急管理的研究也已取得一定成果,主要集中在水灾害应急技术的研究;水灾害应急管理体系和法律法规的研究;水灾害应急调度与应急资源管理的研究;水灾害应急心理及行为决策的研究[29]。

1. 水灾害应急技术的研究

水灾害应急技术的研究主要体现在应急评估与监测预警技术、应急决策支持技术等方面。

水灾害应急评估与监测预警技术的研究在国外开展较早。莫里森被认为是最早讨论应用遥感数据进行洪水分析。此外,如多瑙河突发性水污染事件预警系统、俄亥俄河突发性水污染事件预警系统、地区级紧急事故意识标准(Awareness and Preparedness for Emergencies at Local Level,APELL)等均在水污染事件应急处理中发挥着重要作用[30]。在应急评估方面,Das和Lee[31]提出所谓非传统的水深-损失曲线方法,用以计算特大洪水时的经济损失。Jonge[32]应用地理信息系统(geographic information system,GIS)建立了洪涝灾害损失评估模型。Herath和Dutta[33]利用分布式水文模型、GIS和遥感技术(remote sensing,RS)进行了洪水模拟和损失评估。Scott[34]提出利用"环境事故指数"法建立评估模型,对突发性化学污染事故的环境影响后果进行识别和快速半定量分级和评估。Jenkin[35]提出对突发性事故的历史数据记录进行深度分析,找出所有潜在可能发生的事故可能具有的相似信息,对可能发生的事故进行生态和经济损失评估,得到相对的损失评估值。

在水灾害应急决策支持技术方面,欧美发达国家普遍认为从实时预报系统过渡到应急决策支持系统是当前的发展趋势,并竞相开展此类研究工作。Holsapple 和 Whinston[36]开发了用于流域管理的决策支持系统。Brown 和 Shelton[37]在美国田纳西河流域开发决策支持系统(decision support system,DSS)用来支持水库日运行决策、水质分析和洪水分析等。Steven[38]开发了应用于科罗拉多河流域水库群运行 DSS 的监控系统和数据采集系统,它能监控和记录水电站运行、坝前库水位、库尾水位、紧急情况下报警等。Simonovic[39]综合运用非线性规划、动态规划、模拟方法等研制了水库管理调度智能决策支持系统。Dobbins[40]开发了内河航运事故性污染风险管理的决策支持系统,建议通过一些先进的即时通信、定位、监测、模拟技术,对管理区域实行数据库管理,事发后通过互联网通知各应急单位,实施快速应急救援,对敏感区域重点考虑和保护,并对密西西比河下游某河段进行了案例模拟。

在实践方面,美国于 20 世纪 70 年代中期即率先于一些地区开展了环境卫星在水灾害方面的应用研究,美国、加拿大等国的洪灾遥感监测在 80 年代就进入实用阶段。20 世纪 80 年代以来,发达国家逐步建立若干个以灾害信息服务、灾害应急处理为目标的灾害信息系统,如加拿大的全球危机和应急管理网络、美国的全球应急管理与紧急响应联系系统、联合国的国际灾害信息资源网络、日本灾害应变系统等。其中影响较大的灾害应急管理系统有美国的 EMS(emergeuly messaging system,紧急信息系统)、欧洲尤里卡计划的 MEMbrain 系统和日本的 DRS。此外,美国的 Ship Analytics 和 OilMap、英国 BMT 公司的 OSIS、英国 Transas 公司的 Oil Spill Management System、挪威 NorControl 公司的 OSMS 系统、比利时的 MU-SLICK 系统等为水上污染事故应急决策提供支持。

我国水灾害应急技术的研究始于 20 世纪 80 年代末。在水灾害应急评估与监测预警方面,20 世纪 90 年代初,文康等[41]对洪水灾害统计评估方法进行了大量研究。董加瑞和王昂生[42]建立了集大气、土壤、流域、植被于一体的旱涝灾害预测及损失评估耦合模式,对旱涝灾害发生发展全过程进行动态科学的描述。冯平等[43]在城市灾前价值评估和洪灾经济损失率确定的一般方法基础上,建立了洪灾直接经济损失的评估与预测模型。王艳艳等[44]设计开发了上海市洪涝灾害损失评估系统,该系统建立了与洪水数值模型和用户实时添加方案的动态关联,为上海市防汛决策提供了有力的技术支持。程涛等[45]采用"洪灾重演法"或"历史模型法"对河北省海河"638"和"968"型洪灾进行重演,建立了洪灾损失快速评估模型。黄涛珍和王晓东[46]采用人工神经网络方法建立了典型流域洪涝灾害损失快速评估模型。刁化功[47]认为必须建立水灾害防治的风险预警评估机制,从经济学的角度对灾前、灾中的抗灾投入进行科学评估,建立灾后有效的补偿机制。冯平等[48]采用人工神经网络技术建立了干旱程度的评估模型,并在海河流域的实际应用表明,该方法简单易行,可为干旱研究提供一条新的途径。刘静等[49]运用期望产量和作物水分生产函数建立了小麦单产的干旱灾损监测与损失评估模型，并以宁夏南部山区 1961～2000 年的相关数据做了模拟分析，验证了该方法适用于中国西北旱作小麦的干旱监测与灾损评估。徐启运等[50]通过分析我国干旱预警现状，重点探讨了干旱预警系统建设的目标、行动计划以及干旱预警五大系统建设内容等，提出了 4 级干旱预警应急等级、预警管理和综合预警标准，以及提高我国干旱监测、预测预警和减灾能力建设的重要途径。黄强等[51]基于混沌优化神经网络建立了计算农业干旱程度的评估模型。张素芬等[52]针对 2006 年辽西地区发生的特大干旱灾害，对旱灾等级及损失进行了评估，提出编制抗旱工程规划、做好干旱灾害监测、调整产业结构、发展旱作节水农业、推广节水灌溉技术、建立抗旱应急机制等抗旱减灾措施。张遂业等[53]提出了水污染事件损失评价指标体系和评价损失程度的分级标准。陈嘉斌等[54]研究了北江流域突发水污染事故危害的评估，并对事故现场提出完善的医疗应急对策。

随着 RS 和 GIS 的集成应用逐步发展起来，水灾害应急评估与监测预警研究也随之有了新的进展，并向应急决策支持系统发展。陈秀万[55]研究了复合遥感信息监测洪水灾害的可能性和先进性，并建立了基于 RS 和 GIS 的洪水灾情分析模型 FLOODAM，可快速获取洪水淹没范围区内灾害的损失信息。魏一鸣等[56]将 GIS 和 RS 等空间技术结合起来，建立了基于洪灾快速评估的承灾体易损性信息管理系统，对洪水灾害进行快速评估和预测分析工作。李纪人等[57]利用 RS 与空间展布式社会经济数据库开展洪涝灾害遥感监测评估。徐美等[58]应用 RS 和 GIS 技术，对淮河流域水情进行实时监测，对受灾区的灾情进行了快速评估。武晟等[59]提出洪灾"自愈过程"的概念，并构建了洪灾评估系统，该系统不仅分析了灾情，而且还分析了灾区、国家应采取的抗洪救灾措施。许健等[60]研究了将 GIS/ES(expert system，专家系统)技术用在突发性环境污染事故应急管理中的可行性及途径，指出基于 GIS/ES 的应急管理系统能有效地对环境污染事故进行智能化管理和应急响应。何进朝和李嘉[61]在深入分析突发水污染事故特性的基础上，构建突发性水污染事故预警应急系统体系，该系统应包括预警机制、应急机制和计算机辅助决策系统三个部分。彭祺等[62]介绍了突发性水污染事故预警应急机制和应急系统的技术支持，为我国应急系统的建立提供了参考。陈蓓青等[63]借助 3S、数据库、网络通信等先进技术，建立二维、三维无缝结合的交互式虚拟可视化平台，为三峡库区信息查询、突发性水污染事故预警预报及应急决策提供了高精度的数字化辅助决策支持系统。饶清华等[64]对闽江流域突发性水污染事故预警应急系统的基本构架进行了初步探索。高鹏飞等[65]开发了流域水污染应急决策支持系统的模型系统，为水污染应急决策提供了坚实的定量化支持。

在实践方面，我国相关专家学者及研究机构积极开展了水灾害应急技术的研究与应用。国家先后建立了"七大江河地区洪涝灾害易发区警戒水域遥感数据库"、"台风、保育和洪水灾害信息实时系统"、"重大自然灾害监测评估业务运行系统"、"重大自然灾害遥感监测评价"、"基于数据库技术的防洪调度管理信息系统"、"全国、流域、省级三维电子江河系统"、"全国防汛卫星通信网"、"国家防汛抗旱指挥系统一期工程"、"全国水土保持监测网络和信息系统一期工程"、"城市水资源实时监控与管理系统试点工程"、"国家地表水水质自动监测系统"、"中国西北区域干旱监测预警评估业务系统"和"淮河流域致洪暴雨预警系统"等。各省、市级防洪决策支持系统相继建成并投入使用。上述成果标志着我国水灾害应急管理工作水平迈上了一个新的台阶。

2. 水灾害应急管理体系和法律法规的研究

在应急体系和法律法规方面，美国、日本、加拿大、澳大利亚、英国、德国、俄罗斯等国政府相应设立了应急管理机构，制定了相关法律。

美国于 1979 年成立了联邦应急管理署，负责全国重大灾害的预防和处置。2002 年制定了《美国联邦反应计划》，明确了联邦政府在应急反应中的职责、任务和程序，实行包括预防、准备、反应和恢复全过程的综合管理模式。2003 年，美国成立了超级应急管理机构——国土安全部。除了处于第一层次的联邦应急机构之外，全美各州及各地方政府均设有相应的应急管理办公室及应急运行调度中心。1934 年美国通过了洪水控制法案，1968 年颁布了国家洪水保险法案，1974 年出台了自然灾害减灾法案，1976 年通过了《全国紧急状态法》。此外，美国的《反恐法》明确规定水源是美国重要的基础设施，该法第 5 部分对涵盖美国 90% 以上人口的 8000 多个供水人口在 3300 人以上的水源地供水系统的饮用水源保障和安全作出了专门规定，要求对这些水源供水系统进行易损性评价并制订对策计划。

日本建立起了以首相为最高指挥官，由内阁官房来负责总体协调、联络，并通过内阁会议、中央防灾会议等决策机构制定危机对策。日本地方政府比较重视建立相邻地区政府之间的相互协作和救援体制，如东京都与邻接的 7 个县市签订了《八都县市灾害时期相互救援的协定》。日本的应急管理可谓"立法先行"，相关法律法规极为完善。日本政府先后出台了《灾害救助法》《灾害基本对策法》等。

加拿大于 1988 年成立了加拿大应急准备局，现已升级为加拿大公共安全和应急准备部(Public Safety and Emergency Preparedness Canada，PSEPC)，应对各种国家危机、自然灾害及安全紧急事件。加拿大各个省和地区都有相应的紧急措施组织(Emergency Management Office，EMO)，任何紧急事件先由当地官方部门进行处置，如果紧急事件超出了省或地区的资源能力，可向加拿大政府寻求援助。

澳大利亚应急管理署(Emergency Management Administration，EMA)成立于 1993 年，是联邦政府负责防灾减灾日常管理工作的专门机构。国家应急决策协调议事机构是联邦抗灾委员会，政府总理担任主席。澳大利亚设立了一套 3 个层次承担不同职责的政府应急管理体系：联邦政府层面、州和地方政府层面、社区层面。州和地方政府承担主要责任，联邦政府为州和地区政府提供物质和财政援助，社区主要在灾害预防、缓解及救灾计划协调等方面承担责任。

英国设有国内紧急情况委员会，作为英国政府防灾减灾的决策议事机构。灾害发生时，根据灾害类别和规模，政府将指定一个中央部门作为"领导部门"，负责协调各部门的应急救援行动。内阁办公厅及国内紧急情况秘书处负责日常紧急事务管理和跨部门协调。英国的应急管理体制建设比较重视平战结合，充分利用已有资源开展防灾减灾工作。英国在灾害应急反应方面有一整套法律及相应的配套法规，特别是 2004 年《国内应急法》为应急反应操作提供了框架指南。

德国于 2004 年成立了灾害管理的专门机构——联邦公民保护与灾害救助局，主要负责自然灾害、事故灾难、传染病疫情等重大灾害的综合协调管理。在应急反应体系建设上，德国建立了一套先进的监测系统、预警系统、信息系统和应急处置系统。在德国，根据灾害的类型或级别，实行分级管理，且非常重视对各级各部门的成员进行应急救援的培训和演练。此外，德国各州都有各自的应急法律和民事紧急计划等。

俄罗斯联邦政府于 1994 年成立了联邦民防、紧急情况和消除自然灾害部，简称"紧急情况部"，直接向总统负责，主要应对自然灾害和技术灾害的应急管理。在应急立法方面，俄罗斯联邦政府做了大量工作，形成了较为完备的应急管理立法体系，如有代表性的是 2002 年通过的《紧急状态法》。

国外经验表明，建立应急管理体制，应从传统的即时反应和被动应对转向更加注重全过程的、综合性的应急管理，从灾害的类别管理、部门管理转向全面参与、相互协作的应急管理，从随机性的、就事论事转向依靠法制和科学的应急管理。

随着淮河流域大洪水（2003 年、2007 年）、北方特大旱灾（2008 年）、松花江水污染事件（2005 年）、无锡太湖蓝藻暴发事件（2007 年）的发生，中国对突发洪水、干旱及突发水污染等非常规水灾害事件给予高度重视，国内学者在水灾害应急管理体系及相关法律法规方面也展开了广泛的研究。李晶[66]提出要从水危机管理的构成、过程和要素 3 个方面构建全方位水危机管理的新框架，以保障水安全和应对突发事件。唐玉斌[67]从经济学视角分析了水灾害发生的原因，他认为，水灾害的治理需从经济、行政、法律等方面进行相应的制度创新。叶炜民和于琪洋[68]分析了我国水利突发公共事件应急管理现状及存在的薄弱环节，并提出需进一步提高认识、加强领导、建立健全应急预案等建议。邱瑞田[69]从成因、特点、影响、措施、成效及当前面临的形势 6 个方面介绍了我国洪水干旱灾害突发事件，并对政府应急管理对策进行了探讨。程晓陶[70]分析了我国水旱灾害在新时期的特点，针对实践中我国水旱灾害应急响应体制机制不健全、应急响应能力不足等弱点，提出了新时期水旱灾害应急管理体制的新需求及重要措施。孙录勤等[71]分析了流域机构在信息、技术、人才、经验等方面的优势，以及在管理体制、运行机制和自身应急能力建设方面存在的突出问题，提出流域机构应急管理的对策。孙又欣和何少斌[72]从湖北省近几年水旱灾害应急管理的实践出发，提出了湖北省水旱灾害应急管理要从体系建设、预案编制及组织实施着手。谢春[73]针对当前洪灾应急管理机制存在的问题，分析洪灾应急机制不健全的原因，并提出了相应的策略。裴宏志等[74]针对城市洪水管理的特点，初步提出了符合"人与自然和谐发展"方针的洪水风险管理及灾害补偿模式。胡新辉等[75]根据我国实际国情，提出了我国城市洪水灾害政府、市场、公众合作的应急管理模式。王冠军等[76]结合防汛抗旱管理的实际情况，提出构建与国家防汛抗旱应急响应等级相适应的分级投入机制的设想。陈佐[77]、孙振世[78]等分别探讨了与水相关的溢油、有毒化学品、公路事故等突发环境污染事故和应急机制，以及相应的监测、管理和应急体系建设。陈赛[79]提出了"环境强制责任保险"或许是以后环境突发性污染事件化解之道的见解。赵来军等[80]根据流域非畅流特点，构建了我国流域跨界水污染合作协调模型。李红九[81]借鉴危机管理和预警管理的思想，探求三峡库区航运突发事件的预测预警、应急处理、信息发布及宣传教育等方面的管理机制。潘泊和汪洁[82]从水行政管理角度分析长江流域重大水污染事件的特点及建立应急机制的必要性，初步界定了长江流域重大水污染事件应急机制的内涵应包括法规体系、工作体系、信息报告体系、应急处置体系4个部分。孙秉章和胡效珍[83]对不同类型的水污染事件的成因及应急措施进行了探讨，可为有效预防、及时控制和消除水污染突发事件，提高水污染应急处理能力提供参考。徐冉等[84]通过对发达国家突发性水污染应急管理体系经验的总结及中国松花江污染事故的案例分析，归纳了中国现有突发性水污染应急管理体系存在的不足之处，从法制建设、机构协调、事故预警和信息公布4个方面提出了意见。

在实践方面，我国已建立起大灾由中央政府直接指挥、统一部署，各级地方政府分级管理，各部门分工负责，军队积极参与，以地方为主、中央为辅的灾害应急管理体制。国务院是应急管理工作的最高行政领导机构，国务院办公厅下设应急管理办公室，履行值守应急、信息汇总和综合协调职责，地方各级政府也纷纷设立应急管理机构。在水灾害应急管理方面，我国早在1950年就成立了中央防汛总指挥部，1992年更名为国家防总。长江、黄河、淮河等七大流域，以及省、市、县各级地方政府也设立了防汛抗旱指挥机构。2006年水利部成立了应对突发性水污染事件工作领导小组，由国家防汛抗旱总指挥部办公室（以下简称"国家防办"）、水资源管理司、水文局联合组成，负责重大突发性水污染事件的应急管理工作。在制度建设方面，我国出台了一系列的法律法规，如《中华人民共和国防洪法》（1998年）（以下简称《防洪法》）、《蓄滞洪区运用补偿暂行办法》（2000年）、《重大水污染事件报告暂行办法》（2000年）、《国家突发公共事件总体应急预案》(2005 年)、《关于全面加强应急管理工作的意见》(2006 年)、《国家自然灾害救助应急预案》(2006 年)、《国家防汛抗旱应急预案》(2006 年)、《国家突发环境事件应急预案》(2006 年)和《中华人民共和国突发事件应对法》(2007 年)等，这些工作促使水灾害应急管理逐步走向制度化、法制化。

3. 水灾害应急调度与应急资源管理的研究

在水灾害应急调度与应急资源管理方面，主要表现在应急调度方案的优化，水灾害应急救援中物资、信息、资金的调度与管理等。

国外学者在应急调度和应急资源管理方面的研究开展得比较早。Little[85]利用动态规划方法研究了径流为随机的水库优化调度随机数学模型。Windsor[86,87]用线性规划方法研究了水库群系统防洪联合调度。Beckor[88]用约束扰动法研究了多目标水库群系统的优化决策问题。Wasimi 和 Kitanidis[89]以二次线性离散最优化控制方法进行水库系统实时预报和调度。Martin 用网络规划方法求解了 27 座水库的联合调度问题。Unver 和 Mays[90]提出了一种由非线性规划和洪水演算方法相结合的实时防洪优化调度模型。Mohan 和 Raipure[91]对印度包含 5 个水库的流域，建立了一个线性多目标模型，以约束法优化泄水方案。Suleyman 和 William[92]把应急管理对水灾的影响分为 5 个部分，指出了应急管理的重要性，并强调即使是最微小的应急准备也可能对人类产生有意义的影响。Subramania[93]建立了从气象信息发布到信息获取的模型结构，使得应急管理者能够迅速、准确地获取可能到来的灾害信息，并制订应急反应计划。Sherali 和 Subramanian[94]提出了"救助的机会成本"的概念，并在此基础上建立了救助车辆布局模型。Josefa 等[95]提出了利用先进的协作知识管理模型进行大量原始信息的筛选，用以支持应急管理，并在西班牙水灾应急管理中进行了模拟。Akellaa 等[96]建立模型对应急管理中的通信设施的可靠性进行评估。Barbarosoglu 和 Arda[97]讨论了救灾物资运输计划编制中的两阶段随机规划框架。

在国内，洪水灾害应急调度主要表现在水库防洪调度、蓄滞洪区启用方案优化，相关研究成果较多。虞锦江[98]最早提出了水电站水库洪水优化控制模型。董增川[99]研究了大系统分解原理在水库群优化调度中的应用。胡振鹏和冯尚友[100]建立了一个多状态的动态规划模型研究汉江中下游防洪系统的联合运行问题。许自达[101]将水库群系统的防洪联合调度的问题转变到下游河道的洪水演进上，采用马斯京根法和槽蓄曲线推导出洪水优化调度计算式。王本德等[102]、谢新民等[103]、陈守煜等[104]、邵东国等[105]、周惠成等[106]将模糊数学理论应用于水文水资源系统和水库模糊优化调度。谢柳青和易淑珍[107]建立了基于河道洪水演进方程与多目标离散微分动态规划的澧水流域水库群防洪系统多目标优化调度模型。钟平安等[108]提出了并联水库群防洪联合调度库容分配模型。曹永强等[109]探讨了利用水文和气象等预报信息来指导水库实时调度的问题。刘招等[110]探讨以水库防洪预报调度为途径的洪水资源化方法。杨俊杰等[111]、覃晖等[112]利用多目标决策方法对三峡水库展开多目标防洪调度研究,为水库多目标防洪调度决策提供了一种新的调度方案生成方法。陈守煜等[113]提出融入遗传算法的模糊优选神经网络智能决策模型,对松花江流域蓄滞洪区方案优选进行智能决策。李传哲等[114]综合利用GIS和层次分析法确定评价矩阵,研究蓄滞洪区启用次序问题,并以松花江流域蓄滞洪区为对象进行了实例研究。罗晓青[115]探讨了淮河流域不同量级蓄滞洪区的调度和运用决策建议。阎俊爱[116]探讨了基于GIS的河道、蓄滞洪区洪水演进可视化仿真技术与方法,为防灾减灾决策提供直观、快捷的信息支持。而有关干旱、水污染应急调度的研究相对较少。陈道英[117]讨论了外洪内旱时汉江罗汉寺引水涵闸的抗旱调度问题,并提出有关建议。孔珂等[118]设计了基于多 Agent 的黄河旱情应急水资源调度管理仿真系统,为解决黄河流域严重旱情提供了一条途径,相应地提高了干旱应急管理水平。张军献等[119]分析探讨了突发水污染事件处置中水利工程的应急运用方式及其启用条件和限制条件。

在应急资源管理方面,高淑萍和刘三阳[120]探讨了基于联系数的多资源应急系统调度问题。张婧等[121]提出了基于偏好序的多事故应急资源调配博弈模型。何建敏等[122]建立了在多资源多出救点的应急系统中基于"出救点个数最少"和"应急开始时间最早"的多目标调度模型。赵林度等[123]提出了一种具有脉冲需求特性的应急资源调度方法。杨继君等[124]研究了基于多模式分层网络的应急资源调度模型。魏敏杰和纪昌明[125]研究应急资本在洪灾风险转移中的应用。刘铁忠等[126]对灾害应急中国防资源动员的可行性、国防资源动员的规模等问题进行了理论探讨。李茂堂和韩钢[127]设计了突发水污染灾害现场应急通信系统,为灾害现场的应急通信提供了解决方案。值得注意的是,这些研究都是针对一般突发事件而言的,专门针对水灾害应急资源管理的文献相当少。

4. 水灾害应急心理及行为决策的研究

水灾害事件发生后会导致人们在心理、认知、情感和行为上出现功能失调及社会混乱,因此,应急心理与行为决策的相关研究是非常必要的。

美国官方灾难心理卫生服务早于20世纪70年代就开始了,现已形成较为完善的体系。在理论研究方面,Doheny 和 Fraser[128]研究了海岸应急情况下的决策建模,并由爱丁堡大学人工智能研究所(Artificial Intelligence Application Institute,AIAI)开发一个方法支撑软件工具,首次将特殊场景下人类行为和决策集成到人员外出撤离模型中。Kathleen 等[129]开展了应急管理者心理和决策行为的研究。McCarthy 等[130]认为利用水文气象及工程等模型实现科学家和洪水应急管理专职人员之间的风险交流,对洪水灾害管理来说是有益的。针对这些模型和工具，以英国泰晤士河一次极端洪水事件的应急管理为例，进行了持续 4 天的实时仿真实验。

在国内，万庆和励惠国[131]运用 GIS、计算机模拟技术与交通分配理论，对蓄洪区灾民撤退过程进行了定位、定量的空间动态分析模拟。郑日昌[132]分析了灾难的心理应对与心理援助，认为问题取向与情绪取向是主要的应对策略。谭红专[133]从流行病学的角度系统地研究了洪灾对人类健康和生存环境的影响，通过对湖南省 1996 年和 1998 年特大洪灾危害的抽样调查，探讨洪灾危害的基本特征和规律。研究结果显示，危害程度与洪灾类型密切相关，灾前防洪投入和灾后救灾防病是减少洪灾损失的重要环节。董惠娟等[134]研究了突发事件对人们的心理影响与受灾者的应付之间的关系。陈秀梅和陈洁[135]探讨了突发事件中领导心理与行为的路径选择。马奔[136]探讨了应急管理中的心理危机干预与重建问题。李俊岭等[137]研究了基于个体行为心理的应急决策过程，提出了基于中国特色的政府应急决策模式。马丽波和谭百玲[138]从心理契约的内涵入手，探讨了心理契约对组织信任和政府公信力的影响及其之间的相互关系，提出了政府应急管理机制的实施策略。包晓[139]探讨了政府应急管理工作中的心理干预机制建设。徐本华[140]从纵向、横向两个维度，从应急事件前期、中期、后期 3 个反应阶段及受灾人群和施救者两个角度对应激管理中的心理问题进行全面考察。王丽莉[141]研究了政府在重大灾难事件心理援助中的责任。

综观国内外关于水灾害应急管理方面的研究，我们不难发现：①在水灾害应急管理的相关文献中，关于洪水灾害的研究相对较多，其次是水污染，而对于干旱灾害的研究较少。这与水灾害的类型特征有一定关系，洪涝灾害、水污染往往表现为突发性或渐发性，而干旱灾害一般属于极端水文事件，其开始和结束的时间很难界定，因此并不带有突发性的特点，干旱灾害应急管理往往容易被忽视。②水灾害应急管理的研究普遍侧重于微观技术层面，如水灾害监测预警技术、评估技术、决策支持系统、应急调度模型等，主要以信息技术为手段，通过定性与定量相结合的方法展开研究。大量的模型和技术系统都已成功应用于实践，为水灾害应急管理提供了可靠的决策依据。③水灾害应急管理宏观层面的研究还处于起步阶段。目前的研究主要集中于应急管理体系的建设，围绕"一案三制"（即应急预案、应急体制、应急机制和应急法制）展开。在多年的实践中，各国已经形成了各具特色的应急管理体制，但一个共同的趋势是，过去应急机构侧重于由单一部门应对单一灾种的做法已转变为由规格更高、力量更强的综合部门应对各种类型的突发公共事件，同时出台了一系列的应急法律法规，但还不是很完善、很健全。关于应急机制，尤其是水灾害应急机制的研究非常少，仅有的少量文献也仅停留在定性概念及初步探讨的层面上。④水灾害应急管理中关于人的心理和行为的研究还很缺乏。在已有的文献中，应急心理和行为的研究主要集中于传染性疾病、特大地震、海啸等领域，而水灾害事件中受灾个体和群体、救援人员、高层应急管理决策者的心理及行为的研究还相当少。

1.3.2 复杂系统理论的研究进展

20世纪90年代以来，系统科学家不约而同地把注意力集中到个体与环境的互动作用上，美国提出了复杂适应系统理论，欧洲提出了远离平衡态理论，我国提出了开放的复杂巨系统理论[142]，由此继第一代系统观——控制论，第二代系统观——耗散结构理论和协同学，逐渐形成了第三代系统思想。1994年美国的霍兰(Holland)教授提出的复杂适应性系统(complex adaptive system)理论，对于人们认识、理解、控制、管理复杂系统提供了新的思路，迅速引起世界的关注，成为当代系统科学引人注目的一个热点。

复杂适应性系统理论的基本思想是：把系统中的成员称为具有适应性的主体。所谓具有适应性，就是指它能够与环境及其他主体进行交互作用。主体在这种持续不断的交互作用的过程中，不断地"学习"或"积累经验"，并且根据学到的经验改变自身的结构和行为方式。整个宏观系统的演变或进化，包括新层次的产生，分化和多样性的出现，新的、聚合而成的、更大的主体的出现等，都是在这个基础上逐步派生出来的。

复杂适应系统理论将 Agent 概念引入了系统科学领域，并迅速成为研究热点。Agent 概念最早出现于人工智能领域。Minsky[143]定义 Agent 为社会中具备独立决策和解决问题能力的个体。Agent 的基本思想就是赋予软件模拟人类社会行为和认知的能力，这些能力包括组织形式、协作关系、认知和解决问题方式等，使其具备情景性、自治性和适应性[144-146]。而基于 Agent 的建模方法作为复杂适应系统理论的方法论基础，不仅在自然科学领域得到应用，还广泛地应用于研究社会科学、人文科学等领域中复杂系统的模拟和仿真[147-150]。这种方法的主要特点是强调从微观入手研究主体认知、学习、反应等个性机制，正因为如此，该方法还被用于应急管理领域的研究[151]。Mala[152]将多主体建模方法用于研究应急决策支持系统的构建和运行。Sheremetov 等[153]、Yang 等[154]基于多主体建模方法，分别构建应急管理系统支持平台和应急供应链管理系统平台，用于处理分布式信息结构下带有时间约束的应急决策问题。Purvis 等[155]指出多主体系统适合处理动态环境中的自主群决策问题，并采用着色 Petri Net 模型刻画群体间的交互作用。Ramchurn 等[156]指出信任是大规模开放分散系统中的重要研究课题，是研究系统中一切交互关系的核心命题，审视了当前多主体系统中信任的研究进展，批判评价了当前研究中的优势与劣势，指出当前研究的根本共同点都是试图最小化交互关系中的不确定性。这种消除不确定性的努力需要进一步发展信任在复杂可计算环境下的研究。韩梅琳等[157]探讨了不同合作关系下供应链应急协调机制，基于多 Agent 理论构建了供应链应急协调体系结构，并提供了初步方案。李圆[158]则基于(belief desire intention)理论构建了多部门应急决策模型，解决了复杂情景下协调决策问题；陈海涛等[159]基于多 Agent 系统设计了城市应急管理信息交互与协调机制，构架了城市应急管理系统框架结构，并对信息协同机制进行了研究。

灾害管理可以看做一个复杂大系统，只有多个 Agent 有序协调运作，才能实现快速高效响应的减灾目标，因此关于多 Agent 合作 (multi-agent cooperation，MAC)在灾害管理领域的研究引起越来越多人的关注。在灾害管理研究领域，多 Agent 合作理论和方法的研究主要集中在灾害演化模拟、灾害风险评估、灾害信息管理等方面[160-162]。

Olfati-Saber 等[163]、Lesser[164]整理分析了多主体合作的特征及其研究进展，探讨了多主体网络系统中的信息一致性问题，基于矩阵论、图论等方法提出了信息一致性算法的理论分析框架；Zhong 和 Du[165]介绍了几种常用的应急决策协调机制模型；Bulka 和 Gaston[166]分析了多主体网络化系统中的团队形成问题，指出有限信息下局部学习策略可以有效促进团队的形成；Singh 等[167]归纳了当前多主体系统建模理论中常见的合作协调策略，并讨论了多主体建模方法在灾害管理研究中的可行性；Ochoa 等[168]指出极端事件应急响应的两个重要标准是快速和有效，提出将第一响应者作为群决策参与者，并构建了一个决策支持平台，以改进群决策过程，协调各方减灾行动。Zhang 等[169]针对应急供应链协作决策问题提出了基于多主体系统的概念模型，区别定义了执行主体、任务主体与辅助主体 3 类功能主体，并提出了该系统的双层结构设计，即全局决策层与执行层，最后提出了一个改进的信念-愿望-意图结构模型来帮助实现其应用价值。Kanno 等[170]提出了一个灾害应急响应的多主体仿真系统原型(概念模型)，该系统可以描述多情景下不同个体或组织的行为特征，试图将灾害事件与人类行为纳入整体研究框架，并讨论其应用前景。Balbi 等[171]认为把自然生态系统与人类社会系统联系起来纳入统一研究框架，是未来气候变化政策研究的重要方向，并将多主体建模方法引入气候变化相关研究。Bharosa 等[172]探讨研究了灾害管理中的信息共享协调问题，并提出了 6 条机制设计规范。陈海涛等[173]、韩田田[174]研究了多主体间的协调问题，提出了包括社会网络、任务网络、知识网络、应急指挥中心和战略协调小组在内的多主体应急管理协调模型。杜健[175]通过分析应急决策中的多主体特性，基于任务模型和黑板系统构建了多主体协调决策模型；王莉[176]以核电站事故为例，基于多主体建模方法，建立了基于 Agent 的可靠性仿真模型，并利用 Netlogo 对模型进行了参数分析。吴国斌和张凯[177]通过对应急部门随机抽样问卷调查，运用统计学方法分析了影响多 Agent 应急协同效率的主要影响因素。Huang 等[178]则基于多 Agent 建模构建了极端洪旱灾害计算实验系统架构,用于模拟灾害情景。Edrissi 等[179]探讨了灾害管理中多种 Agent 的特点和功能,在多 Agent 建模理论指导下,构建了新的全过程灾害管理模型,并提出了相应的启发式算法,证明了多 Agent 合作能够有效提高灾害管理效率。Warner[180]指出为了应对更加复杂、多样、动态化的水资源管理,多 Agent 合作平台框架的引入是水资源冲突问题解决机制的创新,可以给异质性 Agent 提供平等的交流、协商渠道,有助于提高水资源管理效率。Li 等[181]构建一个基于多 Agent 计算框架的水资源规划群决策模型,并设计了基于遗传算法的多主体计算算法,进而得出模型最优解。

复杂适应性理论强调的是个体演化,而近年来美国圣塔菲研究所提出的"强互惠"(strong reciprocity)概念则更强调群体演化。我们把那些愿意出面惩罚不合作个体以保证有效治理的群体成员称为"强互惠者"。群体中自发强互惠的出现,保证了合作在群体内的延续,从而使得群体成功演化。"强互惠"的概念最早是在 Gintis 教授于 2000 年发表在 *Journal of Theoretical Biology* 上的一篇论文中正式提出来的[182]。他认为,人类的合作关系之所以比其他物种更完善,是因为群体中存在维持这种合作关系的个体,而维持合作的过程同时需要花费个人成本作为代价,即使这些成本并不能预期得到补偿。强互惠与其他一些弱互惠行为最根本的区别在于弱互惠者愿意支付短期成本来帮助别人是因为可以从中获取长期或间接利益;而强互惠行为则是在对收益没有预期的情况下支付成本来奖励公平同时惩罚不公平的行为。在此基础上,研究者分析了群体中强互惠者行为的动机及繁衍的过程。苏黎世大学 Fehr 等[183]设计了采用真实货币支付的经济实验,他们运用正电子发射成像技术对强互惠行为发生时的脑神经系统进行了观察,试验结果显示,与激励相关脑区的活跃程度远远超过平均水平,受试者表现出强烈的惩罚愿望并通过惩罚行为获得较高的满足,促使了强互惠行为的发生。这说明群体中强互惠者虽然没有获得支付收益的期望,但可以从惩罚违规者的行为中得到满足感,这种满足来源于荣誉感,权力实施过程和群体中其他成员的尊敬等。从群体选择理论上说,强互惠行为会使整个群体受益,提高了群体合作的竞争力,使得强互惠行为可以通过群体选择的力量得以保存和进化。王覃刚[184]在圣塔菲学派强互惠理论的基础上进行了进一步的扩展,提出了"强互惠政府"(governmental strong reciprocity)概念。此外,很多学者通过实验证明了合作中强互惠者的存在和存在的必要性[184-196]。这些实验包括公共物品实验、最后通牒实验及其他博弈试验等。实验结果不仅证明了合作群体中存在少量一部分人自愿承担起强互惠者的责任,惩罚"搭便车"者和卸责者,维护公共的利益,而且表明强互惠行为具有基于不公平意图的倾向,即意图是强互惠行为发生的重要依据。

演化计算(evolutionary algorithms,EA)是一种模拟生物演化过程与机制求解优化问题与搜索问题的一类自组织、自适应人工智能技术,20 世纪 90 年代以来迅速发展和推广并得到广泛应用。针对演化计算的不足，近几年又兴起协同演化计算(co-evolutionary algorithms，CEA)的研究，并且成为计算智能研究的一个热点[197]。CEA 的核心思想是通过构造两个或多个种群，建立它们之间的竞争或合作关系，多个种群通过相互作用来提高各自性能，适应复杂系统的动态演化环境，以达到种群优化的目的。由于其具有自适应性、并行性、全局优化、随机性、普适性及鲁棒性等特征，是表达复杂系统主体自适应机制和解决其自组织、自适应、自学习发展演化的可行的计算方法。

20 世纪 90 年代中期以来，复杂系统理论被应用于许多学科领域，取得了明显的进展。在社会经济领域，如美国桑迪亚国家实验室(Sandia National Laboratories)的 ASPEN(advanced system for process engietring)，在 17 台计算机工作站组成的网络上构造的基于 Agent 的美国宏观经济模型，直接描述了数以万计的企业及银行、政府等多种利益主体的相互关系和影响，模拟了整个美国经济的发展轨迹，在计算机环境中观察到了经济发展的循环和波动等许多符合实际的情况。美国圣塔菲研究所利用"强互惠"概念研究制度演化过程。在军事领域，如美国国防部建模和仿真办公室在复杂适应系统综合仿真平台上开展的计算机作战模拟。在国内，中国人民大学利用 Swarm 仿真平台和其他软件，建立了一批基于我国实际的宏观经济模型并已开始用于决策。国防科技大学、海军工程大学、航天总公司北京信息与控制研究所等单位也在积极跟踪，应用复杂适应系统于复杂军事系统的仿真。

1.3.3　综合决策支持技术的研究进展

1. 群决策支持系统的研究

自从 20 世纪 80 年代群决策支持系统(group decision support system，GDSS)概念首次被提出以来[198]，国外学者致力于研究在有机器体系辅助的情况下如何提高群体决策的质量的效率。GDSS 是指把有关同一领域不同方面或相关领域的各个决策支持系统集成在一起，使其互相通信，互相协作形成一个功能十分全面的、决策支持系统，是由一组决策人员作为一个决策群体同时参与决策会话，从而得到一个较为理想的决策结果的计算机决策支持系统[199]。群体决策支持系统主要用于群体决策活动，其决策成员相互合作和制约，并由一组约定的规则来调整他们的行动。进行群体决策时，可以采取不同的决策准则和方法，构造各种类型的决策模型。GDSS 是 DSS 的研究分支之一，其发展阶段如下：

1981~1989 年，提出 GDSS 概念，主要用于支持面对面小型群体作决策。这个时期，不少学者开始发表关于 GDSS 的描述性文章、调查报告等。这个阶段开发的有代表性的系统是美国亚利桑那大学的 PLEXSYS、美国明尼苏达大学的 SAMM 及 Xerox PARC 的 Colab。

1989～1992 年，支持各种大群体的群体决策活动，并相应地开发出各种会议系统。这是 GDSS 飞速发展的时期，GDSS 在功能及概念上都有了很大的发展，产生了许多有代表性的系统，如约纽州立大学的决策会议系统、美国陆军系统开发的 Video Conferencing System 及加拿大多伦多大学的 Capture Lab 等。

1993 年至今，这是 GDSS 在概念上的突破时期，其特征是与人工智能(artificial intelligence，AI)相结合。有学者提出了基于 Agent 框架的 GDSS，并研制了两个试验性系统：一个是用于作出市场、生产及采购三方合作对策的 Aest Professor 软件，另一个是用于平行设计的分布式问题求解系统 Design Fusion。还有学者提出了基于神经元网络的多层表示的 GDSS 研究模型，以及 GDSS 中知识表示方法。GDSS 与 AI 相结合使 GDSS 的功能延伸到新的境界。

2. 综合集成研讨厅的研究

综合集成研讨厅体系(hall for work shop of metasynthetic engineering，HWSME)是 GDSS 的高级形式。钱学森在系统科学研究的基础上，通过对宏观经济的探索，提炼出"开放的复杂巨系统"的概念，把人脑系统、人体系统、社会经济系统和人文地理系统、生态环境系统等概括到开放的复杂巨系统的范畴之内，并提出了处理这类系统的方法论，即"从定性到定量的综合集成法"[142]。在该体系下，群体研讨一般分同步研讨(synchronous argumentation)和异步研讨(asynchronous argumentation)。群体成员围绕一个或多个主题，在有时间压力下进行头脑风暴(brain storming)式的发言，或者异步共享发言信息。发言分单向和双向交流互动，群体成员或提出自己的观点和立场，提供依据，或针对其他发言发表评论，表明态度，从而进行双向交流(communication)和辩论(debate)。

自理论提出以来，我国学者及国外学者在 HWSME 构建技术方面进行了大量的研究并取得了巨大进展。具体来说，可以归纳为以下几方面内容：①软件设计与原型系统。目前国内综合集成研讨厅的软件体系基本上都基于 Intranet 或 Internet 平台，以 C/S 或 B/S 作为计算模式。②任务结构化与任务分解。③研讨流程。④研讨过程中的群体组织。⑤信息组织形式。⑥群体共识。⑦可视化。⑧基于 Internet 的知识库。这些 HWSME 思想与技术被广泛应用于区域发展、军事模拟训练、建筑设计等领域，取得了良好的效果。

总的来说，经过近 10 年的发展，尤其是在国家自然科学基金重大项目"支持宏观经济决策的人机结合综合集成体系研究"的帮助下，我国 HWSME 体系的雏形已初步形成。其中中国科学院自动化研究所复杂系统与智能科学实验室、上海交通大学 MIS 中心和中国科学院数学与系统科学研究院是国内最有代表性的 3 个研究机构，它们发展了各自的理论，实现了各自的原型系统并有各自偏重的研究方向。国外目前尚没有与 HWSME 体系相关的研究报道，但是却展开了与综合集成有关的工作，如对 GDSS、协商支持系统、意见整合、抗模拟方法等的研究。

■ 1.4　本书研究内容

水灾害历来是中华民族的心腹之患，且有愈演愈烈之势，非常规突发水灾害引起社会各界广泛关注，非常规突发水灾害应急管理已成为水利科学领域的研究热点。气候变化、水灾害危机、复杂不确定的水灾害环境、人类行为复杂性等客观条件都加大了非常规突发水灾害应急管理的难度。针对当前非常规突发水灾害应急处置中存在的诸如效率低下、相互推诿、缺乏合作的核心问题，本书以复杂系统科学为方法论，以人水和谐发展理念为指导，提出了非常规突发水灾害应急管理基本理论和方法，重点考查非常规突发水灾害应急管理中各应急主体学习适应行为特征及应急合作演化规律，构建非常规突发水灾害应急合作管理体系和系统模型，设计开发非常规突发水灾害应急合作研讨平台，分别开展突发洪水、干旱灾害的应用研究并给出相应的应急合作管理决策方案，希望通过形成人与人的协调应急合作关系达到防灾减灾的目的。因此，本书各章节的主要内容如下：

第 1 章为绪论。分析我国非常规突发水灾害的演变趋势，给出非常规突发水灾害应急管理的定义与内涵，通过归纳总结国内外水灾害应急管理及相关技术的研究现状，结合中国非常规突发水灾害形势，提出我国非常规突发水灾害应急管理研究新思路和方法。

第 2 章分析了非常规突发水灾害应急合作机制。当前我国非常规突发水灾害应急管理中面临的关键问题是应急合作困境，因此，应急合作机制的分析是本书的基础研究。基于非常规突发水灾害应急管理系统构成和复杂不确定性分析，从复杂性科学角度分析了非常规突发水灾害应急合作主体的角色、功能及适应性、异质性等特性，在此基础上，描述了非常规突发水灾害应急合作主体行为规律和系统演化均衡，包括应急合作主体强互惠行为、学习机制、多主体适应方式以及整个系统的演化过程与均衡。基于复杂系统理论的非常规突发水灾害应急合作系统分析为有效解决非常规突发水灾害管理问题提供新的研究方向和思维方式，奠定了非常规突发水灾害应急管理研究的科学理论基础。

第 3 章构建了非常规突发水灾害应急合作管理体系。合理的应急合作管理体系是有效应急合作管理的基础和保障。洪水灾害与干旱灾害的应急处置问题略有不同，因此，分别构建基于多主体合作的非常规突发洪水、干旱灾害应急合作管理体系。在此基础上，分析了洪水、干旱灾害应急合作管理流程，具体包括管理流程设计、基于 Petri 网的流程化模型构建等。最后，从有效性和时间性能两方面对非常规突发水灾害应急合作管理流程的效率进行了分析，验证了非常规突发水灾害应急合作管理体系和应急流程的可行性和有效性。

第 4 章探讨了非常规突发水灾害应急合作管理的系统建模方法。在应急合作管理体系框架下，提出了基于情景应对、多主体合作的非常规突发洪水干旱灾害应急管理的建模新思路，分别构建了非常规突发洪水、干旱灾害应急合作管理的系统化模型，具体包括非常规突发洪水灾害应急合作管理的宏观模型和微观模型、非常规突发干旱灾害应急水资源合作储备模型和调配模型。

第 5 章设计开发了非常规突发水灾害应急合作管理研讨平台。研讨平台是非常规突发水灾害应急合作管理理论方法的实现和具体可视化展现。讨论非常规突发水灾害应急合作管理研讨平台的关键技术，重点考查非常规突发水灾害应急合作研讨体系、研讨模型、研讨技术。研讨体系主要涉及研讨主体、研讨流程、研讨体系架构设计等；研讨模型包括洪水灾害应急合作管理宏微观模型、干旱灾害应急水资源储备与调配模型、研讨信息获取模型、群体层和个体层研讨模型等；研讨技术主要是知识库推理、情景可视化、模型库设计等技术。

第 6 章以淮河流域为研究对象展开非常规突发洪水灾害应急管理的应用研究。在分析淮河流域非常规突发洪水灾害应急管理现状基础上，构建了淮河流域非常规突发洪水灾害应急合作管理机制，并进行了应急合作仿真分析。详细设计了淮河流域非常规突发洪水灾害应急合作的研讨决策体系和平台，结合淮河流域的实际情况，对淮河流域 2007 年非常规性大洪水展开了应急合作综合研讨模拟，得到洪水灾害应急管理方案。最后，提出淮河流域非常规突发洪水灾害应急管理的保障措施及对策。

第 7 章以云南省为研究对象展开非常规突发干旱灾害应急管理的应用研究。在分析云南省非常规突发干旱灾害应急管理现状基础上，重点考查了云南省非常规突发干旱灾害应急合作研讨决策体系和应急分水方案设计，并给出云南省某区的具体应急分水方案。最后，提出云南省非常规突发干旱灾害应急管理的保障措施及对策。

第 2 章

非常规突发水灾害应急合作机制分析

2.1 非常规突发水灾害应急管理系统分析

2.1.1 应急管理的困境

受地形与气候因素影响，我国降水时空分布不均，全国近 2/3 的国土处在极端气候灾害笼罩之下。非常规突发水灾害是影响我国社会经济平稳发展的重要原因之一，自古以来就是中华民族的心腹大患。为此，新中国刚成立，中央政府就成立了水利部，积极开展防汛治水工作。1950 年 6 月，我国成立了中央防汛总指挥部和第一个流域机构——黄河防汛总指挥部，同时政务院还在《关于建立各级防汛机构的决定》中明确指出，要"以地方行政为主体，邀请驻地解放军代表参加，组成统一的防汛机构"，这一原则基本延续至今。从此，我国构建起自中央到地方县级以上级别的防汛指挥体系。而随后半个多世纪，国家一直投入大量资源与技术加强对水灾害的治理与防范，各级防汛机构几经更名与变革，至今，全国防汛抗旱组织体系基本形成并逐渐走向成熟。

我国现行的非常规突发水灾害应急管理机制是流域管理机制，由流域机构负责指挥协调，实行各级政府"行政首长负责制"与各有关部门"防汛岗位责任制"。这种科层制的非常规突发水灾害应急管理体系面对复杂多变、高度不确定性的洪水干旱灾害存在诸多问题，已经难以发挥其效率优势，必须加以改进。

1）科层制的层级制权威被应急管理的多主体参与削弱。科层制的组织结构呈金字塔状，具有权威的层级制约。一方面，科层制的层级划分与相应的法定权力相匹配，不同层级的岗位被赋予不同程序与范围的法定权力，上级对下级承担控制与监督责任，并借助于"行政权威"强制解决不情愿参与者之间的决策冲突。另一方面，科层制组织成员的评价考核一来由直属上级直接进行，二来考核以是否严格遵守科层制组织的规章制度及是否服从上级命令为首要标准。因此，科层制层级的权威性愈发加强。非常规突发水灾害的复杂性决定了其应急管理的多主体参与性，包括政府组织与非政府组织。其中，政府应急组织一般是科层制管理体制，而非政府组织则形式多样，临时因特定灾害事件召集人员物资更是非政府组织的常见构建模式。当大批非政府组织参与到非常规突发水灾害应急管理中时，包括科层制应急组织成员在内的个体与非政府组织的联系将越来越紧密，上级对下级的权威控制将被弱化，绝对的"命令—服从"管理模式被多主体共同参与合作所代替。

2）科层制的非人格化与应急管理的个体能动性相悖。科层制具有非人格化的组织管理特征，也就是说马克斯·韦伯（Max Weber）的科层制是站在纯管理、纯技术的角度，把人的有限理性、价值选择、道德意志等行为特征看做是可以忽略不计的因素。科层制组织成员的行为模式是受到层级、权责、专业化等限制的稳定模式，甚至更多的是在科层制"领导—服从"运行方式下，下级成员对上级指挥的盲目服从。灾害尚未发生或者外界环境在科层制应急组织可控的范围内发生变动时，组织成员会按照既定的稳定行为模式保持组织整体的一致性。然而非常规突发水灾害往往伴随着大量的不确定性因素，外界环境随时可能发生难以预料的巨大变动。常态下的层级安排、权责规定已经难以满足应急状态下的快速反应需求，组织成员的行为模式变得不稳定，不得不开始承担大量常规工作以外的多样化任务。在忙于处理突发任务过程中，科层制所忽略的人的有限理性、价值选择、道德意志、学习能力等行为特征被激发，组织成员将根据层级、专业技能、领域等不同而采取自主的应对策略，直接打破科层制所主张的自上而下统一管理的一致性。换句话说，科层制的非人格化会在应急管理的实践中被动摇，而应急组织成员的个体能动性则得以充分发挥。

3）科层制的专业化分工难以实现应急机构重组后的无缝合作。韦伯的理性科层制的内部职能结构是所谓的"蛛网结构"，即科层制的每个层级下设的职位都有明确的职能限制和独立的行政范围，且两两不相交。从总体来说，科层制管理体制通过这些独立且不相交的职能限定有机组成，层级负责，各司其职。所以，韦伯认为，"科层体制化提供着最大的可能性，在行政管理中按照纯粹业务的观点，实行分工的原则，对各种具体工作进行分工"，而这种分工可以满足行政管理需要的各项职能要求，又杜绝了因为职能不清所造成的责任推诿现象。然而从非常规突发水灾害应急管理的实践可以发现，韦伯的想法过于理想化，正是如此专业化的分工导致了实践中应急机构重组后的无缝合作难以实现。一方面，根据相关法律法规，我国各级政府的应急部门由一个或几个具体的常设办事机构临时组建，应急工作结束后，则予以撤销。频繁的组织机构重组迫使组织成员需要尽快适应环境变革，平时多进行应急演练，才可能在应急状态下达成密切合作。另一方面，非常规突发水灾害应急管理通常跨流域、跨地区，科层制应急组织的区域专业化分工导致应急处置过程中信息、资源等无法整合，出现重复建设或资源闲置，跨区域应急组织间的责任推诿现象时有发生，完全超出韦伯的理想化预期。

4）科层制的单通道信息传递途径难以满足应急管理海量信息处理要求。科层制的信息传递严格遵守自上而下的等级制，形成链条式的指挥体系，即由最高层级的组织指挥控制下一层级的组织直至最基层；相反，最基层组织向上一级组织汇报工作，层级处理上报直至最高层。单通道信息传递途径旨在通过层级传递，将指令分解至专业化具体部门，从而提高科层组织的工作效率。然而，单通道信息传递途径是科层制在应急管理中失去效率优势的重要原因之一。首先，单通道信息传递拉长了科层组织最高层级与最低层级之间的距离，影响应急决策信息下传速度的同时，还容易造成信息传递的失真与行政成本的增加，直接影响应急措施在地方的具体落实效果。其次，信息化与网络化在现代社会广泛普及，灾害发生后，非正式的信息传播渠道迅速加入信息处理队伍，小道信息蔓延，容易造成群体恐慌与社会混乱。最后，单通道信息传递增加了地方政府向中央政府瞒报、谎报灾情及救灾信息的概率，同时出于利益考虑，地方政府可能采取封锁信息等手段阻止不利信息外流，激起社会慌乱与不满情绪。

非常规突发水灾害应急管理是一个开放的复杂巨系统，具有多主体、多因素、多尺度、多变性的特征。科层制的层级制专业化管理在常态下确实是组织运行效率的保证，而面对越来越复杂的灾害而言，却显得捉襟见肘，力不从心。因此，面对复杂多变的应急管理情景及应急管理中的不确定性和复杂性，在时间相当紧迫的非常规突发水灾害应急救援过程中，多个应急参与主体的合作就显得尤为重要。然而，通过对现行应急管理机制的分析发现，我国非常规突发水灾害应急管理模式、机制和应急处置过程的实践中，存在诸多问题：一是"条块分割、多龙治水"的体制性问题；二是责任主体不清，部门之间职能交叉错位，相互推诿，应急管理效率低下；三是道德规范、利益导向、信息扭曲、监督乏力等制约因子的影响，导致各应急主体之间的激励不足和信任危机。这些问题都增加了我国非常规突发水灾害应急管理的难度。

1）条块分治。我国现行的流域与区域相结合的水管理模式，"条"与"块"之间的关系不是特别清晰。政府应急管理职责的划分、条块部门的衔接配合等方面，还缺乏统一明确的界定，尚未完全形成职责明确、规范有序的应急管理体制[200]。由于条块应急管理职责划分不清，在非常规突发水灾害应急管理过程中容易出现条块衔接配合不够、管理脱节、协调困难等问题。属于"条"管理的单位，"块"不干预，反之亦然。当发生非常规突发水灾害，需要条块单位配合时，应急动员相对比较费时，容易延误时机。

2）部门分割。从组织管理看，应急管理存在部门化倾向。各应急管理专业部门的垂直管理较为成熟，但部门之间的职责分工并不明确，职责交叉和管理脱节现象并存，灾害应对协同性较差。例如，对非常规突发水灾害的应急处理，卫生、交通、通信、信息、物资供应等部门和地方政府都有各自的应急管理职能，但如何统一行动，协同运作，却没有明确的规定。各部门往往只知道本部门职责，水灾害应急响应中不知道如何协调。有些部门之间职责交叉现象依然存在，一旦水灾害突发事件发生，容易出现相互推诿、扯皮现象，以致错过了应急管理的最佳时机，使小灾演变成中灾，甚至是大灾、巨灾。从应急管理过程看，依然缺乏统一的协调机构。目前，虽然很多地方政府都建立了应急管理办公室，作为应急管理的日常办事机构，但通常与政府值班室是"两块牌子一套人马"；尽管"职责规定"上写明"承担应急管理的日常工作，履行值守应急、信息汇总和综合协调职能，发挥运转枢纽作用"，但在日常运作中，却与原来的值班室没有明显区别，不能很好地发挥应急管理办公室的作用，一旦发生特大灾害，则显得无能为力了。有些地方的应急管理办公室主任由政府办公室主任兼任，容易使工作重心偏向政府办公室工作，而忽视应急办工作职能的发挥。

总体来说，现实中各方主体对非常规突发水灾害的体验差异、所处权力结构的位置不同及利益衡量上的理念或方式上的差异，使得主体之间呈现不同的行为偏好，不利于合作达成，导致非常规突发水灾害应急管理效率低下。因此，本书将上述情形总结为非常规突发水灾害应急管理中的合作困境（以下简称"合作困境"），即在非常规突发水灾害的情景下，由于个体体验、文化、价值观等行为偏好的影响，各参与主体的合作意愿出现差异性，使得博弈结果偏离帕累托最优，无法在非常规突发水灾害应急管理中达成一致合作行动的状态，而且这种状态贯穿于非常规突发水灾害应急管理整个过程，即具有过程性。具体包括：

1）上级与下级之间的合作困境。根据《国家防汛抗旱应急预案》，流域机构制定防汛抗旱应急预案并加强对流域范围内应急处置工作的监督、协调和控制；地方人民政府依照应急预案进行应急管理，组织和指挥本地区的应急工作，是非常规突发水灾害的应急处置主体。由于河流本身序贯性的特征，流域内各地方政府的非常规突发水灾害应急活动具有一定的外部性：以突发洪水灾害为例，流域存在着上游拦蓄能力不足、中游行洪不畅、下游洪水出路不足等问题，下游如果积极采取防洪措施将会对上游防洪产生影响。这种外部性将会导致地方政府之间产生冲突和矛盾。

2）同级之间的合作困境。根据现有水灾害应急预案，我国在非常规突发水灾害应急管理中实行的是分级管理和属地管理原则，以及各地方政府在各自的辖区内享有对非常规突发水灾害的处置权，同时对本辖区的非常规突发水灾害事件负责。流域跨行政区的分布特征决定了非常规突发水灾害的应急处置需要区域范围的综合治理与协调，而区域内各行政区分划的限制导致行政权协调上的困难。当发生非常规突发水灾害时，灾害地区从各自的受灾情况出发，考虑各自的利益，积极或消极参与应急合作，难以考虑区域整体利益。特别是当灾害发生在各行政区交界地带时，行政管辖权的归属难以认定，行政责任的划分也存在困难。另外，在非常规突发水灾害应急管理中存在着较为明显的溢出效应。一方面，难以排除区域内某一地方政府对公共危机采取积极行动所产生的效益被其他地方政府共享的可能性；另一方面，应对区域性非常规突发水灾害会产生成本分担问题，作为"理性经济人"的地方政府总是希望自己尽可能少地承担危机处理成本。采取"搭便车"策略的地方政府可能会隐瞒或者夸大本行政区内的危机状态，由此导致区域内非常规突发水灾害危机得不到及时有效的控制。

合作困境面临 3 个问题：第一，信息不充分。由于我国非常规突发水灾害应急管理体制统一指挥、分级负责及属地响应的特点，应急管理主体之间形成了明确的边界，构成应急管理层级。这就使得政府主体获取灾情信息，并采取有效应急管理行动存在客观的滞后性，而社会主体策略选择时所依据的收益则是不确定的，即选择合作的收益是期望收益，具有高度不确定性。第二，博弈者利益评价的不一致。在我国非常规突发水灾害应急管理工作中，包括政府在内众多参与主体的策略选择取决于利益评价。而这时的利益评价不仅包括经济意义上的评价，还包括基于风险认知、经验、文化等非理性因素的评价，意味着在有限理性假设下，由于利益评估的复杂性，博弈者的决策有着鲜明的个性特征。第三，造成合作困境的直观表现是参与意识薄弱，合作的驱动力不强。在我国目前的非常规突发水灾害应急管理体制中，政府主体占有大量应急资源，且拥有着多数的权利和责任，社会中其他参与者居于辅助地位，使得长期以来社会参与意识较弱。然而拥有属地优势的社会其他参与主体往往由于缺乏足够的权责，造成激励不足，从而抑制了其主观能动性的发挥。此外，参与主体内部组织化程度普遍较低，缺乏必要的规范制度，也制约其能力的发挥，最终影响非常规突发水灾害应急管理中参与主体间合作的达成。

2.1.2　应急管理系统的构成

非常规突发水灾害是人和自然关系的一种表现。一般而言，非常规突发水灾害的形成必须同时存在以下条件：①存在诱发水灾害的因素(致灾因子)；②形成水灾害的环境(孕灾环境)；③水灾害影响区内存在人类居住或财产(承灾体)。三者之间相互作用的结果形成了通常所说的灾情。而非常规突发水灾害应急管理就是对水灾害的形成和发展过程加入应急主体的干预和控制，因此，除了致灾因子、孕灾环境、承灾体，应急主体也是一个很重要的影响因素。从系统论的观点来看，致灾因子、孕灾环境、承灾体、应急主体、灾情之间相互影响、相互作用和相互联系，形成了一个具有一定结构、功能和特征的复杂体系，这就是非常规突发水灾害应急管理系统[201,202]。图 2.1 描述了非常规突发水灾害应急管理的系统构成。在此系统中，致灾因子由暴雨、海啸、溃坝、山洪、城市洪水、干旱等组成；孕灾环境包括大气环境、水文气象环境及下垫面环境；承灾体包括人、工业、农业、商业、社会经济建筑物等；应急主体包括政府及其职能部门、非营利组织、企业、公众、媒体等；灾情包括人员伤亡、直接经济损失、间接经济损失以及环境破坏等。

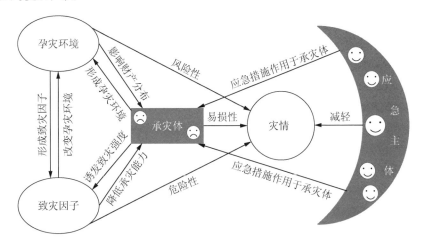

图 2.1　非常规突发水灾害应急管理系统的构成

根据上述分析，非常规突发水灾害具有时间和空间上的相互依赖性和分布特性，同时还受到人类活动的影响，所以非常规突发水灾害具有自然和社会双重属性。

非常规突发水灾害的自然属性主要是指非常规突发水灾害的发生和发展的过程。反映非常规突发水灾害自然属性的指标主要包括非常规突发水灾害（洪水、干旱）发生的时间特征指标、空间特征指标和严重程度特征指标。通过上述分析可知，突发洪水干旱灾害自然属性的各个特征指标之间是相互联系、相互依赖的。这 3 个特征指标分别反映了非常规突发水灾害发生、发展、发生的空间范围及影响的严重程度等。非常规突发水灾害的发生是指非常规突发水灾害发生的特殊致灾因子和孕灾环境。非常规突发水灾害的发展是指受灾面积、受灾人口、强度等随着时间的发展变化过程，包括洪水频率的变化、淹没水深、淹没范围的扩大或减少、干旱受灾面积、饮水困难人口和牲畜的数量变化等。非常规突发水灾害发生的空间范围是指非常规突发水灾害发生的地理位置和社会区域，地理位置主要包括发生的经度、纬度的地理坐标，发生的水系或流域等，而社会区域主要是指非常规突发水灾害发生的行政单元。影响的严重程度包括直接影响程度和间接影响程度，直接影响程度是指由非常规突发水灾害造成的直接受灾区域的损失，间接影响程度是指与直接受灾区域紧密联系的邻近区域的损失。

非常规突发水灾害的社会属性主要是指非常规突发水灾害对人类社会和环境的影响等。如非常规突发水灾害造成了人类社会经济的损失、人员的伤亡、环境影响等。非常规突发水灾害的社会属性是多方面的，非常规突发水灾害对人类社会的影响主要表现在以下几个方面：①生命的影响，洪水干旱尤其是极端洪水干旱的发生，给人类社会造成的最大损失就是人类生命，历史上每一次大的洪水都会造成巨大的人员伤亡；②经济的影响，非常规突发水灾害的发生对人类社会的工业、农业、交通、水利工程、城市工商业和居民家庭财产都会产生巨大的影响，如突发洪水的发生可能造成大量的工业设施、厂房等的报废，造成农作物大面积被淹，作物受损，农业减产甚至绝产，随着城市化进程的加剧，城市人口密集，工商业发达，一旦发生特大洪水，损失巨大；③社会环境的影响，非常规突发水灾害的发生势必会增加社会的不稳定因素，造成社会的动荡，同时，非常规突发水灾害的发生也必然会对人类社会的生存环境产生巨大的影响，如耕地和生态环境破坏、水环境污染和生态环境破坏等。

在非常规突发水灾害应急管理系统中，灾情是由于致灾因子在一定的孕灾环境下作用于承灾体而形成的，同时它的变化还受到应急主体行为决策的影响。它们之间的因果关系，可用图 2.2 所示的逻辑结构来描述。

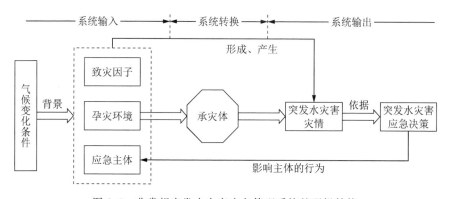

图 2.2　非常规突发水灾害应急管理系统的逻辑结构

上述非常规突发水灾害应急管理系统具有以下几个方面的特点。

1）系统的高维特性。非常规突发水灾害应急管理系统是由致灾因子、孕灾环境、承灾体、应急主体、灾情组成的"人-自然-社会"大系统，而每一个组成部分又都包含了各自的子系统，逐层分解，形成水灾害应急管理系统庞大的层次结构，具有极高的维数。

2）各组成要素之间关联复杂。非常规突发水灾害应急管理系统内各要素之间相互作用、相互联系，在结构、内容上形成了复杂的关联。此外，非常规突发水灾害的形成受多种因素影响，各因素之间因果关系复杂。

3）系统的开放性。非常规突发水灾害应急管理系统是一个"人-自然-社会"系统，这一系统不断地与其环境发生着物质、能量和信息的交换。外部环境的改变，促进水灾害的发生；水灾害的发生，又对其外部环境产生影响。

4）系统的动态性和不确定性。非常规突发水灾害应急管理系统的时间性强，它随着时间的推移而不断地发生变化。外部环境系统不断变化，引起非常规突发水灾害应急管理系统的输入输出强度与性质不断变化，从而呈现出显著的动态性。这种动态性也体现了系统的不确定性，如洪水干旱发生的随机性、财产分布的不确定性、应急决策实施的不确定性等。

5）系统的非线性。系统输出特征对于输入特征的响应不具备线性叠加性质。例如，相同强度的洪水，在经济发展水平相近的地域，由于不同地域的背景条件、人口密度、财产分布等方面有差异，所以洪水的规模和造成的损失之间不可能构成线性函数关系。

非常规突发水灾害应急管理系统的目标就是做好非常规突发水灾害防范与处置工作，使非常规突发水灾害处于可控状态，保证应急救灾的抢险工作高效有序进行，最大程度地减少人员伤亡和财产损失（图 2.3）。

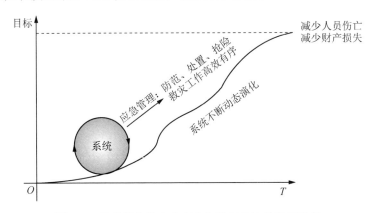

图 2.3　非常规突发水灾害应急管理系统的目标实现

2.1.3　应急管理系统的特征

1. 系统的不确定性分析

非常规突发水灾害应急管理的不确定性分析是做好应急管理工作的前提和关键。非常规突发水灾害应急管理中的不确定性是指不可预料性或非预期性，不仅事件的发生难以用常规性规则进行判断，而且其发展、影响也很少有经验性规则进行指导,它的未来发展趋势更是难以预测的。在非常规突发水灾害应急管理过程中,这种不确定性主要表现在以下几个方面。

1)发生时间的不确定性。非常规突发水灾害发生前虽有一些征兆但不明显,而且发生速度非常快,难以准确及时把握。例如,降雨的随机性导致洪峰、洪量的大小和到来的时间具有不确定性。

2)发生地点的不确定性。近年来,我国发生的非常规突发水灾害,地点已经不再局限于传统的灾害多发地带,如长江中下游、淮河流域、北方旱区等,而是扩展到了一些原本较安全地带,如近两年发生在北京、辽宁、河北等地的暴雨洪灾。

3)发展规模的不确定性。水灾害事件刚发生时可能只是小范围事件,未引起高度关注,而随着事情的发展或控制、干预措施不当,引起水灾害事件的次生衍生灾害,最后可能演变成无法控制的重大突发事件,波及范围不断扩大。

4)应急措施运用的不确定性。水库大坝、堤防、涵洞等工程性措施在设计、施工和管理中存在不确定性,而洪水干旱预报、紧急撤离、蓄滞洪区启用等非工程措施的实施又牵涉预报的准确性及公众的响应程度,这些同样也是不确定的。

非常规突发水灾害的不确定性越来越大,扩散性、衍生性和不可控性越来越难以掌控,对政府的应急管理不断提出了新挑战。非常规突发水灾害既具有巨大的危害性和不确定性,同时又都是小概率事件,政府对此缺乏实战经验,在实际应对中总会遇到一些事前预想不到的情况。这就要求政府在临战和实战中,既要立足常规,又要打破常规,以灵活的方式方法、措施策略来应对和处置。当然,这种打破常规的应急行动本身也具有巨大的不确定性,如果因为"事前"信息不足情况不明而贸然采取行动,其代价可能更大。在各种不确定性因素的综合作用下,非常规突发水灾害事态的危急性、紧迫性使得政府应急管理面临着双重压力:既要避免贸然行动,又要避免延误时机。有效的应急管理就是要有效地应对各种不确定性。首先,要降低因非常规突发水灾害的不确定性而失去对关键时机、关键环节的把握或浪费资源的概率。这要求应急决策部门注重总结经验教训,健全突发事件预案体系,以"不能让历史悲剧重演"为基本原则加强同质事件再度发生时的管理能力建设,确保在临战状态迅速启动和执行预案。其次,要降低因非常规突发水灾害的不确定性而导致处置不当、造成重大损失的概率。这要求政府及应急决策部门应提高准确研判能力,尽可能把突发事件中的隐性常态因素显性化,将实践中外化的不确定性因素分解转化为较易把握的相对确定的应对措施,形成善于准确把握各种不确定性和可能变化的洞察力,增强实战人员随机应变、相机行事、对症下药的应急创新能力[203]。

2. 系统的复杂性分析

1)非常规突发水灾害边界条件的复杂性。其复杂性表现为:①不确定性和不可预知性。非常规突发水灾害的形成受天文、气候、水文气象等致灾因子的影响，而这些因子又具有随机性、模糊性、混沌性等诸多复杂特征，因此非常规突发水灾害是不确定和难以预知的，传统"预测-应对"式的管理方式难以应对。②非常规性。此类水灾害发生的强度较大，涉及的范围较广，破坏性强。③时间紧迫，信息匮乏，资源紧张。水灾害事件突发后，受灾区域的群众处在极大的危险中，严峻的形势要求应急救援人员必须在极短的时间内采取有效措施进行救援，而且能供决策的灾情信息、能供救援的应急资源也很难在短时间内获取，这必然给应急管理和决策带来困难。

2）非常规突发水灾害应急主体的复杂性。其复杂性表现为：①多主体。非常规突发水灾害应急过程涉及水利部、民政部、农业部、公安部、交通运输部、财政部、卫生和计划生育委员会、社会公众等十几个机构或团体，是一个多主体应急合作的过程。在应急过程中，各个主体同时具备职责和权力，有着自己的角色定位和行为规则。②主体间纵横交错的复杂关系。非常规突发水灾害是一项关系人民生命财产安全的大事件，纵向从中央政府、省级政府、市级政府到县级政府，横向同一级政府职能部门从水务局、财政局、民政局到卫生局，都是水灾害事件应急管理的主体，各主体之间形成纵横交错的复杂网络关系。纵向机构之间是命令式的上下级关系，而横向机构之间是自组织合作式的伙伴关系。按照复杂适应系统理论，我们可以把这个多利益主体系统看成是由系统内不同层次中具有不同角色的"主体"组成，这些主体通过与环境、与其他主体之间的"协商"和"妥协"，使其整体处于合作与共生状态。较小、较低层次的主体可以在一定条件下，通过"协商、妥协"聚集成较大、较高层次的多主体聚集体，这个聚集体像一个单独主体那样在该层次上行动，如"资源供应主体"可由"供应商""资源调配""运输部门"等主体形成的多主体聚集体[204]。

3）非常规突发水灾害应急过程的复杂性。其复杂性表现为：①多目标性。非常规突发水灾害应急过程是一个涉及自然、工程、经济、社会的复杂的综合工程，在考虑自然条件的约束下，要保证水利工程和受灾群众生命的绝对安全，同时使灾区经济财产损失和救灾费用降到最低。不同层面、不同主体有着不同的目标，而有些目标可能相互抵触，因此整个应急过程是寻求全系统整体的帕累托最优解。②动态性。随着致灾因子的不断变化和上一时段应急决策的实施，水灾害所造成的影响在不断变化，例如，降雨的随机性、洪水的传播性和洪水调度导致洪水灾害在某一控制点的水位和流量在时刻变动着。因此，非常规突发水灾害随着时间推移在不断发展演变，应急决策也应该是动态的、渐进式的。

■ 2.2　非常规突发水灾害应急合作主体分析

2.2.1　应急合作主体的构成

应急合作主体是非常规突发水灾害应急管理系统中的重要组成部分，应急主体的参与程度和效率直接影响着非常规突发水灾害应急管理的应急救灾效果。在非常规突发水灾害应急管理过程中，应急合作主体一般包括政府组织、企业组织、非政府组织（或民间组织）、社会公众和媒体。

1. 政府组织

在非常规突发水灾害应急管理中，政府组织主要是指中央政府应急管理主体和地方政府应急管理主体，是应急管理的核心主体。

中央政府应急管理主体可分为中央政府、中央政府各职能部门。在非常规突发水灾害应急管理中，中央政府（这里具体指国家防总）处于统筹全局的地位，负责紧急部署，及时安排全国防汛抗旱工作，制定应急救援的政策方案，拨付必要的资金，督促、检查和指导有关省份的防汛抗旱工作；灾害发生地的流域管理机构、地方政府（包括省、市、县各级政府），是中央政府政策的具体执行者，负责具体实施调水、转移灾民、供应物资、灾后重建等工作。非常规突发水灾害一旦爆发，造成的损失往往是巨大的。能否及时高效地控制灾情，事关国家经济发展、灾区人民生命安全。国家作为全社会利益的代表，有义务及时制定可行有效的抗旱防洪方案，控制灾情。或者说，非常规突发水灾害属于自然灾害，其应急救援属于公益事业，中央政府应当不计代价地尽快控制灾情尽可能地减少灾害带来的损失。因此，中央政府在非常规突发水灾害应急管理中，既有政治目标（如成功控制水旱灾情），又有经济目标（如尽可能减少资金、人力、物力的投入，最大限度地减少灾害损失）。对于中央政府来说，在应急管理中，其政治目标要高于经济目标。

非常规突发水灾害的发生范围往往是以流域为单元的，因此这里的地方政府应急管理主体可分为流域管理机构、地方政府、地方政府各职能部门。流域管理机构协调各地方政府，各地方政府直接领导其职能部门进行应急救灾行动。非常规突发水灾害应急管理中，地方政府应急管理主体是第一责任主体，需积极配合中央政府落实相关政策，拨付资金，组织开展应急救援。可见，地方政府具有双重身份，既是地方事务的管理主体，又负责中央政策在本地区的落实。此外，政府组织不仅是公共利益的代表，也是其组织成员利益的代表，当公共利益与组织成员个人利益一致时，个人会自觉为公共利益的实现而努力；当公共利益和个人利益不一致甚至相冲突时，自利动机就可能导致个人偏离公共利益的行为。实现个人利益是个体理性，实现公共利益是集体理性，且潜在的个体理性可能导致集体理性，也可能导致集体非理性。非常规突发水灾害政府层级应急主体结构图如图 2.4 所示。

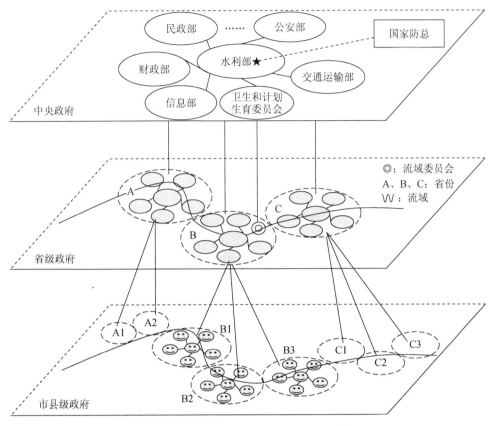

图 2.4 非常规突发水灾害政府层级应急主体结构

在我国水灾害应急实践中，国务院设立国家防汛抗旱指挥机构，县级以上地方人民政府、有关流域设立防汛抗旱指挥机构，负责本行政区域的防汛抗旱突发事件应对工作。有关单位可根据需要设立防汛抗旱指挥机构，负责本单位防汛抗旱突发事件应对工作。国家防总负责领导、组织全国的防汛抗旱工作，其办事机构国家防办设在水利部。国家防总主要职责是拟订国家防汛抗旱的政策、法规和制度等，组织制定大江大河防御洪水方案和跨省（自治区、直辖市）行政区划的调水方案，及时掌握全国汛情、旱情、灾情并组织实施抗洪抢险及抗旱减灾措施，统一调控和调度全国水利、水电设施的水量，做好洪水干旱灾害管理工作，组织灾后处置，并做好有关协调工作。长江、黄河、松花江、淮河等流域设立流域防汛总指挥部，负责指挥管辖范围内的防汛抗旱工作。流域防汛总指挥部由有关省（自治区、直辖市）人民政府和该江河流域管理机构的负责人等组成，其办事机构设在流域管理机构。有防汛抗旱任务的县级以上地方人民政府设立防汛抗旱指挥部，在上级防汛抗旱指挥机构和本级人民政府的领导下，组织和指挥本地区的防汛抗旱工作。防汛抗旱指挥部由本级政府和有关部门、当地驻军、人民武装部负责人等组成，其办事机构设在同级水利行政主管部门[205]。

以突发干旱灾害为例，政府应急主体在灾前预防准备、灾中响应减缓、灾后恢复等干旱灾害全过程管理中发挥核心作用。结合我国实际情况，政府应急主体拥有大量的抗旱资源，且经过多年实践检验，具有较强的抗旱应急能力。然而我国政府部门之间职能交叠现象严重，干旱灾害管理涉及水利、民政、交通运输等政府部门，因此，这里所说的政府应急主体不仅仅代表某一个政府机构，而是指参与干旱灾害管理的一类政府机构和部门。干旱灾害应急管理中最核心的问题就是应急水资源供给。由于政府应急主体掌握多数抗旱水利设施，且拥有抗旱政策制定、抗旱响应行动指挥的法定权力，政府应急主体的抗旱行为具有强制性、适应性、引导性。强制性是指政府有足够多的资源和手段为群体和社会塑造被其认可的合作和行为规范，当相关政策被群体中其他应急主体接受，政府应急主体就强制性要求其他应急主体执行该政策；适应性则指伴随着外部灾害情景及群体中其他应急主体行为交互影响的发展变化，政府应急主体行为会根据更新的外部决策环境和信息，作出适当改变；引导性是指政府应急主体在干旱灾害响应系统中处于核心位置，具有强大的动员和协调能力，为群体中应急主体行为的交互建立稳定的结构，在群体行为的形成和演化中施加影响，促使其他应急主体的响应行为向有利于政府应急主体预期的方向发展。因此，在突发干旱灾害应急管理系统中，政府应急主体既是抗旱减灾体系构建者、抗旱政策的制定者，还是抗旱响应行动的实施者和指挥者。

2. 企业组织

在非常态下，企业依然能基于对自身安全和利益的高度关注，主动参与应急管理过程。企业组织也必然成为非常规突发水灾害直接的利益相关者，其自身应急能力的高低直接关系到能否实现对灾害威胁的有效处置，它们也能够积极通过各种方式为灾区提供各种资金、物资、技术设备、救灾人员等的帮助。例如，在干旱灾害发生时，由于普遍的供水短缺，企业应急主体出于切身利益的保障，也需要采取相应措施降低风险，减轻损失，因此企业应急主体的应急响应行为主要有危机性、主动性、效率性的特征。危机性是指由于企业应急主体在激烈市场竞争中需自主承担经营风险，具有较强的危机防范意识和潜在应急能力。一旦干旱灾害发生，企业应急主体有能力、有动力整合抗旱应急资源，参与干旱灾害管理。主动性则是指作为用水主体，水资源短缺会对企业应急主体正常经营活动造成一定风险，而企业应急主体可以识别风险，出于自身意愿主动响应干旱灾害。效率性是指企业应急主体作为现代经济活动主体，在资源收集、分配方面效率较高，企业应急主体在组织整合社会抗旱资源方面具备独特优势，并且企业应急主体通常更加靠近用水需求点，能够迅速作出决策，参与干旱灾害应急响应行动。

3. 非政府组织

非政府组织（non-government organization，NGO）是指在一定法律支持下，政府之外的、不以营利为目的的协会、社团及其他组织和法人。非政府组织（或民间组织）典型特征就是自发性强，也可以认为是一种不以营利为目的，以促进社会公共利益为目的的"准公共部门"。由于其具有一定的群体代表性、公益性的特点，在应急管理实践中占据重要地位。它有利于弥补市场失灵与政府失灵，促进政府与社会的整合，形成对政府行为强有力的监督和制约。其主要功能和权责是在非常态下协助政府对社会资源、信息、社会公众的整合，进行应急自治、共治和公治。以突发干旱灾害应急管理为例，非政府组织主要是公益性抗旱应急主体，包括专业的、民间自发的多种类型抗旱服务组织。公益性抗旱应急主体的行为不依靠公权力，也不完全基于经济理性，而是出于志愿精神，具有自治性、公益性、灵活性特征。自治性指公益抗旱应急主体是自发成立的，不依赖外界干涉力量，而由自己组织、自己管理，故而公益抗旱应急主体的应急响应行为是基于自身意愿的，自治性行为。公益性是指公益抗旱应急主体应急响应行为的出发点和目的在于实现公共利益，而不是像企业应急主体一样，考虑自身利益的实现，即其在抗旱响应中的资源筹备、分配等工作多是不计经济回报。灵活性则是指相对于政府应急主体，公益抗旱应急主体没有严格的工作方式、方法限制，也没有长期形成的思维定式，而造成反应滞后、决策失误，它可以依据干旱灾害形势的发展变化，弹性调整组织结构以及工作模式，以保证当干旱灾害发生时，能够第一时间作出反应，减轻灾害损失。

4. 社会公众

通常情况下，社会公众（受害者）是非常规突发水灾害直接威胁的对象，也可以称他们为直接的受灾体。公众的生命和财产安全是水灾害应急管理最为重要的内容，公众自身的应急意识、应急能力是应急管理的要件，成功的应急管理离不开社会公众的自救及与政府的协同共治。此外，公众是应急事件的第一目击者，可以提供关于水灾害事件最直接、最真实的信息。

5. 媒体

媒体充当政府与社会的中介角色，是重要的信息通道。媒体的主要功能和权责是在突发状态下进行信息的及时、公正的发布，社会救治的聚合、引导，社会公众正当需求的关注与上行传递等。

2.2.2　应急合作主体特性分析

经济学理论认为，具有决策能力的个体和组织通常符合经济理性假设，这就是说个体和组织行为必然满足帕累托最优。在非常规突发水灾害应急管理中，灾害的特殊性使得系统应急主体面临的决策环境非常复杂，且容易受到外部因素的干扰和影响，难以获取其所需的决策信息。因此，在这样的情况下，系统应急主体无法成为理想的"经济人"，而是有限理性的，其应急行为还受到心理、外界环境等非理性因素影响，行为结果的帕累托最优不一定必然满足。而从心理学、行为科学理论的角度看，应急主体行为是在个体需求基础上，通过形成某种内在动机而产生的结果。这里的内在动机是指应急主体为实现防汛抗旱应急目标而表现出的主观意愿，根据马斯洛的需求层次理论，应急主体在决策环境、自身属性等因素影响下，具有动态多样性的需求，从而产生复杂的行为动机，也就是说应急主体是异质性的。与此类似地，从决策偏好的角度看，在内外部因素影响下，应急主体的偏好具有明显的个体差异和群体特征。非常规突发水灾害应急管理系统中，应急主体的偏好可以是利己的，也可以是利他的，还可以是强互惠的，这就使得应急主体的应急行为体现出复杂性特征。

非常规突发水灾害应急管理具有高度的复杂性，如有限性（资源、时间）、不确定性、非常规性、动态性、非线性、开放性、多层次性、多主体及其复杂网络关系等，这些复杂性增加了应急管理的难度。那么，为了达成应急管理的合作秩序，应急合作主体在应急管理中应具有以下特性。

1. 应急主体的自适应性特征

1）应急主体具有主动性、适应性。非常规突发水灾害应急管理系统由多层次的多个应急主体组成，这些应急主体适应性行为贯穿于应急管理的全过程。一般来讲，非常规突发水灾害应急管理系统可分为系统决策层（流域级）、群体协商层（区域级）、应急行为层（部门级或个人）3级。其中，应急主体为应急行为层的各个节点，群体代表应急主体的聚合体，在应急主体和群体行为基础上形成非常规突发水灾害应急管理系统演变行为，即系统层。应急主体适应性特性与系统演化过程如图2.5所示。根据复杂适应性概念，适应性源于主体与主体、主体与环境间的"活动"：①应急主体与环境间的适应性，变化的水灾害环境对每个应急主体都会产生直接或间接、或强或弱的影响，应急主体为了保证公共安全和自身利益，就必须调整应急策略和行动；②应急主体相互之间的适应性，应急主体不是孤立的个体，它存在于相互联系的应急系统内，一个应急主体的行为必然带来其他应急主体的变化；③应急主体行为与应急系统演化，应急主体依据效用最大化动机原则，协调与其他应急主体间的利益关系，使得群体福利效益最优，这些群体为了实现整个应急管理系统的福利效益最大，不断适应环境，协调与其他群体的利益关系，形成整个系统的"涌现"。

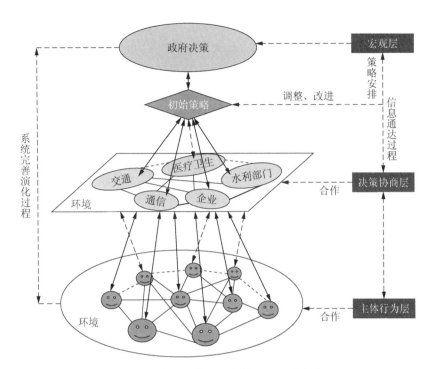

图 2.5　应急合作主体自适应特性与系统演化过程

2）应急主体行为的涌现性。在系统演化过程中，应急主体的行为规律与应急管理系统的演化规律是有机联系的，往往由于个体的细微变化导致整体系统的质的变化，这就是"涌现"特性。在非常规突发水灾害应急管理中，随着水灾害灾情的不断变化，高层次应急主体根据自身目标，通过制定应急政策，影响和改变下一个层次应急主体的行为规则，而不是直接控制下一层次应急主体的行为；而低层次应急主体因为这些应急政策的改变而进行相应的变化，通过自身行为方式的改变反馈外部环境和规则的变化，从而涌现出新的结构、特征或行为，决定了系统演化的方向。

3）应急主体的自组织性。非常规突发水灾害应急管理系统具有远离平衡态性质。根据耗散结构理论可知，非常规突发水灾害应急管理系统可以不断与外界进行能量和物质的交换，引入负熵流，应急管理环境的开放度决定其能否从外部引入足够的负熵，而有序性则又取决于系统内在的协同机制。对于系统内的协同机制，协同学理论是用序参量的变化来描述系统从无序向有序转变的。在非常规突发水灾害应急管理过程中，主体序参量主宰应急系统演化方向，而其他主体及环境的变化也通过耦合和反馈牵制着该主体序参量，它们之间互相依赖，又在主体序参量的引导作用下协同一致，正是通过主体自发地学习和适应，才能促使系统自适应、自组织地由无序走向有序，不断进化。

4）应急主体行为的非线性。在非常规突发水灾害应急管理系统的生成演化中，多种因素影响主体行为，事物不是单向的因果链条，而是呈现出各式的非线性因果循环。非线性作用使主体间、主体与系统间表现为相互交织、影响、作用的关系。非常规突发水灾害应急管理系统存在多种多样的非线性关联，在非常规突发水灾害应急管理过程中，几乎每一环节都体现着非线性，使系统处于不断变化中，而变化恰恰是系统演化的动力基础。只有具备灵活性、适应性和快速反应能力的应急管理主体和系统才能更好对水灾害事件进行有效的处置。

2. 应急主体的异质性特征

异质性通常用来描述事物的差异性，是对事物变化性质和规律的科学化总结。从本质上看，它与同质性概念恰好相反，它能够刻画人类社会、自然界中普遍存在的多样性特征。一般来讲，异质性的事物由各不相同的要素组成，这些要素间既有差别，又相互联系。异质性的概念已经被广泛用于物理学、化学、信息科学、社会学、遗传学等多个领域，激发起了学者们对于异质性概念内涵的深入研究，提出了多种不同的定义。物理学中的异质性是指系统或过程中出现的多于一种状态的特征；社会学中，如果一个社会或组织由不同种族、文化背景、性别或年龄等个体组成，那么称这个社会或组织具有异质性。

而这里讨论的异质性，主要是指非常规突发水灾害应急合作中，各参与主体间体现出的显著差异。这种差异性不仅体现在组织属性、资源禀赋、角色定位等内生性因素方面，还容易受到不确定的政策环境，以及多应急主体间的交互关系等外生因素影响。基于多 Agent 理论中最为成熟的 BDI 模型，非常规突发水灾害应急合作管理中的参与主体异质性可表述为如图 2.6 所示的分析框架。

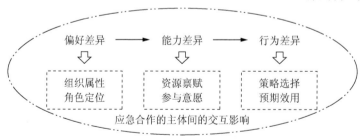

图 2.6　应急合作主体的异质性分析框架

在这个意义上讲，非常规突发水灾害应急合作过程中，政府、企业等参与主体最终应急行为的差异性是在一定规则影响下逐渐积累的过程中形成的。从行为偏好上看，非常规突发水灾害应急合作管理中的政策性应急主体和职能性应急主体都是公权力的代表，对参与非常规突发水灾害应急救援负有公共责任。由于公益性应急主体以实现社会公共利益作为组织目标，因而它与政策性应急主体、职能性应急主体具有一致的行为偏好，均倾向于参与非常规突发水灾害应急救援。但是对于营利性应急主体而言，首先它以获取利润为目的，而参与非常规突发水灾害应急救援更多属于履行社会公益责任，无法带来直接效益；其次，营利性应急主体也会受到非常规突发水灾害带来的水资源短缺影响，因此它应是利己偏好的，一般并不倾向于参与非常规突发水灾害应急合作行动。需要说明的是，即使拥有共同目标，政策性应急主体、职能性应急主体和公益性应急主体的利他偏好也是有差别的，这主要是由于三者在非常规突发水灾害应急合作体系中的角色定位不同而造成的。

从应急能力上看，政策性应急主体和职能性应急主体分别拥有政策制定、应急行动协调，以及管理资源，乃至直接实施抗旱应急行动的法定权力，并且由于多数水利基础设施为国家所有，因此两者一般有着相对较强的应急救援能力，也更有动力参与非常规突发水灾害应急救援；而公益性应急主体虽然以实现社会公共利益为己任，但是长期以来灾情信息的不对称和专业技术条件的限制，使得公益性应急主体的应急合作行动效果有限，未能得到社会认可，造成其参与意愿逐渐下降。此外，对于营利性应急主体(即灾害发生地的企业事业单位)而言，首先作为市场经济发展的主要参与主体，它们逐步积累起了雄厚的经济财富，为参与非常规突发水灾害应急救援奠定了良好的物质基础；其次，在激烈市场竞争中成长起来的营利性应急主体，拥有着较高资源配置水平，有助于提高非常规突发水灾害应急合作效率。但是，为保障正常生产运营，营利性应急主体多缺乏动力在灾后履行社会责任，因此营利性应急主体有着较强的潜在应急救援能力，却很难转变为实际应急救援行动，发挥其应有作用。

从应急行动上看，由于政策性应急主体在非常规突发水灾害应急管理体系中扮演着领导者角色，拥有政策制定和应急管理体系规划的权力，因此它的策略选择行为不可避免地影响着其他应急主体参与非常规突发水灾害应急救援的行动。一方面，政策性应急主体与职能性应急主体之间属于行政隶属关系，有着长期明确的分工协作和组织监督机制，能够保证两者之间信息的有效沟通，避免"逆向选择"和"道德风险"，因此，政策性应急主体与职能性应急主体共同参与非常规突发水灾害应急救援有助于发挥两者的互补优势，提高两者的预期效用，有效减轻非常规突发水灾害损失；另一方面，政策性应急主体与营利性应急主体、公益性应急主体等社会应急主体之间的信息沟通和组织协调成本较高，政策性应急主体一般难以获取社会应急主体的参与意愿、应急行动能力等信息，并且由于偏好、能力的差异，社会应急主体参与非常规突发水灾害应急救援往往需要付出更多的成本，这就使得政府应急主体与社会应急主体共同参与非常规突发水灾害应急救援的预期效用降低，不仅不利于各自应急能力的发挥，还会影响整体应急合作效率的实现。

因此，应急主体的异质性表现，强调的是政府、企业等异质性主体在不确定的非常规突发水灾害应急决策背景下所作出的策略反应行为。非常规突发水灾害应急合作的实现就是探讨如何协调政府、企业等异质性主体的策略反应行为，在尊重各方利益前提下，促使这些异质性主体可持续地一致参与非常规突发水灾害应急救援。

3. 应急主体的交互性特征

在应急管理系统中，由于应急主体属性及其功能等存在差异性，系统中的应急主体通常有着迥异的行动逻辑。因而在突发水灾害背景下，实现应急行动的多主体合作，就是指在分析系统应急主体异质性行为偏好的基础上，通过设计恰当的交互规则，影响系统应急主体的反应行为，实现系统应急主体间的协调一致。换句话说，突发水灾害发生后，系统应急主体的应急行为是基于内在逻辑和外部环境影响下的结果，因此多主体合作的实现意味着系统应急主体行为向有利于达成合作关系方向发展的演化过程。

为了能够对有利于达成合作关系的系统应急主体行为进行深入分析，引入博弈论观点刻画系统应急主体间的交互性特征及其行为的产生与演化。博弈论是强调研究理性个体之间相互关系与策略选择的一个学说。从博弈论的角度看，系统应急主体的行为实际上是策略选择的结果，因此突发水灾害应急管理系统中多主体合作的实现，也可以理解为异质性的系统应急主体根据自身行为偏好，在一定的决策环境下，通过改变系统应急主体策略选择行为的预期效用，引导出现系统应急主体一致选择的集体行为。需要说明的是，突发水灾害背景下，系统应急主体面临的决策环境十分复杂，再加上时间、能力等条件限制，从而使得系统应急主体间的交互性特征表现为多种博弈互动关系（图 2.7）。

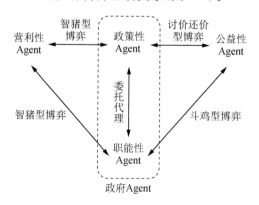

图 2.7　多 Agent 间的交互关系

突发水灾害应急管理系统中的应急主体主要可以分为政府应急主体、企业应急主体及公益抗旱应急主体等几大类。这种分类方法主要基于系统应急主体的角色和功能定位，缺乏对系统应急主体间策略互动关系的考虑。综合考虑系统应急主体功能定位及其相互影响，可将系统应急主体重新划分为政策性 Agent、职能性 Agent、营利性 Agent 及公益性 Agent。其中，根据突发水灾害应急管理实际，将政府应急主体分为政策性 Agent 和职能性 Agent，政策性 Agent 负责抗旱减灾系统构建、政策制定，以及沟通协调抗旱应急响应行动，有法定行政权威，与职能性 Agent 之间属于行政隶属关系。在突发水灾害应急管理中，政策性 Agent 赋予职能性 Agent 相关资源、权限等条件，并负责在灾后指挥职能性 Agent 作出应急响应行动。这两类 Agent 之间的关系可以理解为政策性 Agent 与职能性 Agent 都拥有参与突发水灾害应急救援的法定义务，然而政策性 Agent 由于缺少具体的救灾资源往往不直接参与突发水灾害应急行动，而由职能性 Agent 代理完成，因此这种相互影响与博弈论中的委托代理型关系较为类似；为强调企业应急主体的行为偏好，便于分析与其他系统 Agent 间的关系，这里将企业应急主体定义为营利性 Agent。对于这类 Agent 而言，获取收益是其根本目的，参与防灾减灾属于履行社会公益责任。在经济理性假设下，营利性 Agent 参与抗灾应急行动通常要付出一定的额外成本(如相关的人力、物力等)，因此营利性 Agent 是否选择履行应急响应的社会责任，取决于其对响应行为成本的接受程度，成本越低，越有可能参与救灾应急行动。在突发水灾害应急管理中，由于自身利己偏好影响，营利性 Agent 存在较强的"搭便车"动机，倾向于等待其他 Agent 行动之后再作出策略性反应，因此营利性 Agent 与系统其他 Agent 的交互影响较类似于智猪型博弈；这里的公益性 Agent 与公益应急 Agent 相对应，主要指那些以履行公共义务，提供抗旱响应公共服务为目标的社会组织，因而这类 Agent 属于利他性的行为偏好，即对于参与突发水灾害应急响应有着一定的主观意愿，然而其行为效果的好坏与合作关系的达成还取决于其他 Agent 的策略选择影响。一般来说，公益性 Agent 与职能性 Agent 的组织属性和功能定位存在一定重叠现象，两者都需要政策性 Agent 的行政授权和统一指挥，以获得必需的灾情信息与策略选择空间，因此这两者之间主要为竞合关系，与斗鸡型博弈较为类似。此外，政策性 Agent 对营利性 Agent 和公益性 Agent 都不具备行政强制权力，只有通过有效的社会动员机制，鼓励营利性 Agent、公益性 Agent 等有能力的社会组织参与突发水灾害应急行动，因而这些 Agent 间是讨价还价型博弈。

　　总的来讲，突发水灾害应急管理系统中，系统应急主体间的策略互动关系有着多种表现形式，并且博弈逻辑存在一定差异性，但其共同点在于都试图通过在系统应急主体间达成博弈均衡，从而实现突发水灾害应急管理系统中的多主体合作状态。

2.3　非常规突发水灾害应急合作机制及演化

2.3.1　应急主体合作行为机制

1. 强互惠行为机制

强互惠概念是美国圣塔菲研究所有关制度演化研究的最新贡献。他们的成果表明，合作及由合作产生的剩余，可能是人类心智、社会行为包括文化和制度共生演化的最终原因。有效的合作规范和秩序，也许是人类在生存竞争中最大的优势。在实验中他们发现，人类具有一种明显的利他性质，对不公平行为实施惩罚的倾向。而这种行为机制，恰恰是以往经济学"经济人""理性人"假设所无法解释和包含的。强互惠是一种超越或突破"经济人""理性人"假设的人类行为模式[196]。

强互惠理论产生的原因主要基于起源相关性和重复交互作用理论并不能完全解释人类的合作现象。亚当·斯密（Adam Smith）在《国富论》中，主张自利是市场经济的人性基础，在他看来，"看不见的手"实际上是一只自利的手，每个人追求自身利益最大化，结果公共福利能够得到提高。然而，为什么一个纯粹自利的人会选择交易这种和平和双赢的方式去对待他人？为什么两个自利的人彼此的行为一定能增加他人的福利？如果人性只是单纯的自利，那么合作为何出现，社会何以组成？亚当·斯密在《道德情操论》中指出，合作之所以出现，社会之所以组成，不仅仅是因为人类的自利，还因为人类有设身处地为别人考虑的能力，即道德的禀赋[184]。道德是维护合作秩序不可缺少的要素。起源相关性不能解释这种人类大量没有亲缘关系的个体之间的合作。再者，很多实验证据显示，合作可以产生于非重复性互动或重复互动的最后一轮，如最后通牒实验；在社会群体灭绝或解散的非常时期，个体之间不大可能发生重复互动；人类社会存在多边交易现象，重复互动频率高，但很难通过"重复-报复"机制来保持合作；游猎成员可以通过加入其他族群而逃避报复。这些现象都表明，重复交互作用理论也不能完全解释人类合作行为。

在有限理性前提下，人类的单个个体在行为决策时无法获取决策的全部信息，也不具备处理这些信息的全部知识和能力。那么，个体如何确保决策的正确性？如何在社会环境中成功演化？这是因为社会群体中的每一个个体都具有异质性，即个体之间在各自的生物性和社会性体验上存在差异。正是因为这种异质性特征，才使得个体为了获取足够的认知而进行个体间有意识的社会交往。这种有意识的社会交往，使得有限边界的群体内的合作成为可能。人们在其频繁交往的有限边界群体内，萌生了"亲社会性"（prosociality）和共同利益。然而，这种"亲社会性"也会损害个体，使之付出高昂成本。为了使"亲社会性"在演化中延续，群体中必须存在这样一些个体，他们要求合作并积极惩罚那些不合作的人，哪怕自己付出高昂的代价，这就是强互惠主义[184]。强互惠理论认为，人类之所以能维持比其他物种更高度的合作关系，是因为许多人都具有一种行为倾向：在团体中与别人合作，并不惜花费个人成本去惩罚那些破坏群体规范的人，即使这些成本并不能被预期得到补偿[196]。强互惠主义者既是有条件的利他合作者，也是有条件的利他惩罚者，他的行为在付出个人成本的时候，会给族群其他成员带来收益，即存在正的外部性。在一个群体中，哪怕只有一小部分强互惠主义者，就足以保持该群体内大部分是利己的和小部分是利他的这两种策略的演化均衡稳定，实现"演化均衡稳定性"(evolutionarily stalde strategy，ESS)[188]。强互惠能抑制团体中的背叛、逃避责任和"搭便车"行为，从而有效提高团体成员的福利水平。圣塔菲研究所的经济学家对强互惠理论已经做了大量的研究工作，其中最具代表性的文献有：① 2004 年 2 月 Bowles 和 Gintis[188] 发表在《理论生物学》(*Theoretical Population Biology*)杂志上的一篇文章《强互惠行为的演化：非亲缘人群中的合作》，这篇计算机仿真实验报告回答了单次囚徒困境条件合作产生的问题，以及合作秩序是如何建立起来的问题；②2004 年 8 月 Fehr 等[183] 在《科学》杂志上发表文章《利他惩罚的神经基础》，这篇脑科学的实验报告是沿袭 Bowles 和 Gintis 的进一步研究，它回答了强互惠行为或利他惩罚行为的驱动机制是什么的问题。

圣塔菲研究所的研究将强互惠视为群体中的一种自发力量，这种力量维持着群体生物演化所必须的适存度(fitness)。然而，问题是：强互惠者借以惩罚不合作者的条件是什么？不管惩罚是由强互惠者自己完成还是由群体中其他成员完成，强互惠者必须拥有优于惩罚对象的某种素质，或者具有能激起群体中其他成员共同对不合作者施压的鼓动力，才能保证惩罚的有效性。强互惠者如何感知某种合作模式对群体有效率因而需要对不合作者予以惩罚？强互惠者并非任何个体都可充当，而是必须具备在这方面优于其他成员的社会体验和认知结构。而这种更优的社会体验和认知结构是个体在群体社会中经过不断锻炼而形成的。当强互惠者为了提高群体福利水平而专门进行锻炼和实施强互惠利他惩罚时，他们可能会失去在群体中获得生计的活动机会，这就需要群体内其他成员对其进行必要的补偿。这种补偿使强互惠者身份固定化、职业化。那么，群体内其他个体就有理由相信职业化的强互惠者会及时对卸责不合作者予以惩罚，从而他们自己就无须在掌握那些专业技能上花费成本。一旦这种信任在群体内成为多数，就可以为强互惠者实施惩罚提供合法性基础。在社会这个大群体中，政府就是一类被固定化、职业化、合法化的强互惠者，称为政府强互惠者[194]。政府强互惠是积极的，它可以利用合法性权力对不合作者给予有效的强制惩罚，不合作者的代价也会更大一些，那么合作就更容易达成。

哈丁的公地悲剧、囚徒困境博弈和奥尔森的集体行动的逻辑这三个富有影响力的经典模型，已经被表述成为了一种象征，它意味着在公共事务的管理过程中，个体利益和集体利益往往不一致，个体理性策略会导致集体非理性的结局。这一类现象的中心问题其实都是"搭便车"问题。任何时候，一个人只要不被排斥在分享由他人努力所带来的利益之外，就没有动力去为共同的利益而努力，而只会选择做一个"搭便车"者。如果所有的参与人都选择"搭便车"，就不会产生集体利益，即使有些人是合作者而另一些人"搭便车"，这也会导致集体利益达不到最优水平。诺贝尔奖得主埃莉诺·奥斯特罗姆（Elinor Ostrom）在《公共事务的治理之道》中，针对小规模公共池塘资源问题，提出了自治组织和治理公共事务的制度理论，为面临公共选择悲剧的人们开辟了新的路径[206,207]。对于公共物品、公共事务治理，"搭便车"现象是普遍存在的，它也是公共事务治理危机的重要原因。从众多关于"搭便车"问题的现有研究来看，该问题实质上始终是一个"集体行动"问题，是一个合作的问题。

非常规突发水灾害属于一类公共事务，在其应急管理过程中也面临着"搭便车"的问题，也涉及多主体合作的问题。然而，对于非常规突发水灾害这类突发公共事件而言，由于时间的紧迫性、资源的有限性、信息的缺失性、灾情的严重性，必须有政府的正确引导和强有力的凝聚力，才能保证短时间内的高度合作，完成应急处置任务。政府作为公共物品的提供者和公共事物的管理者，必然要承担应对非常规突发水灾害的职责，而且相对于其他组织，政府在资源禀赋、人员结构、组织体制等方面具有优势，这就使其在整个非常规突发水灾害的应对过程中起着主导作用。政府在非常规突发水灾害应急管理中充当着强互惠者的角色，他们是应急决策的制定者和维护者，目的是最大化社会共享利益，监督、惩罚卸责者的同时也接受人民群众的监督；应急行动主体是应急决策的执行者，目的是最大化自身的适存度，他们以一定概率卸责，当卸责行为被发现时，将接受相应的惩罚。

政府强互惠下的非常规突发水灾害应急管理中政府具有比较完备的应急信息及理性的政策设计和选择的权力，政府拥有比流域内的其他任何主体更多强互惠的锻炼。政府依靠其强互惠的优势引导应急行动主体的行为和选择，具体表现是多方面的。在非常规突发水灾害应急管理中，政府的强互惠行为主要体现在两个方面：一是政府主要致力于应急管理体制和制度的构建，形成上下互动、左右畅通的应急管理体系；二是充分发动政府在应急管理中的导向功能，调动社会各个方面应急管理的积极性，形成政府主导、多主体合作的应急管理模式。

非常规突发水灾害应急管理具有负外部性，而应对负外部性最直接和最有效的办法就是政府通过政策来协调、激励各主体的应急行动。政府强互惠者往往表现出较强的应急合作策略理性设计冲动，其收益除了自我激励外，还可从外界获得激励，主观上存在较强的被认同、被关注的需要。其足够的话语权和合法性保证了其强互惠行为的实施，维护群体认同的行为模式和应急策略。合法性下的政府主体在实施利他惩罚时，体现的是代理人的身份，表达了主体对违背规则的行为的纠正和对合作秩序的维持，体现了主体的合理性诉求。政府的信息及行为能力优势使其强互惠特性充分展现，正是因为这样的强互惠者的固定存在，那些被共同认知到的对于系统有意义的合作与利他等规范才能被政策化，社会资源才能实现有效率的配置[194]。"无形之手"在实践上必须由各种政策约束来补充。应急策略应该是一个完整的系统结构，由一系列相互关联的政策安排有机构成。政策设计就是政府对应急行动主体和社会各个阶层的共享意义的政策形式表达，即政策的自发演化秩序。政府强互惠对于政策的理性设计有两种途径：①设计者根据演绎推理的结论和经验材料的归纳得出一些可被认同的规范和模式；②对成功演化群体和社会的代表性政策模式的学习和模仿。在非常规突发水灾害应急管理过程中，政府作为灾害事件的核心主体，一般都包括了上述两种模式。政府的政策设计仍然是一种自发演化逻辑的试错过程，只是不同于一般公众的零散行为，是在一个更有秩序的环境下进行的。

2. 主体学习机制

在分析应急合作主体学习规则及适应性行为之前，我们有一些前提假设：①假设每个应急主体都是有限理性者，即信息不完全或信息不对称；②假设每个应急主体都是一个价值的判断者，且价值判断标准不同，即异质性；③假设每个应急主体都具有效用最大化动机；④假设每个应急主体具有足够的学习能力和适应能力，即能够及时地与环境进行交流，来调整自己的行为规则。在上述前提假设的基础上，结合 Holland 提出的基本主体行为模型建立非常规突发水灾害应急主体的学习机制，如图 2.8 所示。该学习机制由两部分组成：具有刺激—反应能力的执行模块和具有智能决策与推理能力的学习模块[208]。执行模块的主要功能在于应急主体与环境（或其他应急主体）的信息、能量和物质交流，当然主要是信息交流。学习模块的主要功能则是提取促进水灾害应急主体适应性行为的新规则。

由上述学习机制可知，应急合作主体学习过程实际上是对主体信息的一系列处理过程。

（1）应急主体信息的界定与度量

什么是信息？这样一个基本问题，目前还没有公认的、一致的回答，不同领域专家有不同的界定。全信息理论（comprehensive theory of information）认为，信息是一个复杂的研究对象，需要划分层次来研究，其中最基本的层次是本体论层次和认识论层次。本体论信息概念站在纯客观的层次，描述事物"运动的状态及状态变化的方式"，是最基本的概念。而认识论信息概念则是站在主体认识的层次，描述这个主体所感受或所表述的关于该事物运动的"状态及其变化方式"的形式、含义和效用，是最有用的概念。

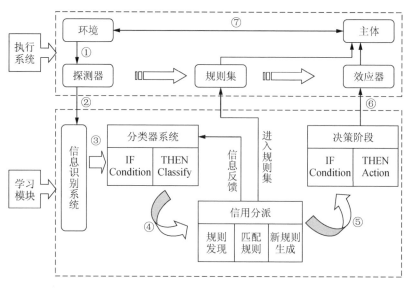

图 2.8 应急主体学习机制

非常规突发水灾害应急过程中的信息属于全信息概念，因为应急主体不仅关注信息的形式，更关注信息的含义和效用。因此，应急信息可定义如下：设有任一应急系统 $S_t = (A_t, R_t, E_t)$，系统内任意应急主体 $a_i \in A_t (i=1, 2, \cdots, n)$，则应急主体 a_i 所获得的信息表示为：$\inf(a_i) = I_{syn} \times I_{sem} \times I_{pra}$，且 I_{syn}，I_{sem}，I_{pra} $\in \Omega$。其中，S_t，A_t，R_t，E_t 分别代表 t 时刻应急系统状态、应急主体、应急资源和应急环境状态；I_{syn}，I_{sem}，I_{pra} 则分别代表语法信息、语义信息和语用信息；Ω 表示信息空间。应急管理系统中应急主体的信息通过主体之间及主体环境之间的交流获得。信息交流可表示为：$\mathrm{IR} = \{\inf: a_i \leftrightarrow a_j \,|\, a_j \in A_t\} \bigcup \{\inf: a_i \leftrightarrow e_j \,|\, e_j \in E_t\}$，其中符号 $\inf: a_i \leftrightarrow a_j$ 表示主体 a_i 与主体 a_j 之间信息交流；$\inf: a_i \leftrightarrow e_j$ 表示主体 a_i 与环境 e_j 间的信息交流。

应急主体信息的度量实际上就是全信息的度量，假设非常规突发水灾害 X 具有 n 种可能的抽象状态 x_1，x_2，$\cdots$，x_n，状态本身可能是明晰的也可能是模糊的，状态 x_n 所表现的肯定程度，称为状态 x_n 的肯定度，记为 $c(x_n)$，简记 c_n，$0 \leqslant c_n \leqslant 1$，$n=1, 2, \cdots, N$。序列 $\{c_n\}$ 称为事件 X 的状态肯定度广义分布，记为 $C=\{c_n\}$。状态肯定度分布表征了事件状态变化的方式，序偶集合 $\{x_n, c_n\}$ 称为"肯定度空间"，可用来描述事物的语法信息。状态 x_n 含义的逻辑真实度可以用模糊变量 $t(x_n)$ 或 t_n 来表征，$0 \leqslant t_n \leqslant 1$，$n=1, 2, \cdots, N$。$t_n$ 越大，表示"状态 x_n 的该项含义在逻辑上为真"的肯定度越大。序列 $\{t_n\}$ 为逻辑真实度广义分布，记为 $T=\{t_n\}$。序偶集 $\{x_n, t_n\}$ 为事件状态的逻辑真实度空间，用来描述事件的语义信息。状态 x_n 对实现主体目标而言的效用程度可以用一个模糊变量 $u(x_n)$ 或 u_n 来表征，$0 \leqslant u_n \leqslant 1$，$n=1, 2, \cdots, N$。$u_n$ 越大，表示"状态 x_n 对主体有效用"的肯定度越大。序列 $\{u_n\}$ 为事件状态效用度的广义分布，记为 $U=\{u_n\}$。序偶集 $\{x_n, u_n\}$ 为事件状态的效用度空间，它描述事件对主体提供的语用信息。在此基础上，应急主体信息的度量参量 η_n 一般定义为"c 与 t 与 u 的加权结合"的函数，即

$$\eta_n = f(\alpha c_n \cdot \beta t_n \cdot \gamma u_n) \tag{2.1}$$

式中，α，β，γ 分别是语法信息、语义信息和语用信息的结合权系数；f 是某种线性或非线性连续函数。在最简单的情况下，可假设结合就是乘积，且有 $\alpha=\beta=\gamma=1$，而 f 是斜率为 1 的线性函数，即 $\eta_n=c_n t_n u_n$。

因此，事件 X 的全信息描述模型就可以表述为

$$(X, \xi): \{x_n, \eta_n \mid n=1, 2, \cdots, N\} \tag{2.2}$$

式中，ξ 称为 X 的全信息参量广义分布。

（2）信息感知和识别

应急主体学习的前提在于信息获取。全信息理论认为，信息获取的过程就是将基本信息转化为语法信息的过程。在非常规突发水灾害应急管理过程中，所有的信息都是基本信息，而语法信息则是与应急决策直接相关的信息。非常规突发水灾害应急管理要求对感知的信息进行识别和处理，目的是判断这些信息是否有助于水灾害应急管理决策，即判断信息的有用性。识别的工作原理是将感知的信息的某些特征量与特定属性"模板"的特征量进行比较，根据它们之间的匹配情况来判断信息应归属的类别。模板指代表信息有用性的特征模板，根据信息的类别不同，相应的模板也不同。一般采用统计识别法、语言学方法和神经网络方法等方法展开信息识别。

（3）分类器系统

应急主体将识别后的信息"传递"到（信息）分类器系统，提取对应急主体适应性行为有用的信息或知识。分类器主要按照"IF（Condition）-THEN（Classify）"规则进行信息分类，步骤如下：①将与非常规突发水灾害应急主体行为相关的不同信息按照其特征量 T_i 分为 K 类，记 $C=\{C_1, C_2, \cdots, C_K\}$，$T_i$ 表示 C_i 类信息的特征量；②观察一个信息样本 S_1，提取它的特征量 f_1，将样本特征 f_1 与信息分类特征量 T_i 相对比，按照"IF-THEN"分类规则，设"IF $f_1 \in T_1$，THEN $S_1 \rightarrow C_1$"；③按照步骤②重复 N 次（N 是一个足够大的正整数，表示识别的信息量），将所有样本信息 S_i 归入相似于特征 T_i 的类 C_i 中，形成不同的类；④如果信息 S_j 的特征量 f_j 同时符合多个类的特征量时，则可以同时归入各个类中，即 IF $f_j \in (T_1, T_2, \cdots, T_l)$，THEN $S_j \rightarrow (C_1, C_2, \cdots, C_l)$，

$l \leqslant K$。经过上述过程后，信息进入不同分类器中，这些分类器将根据应急主体的行为激活相应的信息，转化成应急主体需要的知识，进入信用分派进行处理，提取应急主体适应性行为规则。

（4）信用分派

信用分派是应急主体学习模块的核心部分，它的本质就是评价和比较知识对应急主体适应行为的有用性，并对所有分类器进行排序。这实际上是对各分类器中知识的有用性进行排序。一般来说，分类器知识效用越大，其权值也就越大。这种信用分派机制可以保证规则的优胜劣汰的进化。进行信用分派的常用算法是桶队列算法（bucket brigade algorithm），采用了拍卖机制和交易机制。在拍卖机制中，所有参与匹配的分类器需根据其权值（效用实力）参与投标，投标值与该分类器的权值成正比，投标值越高，该分类器知识效用越高，就越有可能参与信息的发送。通过对投标值和权值的计算，非常规突发水灾害应急主体可以"认知"哪些信息知识对其有效，再与原"规则集"进行规则匹配。只要这些信息知识能够使应急主体适应行为的效用最大，我们就将其作为新规则。在水灾害应急管理中，所谓效用最大，就是应急主体在应急过程中能不断朝着自身利益最大化动机发展，又能带来应急系统的整体利益增强（或许不是最优，但至少可能是次优）。那么，能够带来效用最大的"知识"就是应急主体的适应性计划或决策规则。

3. 主体学习适应行为

多主体适应行为的研究，除了要考察单个主体学习机制之外，还需要考虑群体内其他主体的行为可能对自身行为决策产生的影响，这一点与博弈论的思想不谋而合[209-211]。在非常规突发水灾害应急管理过程中，各个应急主体与周围环境及其他应急主体之间进行物质、信息和能量的交换必然会产生竞争与合作，形成博弈，通过不断地博弈（适应、学习）来实现彼此间的"双赢"，甚至是整个应急系统的多赢。博弈论的局中人有类似的适应性和学习能力，每个局中人的行为都会影响到其他局中人的行为决策。在博弈论理论中，进化博弈理论较传统经典博弈理论，在水灾害事件应急管理系统演化分析方面，有其特有的优势：①应急主体是"有限理性"的，每个应急主体在追求自身最大效用动机时受到理性意识、分析推理、识别判断等多方面能力的限制，即信息经常不完美或经常不完全；②进化博弈理论与复杂适应理论有着非常相似的思想基础——生物进化论，应急主体是在博弈中不断交互、不断学习或积累经验，才找到较好的策略，达到真正稳定性和较强预测能力的均衡与演化；③进化博弈理论通过对应急主体博弈方（微观）的学习和策略模式的调整，来寻求导致"群体（宏观）意义上的策略均衡及效率"的系统演化路径，架起了微观主体与宏观系统的桥梁。

（1）进化稳定策略

所谓进化稳定策略，是指如果占群体（population）绝大多数的个体选择进化稳定策略，那么小的突变者群体就不可能侵入到这个群体，或者说，在自然选择压力下，突变者要么改变策略而选择进化稳定策略，要么退出系统而在进化过程中消失。根据定义，$x \in A$ 属于进化稳定策略，如果 $\forall y \in A$，$y \neq x$，存在一个 $\bar{\varepsilon}_y \in (0, 1)$，不等式 $u[x, \varepsilon y + (1 - \varepsilon) x] > u[y, \varepsilon y + (1 - x) x]$ 对任意 $\varepsilon \in (0, \bar{\varepsilon}_y)$ 都成立，其中 A 是群体中个体博弈时的支付矩阵，y 表示突变策略；$\bar{\varepsilon}_y$ 是一个与突变策略 y 有关的常数，称为侵入界限；$\varepsilon y + (1 - \varepsilon) x$ 表示选择进化稳定策略群体与选择突变策略群体所组成的混合群体。这就是进化稳定策略的一般定义[208]。

（2）多主体适应行为

多主体的适应行为可描述如下：在每一阶段博弈中，应急主体 $i(i = 1, 2, \cdots,$ $N)$ 选择行动 $a_i \in A$，应急主体在博弈中得到各自的得益，由于这些得益信息事先并没有被完全预期到，因此，应急主体将根据这些新的得益信息对原有的博弈信念进行更新，在下一阶段采用新的信念选择行动。可见，非常规突发水灾害应急管理过程中的多主体适应行为调整的关键就在于应急主体在获取信息的基础上，确定信念的更新规则，实现进化稳定均衡。

信念更新过程实质上就是学习适应的过程。目前，主要有 3 类学习规则[212-215]：

1）强化学习规则（reinforcement-based）。对强化学习规则研究较深入的是 Roth 和 Erev，Slonim 和 Roth 则将该规则引入了实验结果的分析。强化学习规则通过观测历史行动的支付来调整决策，采用获得较高支付的行为。该规则的建立基于心理学原理，即历史上获得较高收益的行为未来被选择的概率增大，相反获得较低收益甚至受到惩罚的行为未来被选择的概率就会减少。强化学习是一种基本的学习方法，主要研究的是参与主体与环境的交互过程中，通过环境的状态变化和自身的策略选择来确定强化强度，使其累计报酬达到最大值。如图 2.9 所示，强化学习中参与主体选择的行动作用于环境，环境受影响后发生了状态变化，产生一个强化强度反馈给参与主体，参与主体根据强化强度调整策略。由此可见，强化学习规则符合"刺激—反应"模型（S-R）的规律。

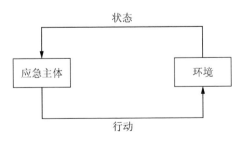

图 2.9　强化学习规则

　　由以上基础假设，研究者出于不同的研究目标，对强化学习规则进行了改进，最具代表性的两种分别是 BM 规则和 BS 规则。BM 规则假设学习过程是一个马尔可夫链过程，即参与人某一时刻选择某种策略的可能性取决于最近一次行动的结果。假设第 i 个参与主体在第 t 期采取的策略行动 $d(t)$，并获得支付 $\pi(t)$，那么该参与主体在 $t+1$ 期对策略 j 选择的概率 $p_i(j, t+1)$ 调整如下：

$$p_i(j, t+1) = \begin{cases} p_i(j, t) + \alpha[1 - p_i(j, t)] & j = d(t) \wedge \pi(t) \geq 0 \\ p_i(j, t) - \beta p_i(j, t) & j = d(t) \wedge \pi(t) < 0 \\ p_i(j, t) - \alpha p_i(j, t) & j \neq d(t) \wedge \pi(t) \geq 0 \\ p_i(j, t) + \beta[1 - p_i(j, t)] & j \neq d(t) \wedge \pi(t) < 0 \end{cases} \quad (2.3)$$

式中，α 是指正支付 $[\pi(t) \geq 0]$ 的强化强度；β 是指负支付 $[\pi(t) < 0]$ 的强化强度，α 和 β 是估计参数，且取值为 $0 \sim 1$。如式（2.3）所示，被选择策略的正支付会使该策略的选择概率增加，其他策略的选择概率降低；负支付会使该策略的选择概率降低，其他策略的选择概率增加。

　　BS 规则是基于 BM 规则的修正，提出参与主体对不同的策略存在期望，如果某种策略得到的支付超过其期望，那么将来选择该策略的可能性就会增加；否则就会降低。也就是说，策略未来被选择的概率除了由最近一次行动的结果决定，还受所获支付与期望值之间的差值影响。BS 规则假设第 i 个参与主体在第 t 期采取的策略行动 $d(t)$，对该期的期望支付为 $A(t)$，并获得支付 $\pi(t)$，那么该参与主体在 $t+1$ 期对策略 j 选择概率 $p_i(j, t+1)$ 调整如下：

如果 $\pi(t) \geq A(t)$：

$$p_i(j, t+1) = \begin{cases} p_i(j, t) + \alpha[1 - p_i(j, t)], & j = d(t) \\ p_i(j, t) - \alpha p_i(j, t), & j \neq d(t) \end{cases} \quad (2.4)$$

$$A(t+1) = (1 - \beta)A(t) + \beta'\pi(t)$$

如果 $\pi(t) < A(t)$：

$$p_i(j, t+1) = \begin{cases} p_i(j, t) - \alpha p_i(j, t), & j = d(t) \\ p_i(j, t) + \alpha[1 - p_i(j, t)], & j \neq d(t) \end{cases} \quad (2.5)$$

$$A(t+1) = (1 - \beta)A(t) + \beta\pi(t)$$

式中，α 是强化强度，且 $\alpha = |\pi(t) - A(t)|$，α 取值随支付和期望的发展而变化；β' 是指支付的调整速度。

　　BS 规则和 BM 规则虽然在设计变量上有区别，但基本假定是一致的。BM 规则对正负支付赋予不同的强化强度值，即 BM 规则对奖赏和惩罚予以区分，而 BS 规则只考虑正支付，这直接反映在对各个行动策略的选择概率调整上。BS 规则增加了对期望支付的考虑，受自身需求和社会要求的影响，参与主体的期望支付各不同，甚至同一个参与主体不同时期的期望支付也有所不同。因此，随着期望值的动态调整过程，策略的选择不断变化。也就是说，某种策略在行动过程中能够较好地达到参与主体的满意度，则对该策略的期望值就会提高。

通过以上对强化学习基本规则的总结分析，可以知道虽然不同的改进规则参数设置有所不同，但是基本假设是一致的，即通过与环境的交互，选择最近一次支付较高的行为，使其累计报酬达到最大值。因此，强化学习规则可以表示成为一般的形式。强化学习规则要求参与主体用过去行动的支付来度量强化强度，主要包括两种度量方法：累计支付的强化强度和平均支付的强化强度。

2）信念学习规则（beliefs-based）。信念指的是人们对各项结果发生概率的评估，根据这种评估确定自己的行为倾向。信念的形成以知识为基础，而知识可能是理论知识也可能是经验知识。人们通过行为活动与社会环境进行交互获取不同的知识和信息，经过时间的累积被确信和认证的知识形成信念，而信念又指导下次行为的发生，从而改变环境。信念调整通常指在外界环境影响下，行为主体将信念从一种状态转变成另一种状态的过程。信念学习属于个体信念调整中的基本规则，是指参与主体通过在博弈互动过程中观察对方过去各期内采取各种行动的概率，对此做出最佳响应，是一种带有主观意识的学习规则。参与主体选择策略的过程不仅受初始信念的影响，还与博弈对手的选择息息相关。即博弈双方都会从对方的历史策略来推断未来的收益情况，从而选择预期支付值较大的策略。信念学习规则分为 4 类：基于心理学模型的随机信念学习；基于优化学习的运算规则，如贝叶斯学习和最小二乘学习；基于人工智能和机器学习的规则，如基因编程、分类系统和神经中枢网络；基于虚拟博弈的学习规则。其中，基于虚拟博弈的学习规则相对简单，使用频率也较高。

在一般的虚拟博弈模型中，认为参与者能够记住其对手以前的所有行动，即对于每一期对手过去的行动赋予了相等的权重；如果不能记住，并且对于越近期的博弈，赋予的权重越大，此时就是加权虚拟博弈。

3）EWA 学习规则（experience-weighted attraction model）。由 Camerer 和 Ho 在 1999 年提出的 EWA 学习规则，又称为经历-加权吸引规则。顾名思义，在该学习规则中引入了经历权重和策略吸引两个变量，也就是结合了强化学习和信念学习的一般化规则。EWA 的最重要特征就是策略强化、吸引力值的增加率、初始吸引力和经验权重。

EWA 模型包括了虚拟博弈和强化学习。前者的假设前提是参与人了解对手过去的行动历史，并在过去观察的基础上形成对于对手未来行动的信念，然后他们选择一个最佳响应，即一个可以最大化在此信念下的预期支付的策略。后者假定策略是被它们以前的支付所强化的，在某种程度上一个策略的选择依赖于它们的强度积累。受强化支配的参与人不对其他参与人的行为具有信念，他们只关心以前策略产生的支付，而不关心产生那些支付的历史[216]。EWA 模型试图将强化和虚拟博弈两种方法的元素合理的组合起来。Camerer 和 Ho 认为可以用参数所依据的心理学解释来证明这一观点，也可以用参数是否可以提高统计精度和提高预测精确度来证明。为此，他们用了 3 组数据采用极大似然法来估计参数。由于 EWA 是一个组合模型，当参数取某个值时，EWA 模型就会边缘化为强化学习和信念学习，将它们和 EWA 模型进行比较，相互之间比较是简单可行的。Camerer 和 Ho 用这样的方法证明了 EWA 模型的经验有用性。

4) 三种学习规则的比较分析。强化学习规则、虚拟博弈规则和 EWA 学习规则共同点是描述的都是个体学习规则，而 EWA 学习规则是强化学习规则和虚拟博弈规则的一般化形式。区别主要体现在两个方面：一是经验学习的来源不同。强化学习规则观察自身策略的选择过程，从而调整强化强度；虚拟博弈规则观察其他决策者策略的选择过程，从而调整适应性规则，而 EWA 学习规则是两者的综合。二是学习过程中调整的变量不同。强化学习规则调整的变量是强化强度，虚拟博弈规则调整的变量是信念权重，而 EWA 学习规则调整的是吸引值。

决策者选择行动的依据包括决策规则和信念。决策规则其实就是决策者的战略，即在什么情况下选择什么行动。在非常规突发水灾害应急合作过程中，各应急主体具有异质性，主要表现在主体历史认知结构不同、获取信息的能力不同、主体自身素质不同等，因此，对于应急合作的主体，基本的决策规则可以表述为信念支配下的行为选择，应急主体获取信息的能力对于适应性调整有着重要影响。在每一个阶段博弈以后，每个主体可能获得自己的历史行动及收益、博弈方的行动及收益、外部环境等信息。主体在每一期的适应性调整依赖于他曾经拥有的历史信息和在当期新获取的信息。当期新获取的信息有可能覆盖历史信息，改变主体的认知结构，从而改变主体的适应值。假设应急主体在博弈中可能获取的信息包括自身的收益函数、博弈方（其他应急主体）的行动及收益函数，以及与这些信息相关的变量等。再假定应急主体只具有有限的记忆长度 τ。根据主体获取信息的能力不同，这里设置 3 种主体适应性调整规则[217]。

① 应急主体获取信息的能力很弱，仅能获得自己的行动及收益信息，对博弈方的信息一无所知。主体根据自己的历史行动和相应的收益对未来收益做出预期。由于主体的信息量相对简单，因此对于这类主体，采用 Roth-Erev 强化学习规则。定义主体行动的强化强度为过去行动的累计支付或者平均支付。Roth-Erev 强化学习规则的具体算法如下：

假设决策者可选择的策略集为 $S(s_1, s_2, \cdots, s_i, \cdots, s_k)$，则决策者 i 对于行动 s_i 在重复博弈的第 t 期和第 $t-1$ 期的两轮强化强度的更新为

$$Q(s_i, t)=\begin{cases} Q(s_i, t-1)+\pi, & t \text{ 期选择行动 } s_i，得到支付 \pi \\ Q(s_i, t-1), & t \text{ 期没有选择行动 } s_i \end{cases} \quad (2.6)$$

如果强化强度定义为过去行动的平均支付，则

$$Q(s_i, t) = \varphi Q(s_i, t-1) + (1-\varphi) I(s_i, \gamma) \pi \qquad (2.7)$$

式中，φ 为遗忘参数，φ 越大历史经验的影响就越低；$I(s_i, \gamma)$ 为示性函数，表示当 $s_i = \gamma$ 时，$I(s_i, \gamma) = 1$，否则，$I(s_i, \gamma) = 0$。

假设每个行动的初始强化强度为外生的，则在 $t+1$ 期选择行动 s_i 的概率为

$$p(s_i, t+1) = \frac{Q(s_i, t)}{\sum\limits_{i=1}^{k} Q(s_i, t)} \qquad (2.8)$$

式中，k 为决策者可以选择的行动的总数。决策者根据这个概率的大小来选择具有最大概率的行动。

② 应急主体具有较强的获取信息的能力，不仅知道自己的行动及收益信息，而且可以获得其他主体的行动信息，通过观测博弈方在过去各期内采取行动的概率来决定自己在下一期博弈中采取的行动。对这类主体采用虚拟博弈规则。虚拟博弈学习规则的具体描述如下：

以两个参与主体为基础的虚拟博弈学习规则可以表示为如下形式。假设博弈双方为 A 和 B，参与主体 A 的行动集为 $S_{Ai}(s_{Ai1}, s_{Ai2}, \cdots, s_{Ail}, \cdots, s_{Aik})$，参与主体 B 的行动集为 $S_{Bj}(s_{Bj1}, s_{Bj2}, \cdots, s_{Bjl}, \cdots, s_{Bjk})$，则在两轮博弈之间，参与主体 A_i 对于参与主体 B_j 选择行动 s_{Bjl} 所赋予的信念权值更新为

$$b_{Ai}(s_{Bjl}, t) = \begin{cases} b_{Ai}(s_{Bjl}, t-1) + 1, & t \text{ 期 } B_j \text{ 选择行动 } s_{Bjl}, \text{ 信念权值不变值增加 } 1 \\ b_{Ai}(s_{Bjl}, t-1), & t \text{ 期 } B_j \text{ 没有选择行动 } s_{Bjl}, \text{ 信念权值不变} \end{cases}$$

$$(2.9)$$

则在 t 期，主体 A_i 形成的关于主体 B_j 选择行动 s_{Bjl} 的概率与信念权值之间的关系为

$$R_{Ai}(s_{Bjl}, t) = \frac{b_{Ai}(s_{Bjl}, t)}{\sum\limits_{i=1}^{k} b_{Ai}(s_{Bjl}, t)} \qquad (2.10)$$

在确定了对手 B_j 选择各种行动概率的信念下，决策者 A_i 计算出纯策略 s_{Ail} 的期望支付 $u(s_{Ail})$，则 A_i 在 $t+1$ 期选择纯策略 s_{Ail} 的概率为

$$p(s_{Ail}, t+1) = \frac{\exp(u(s_{Ail}))}{\sum\limits_{i=1}^{k} \exp(u(s_{Ail}))} \qquad (2.11)$$

决策者 A_i 选择具有最大概率值的策略为自己的最优响应。类似地，对于决策者 B_j 的分析也是如此。

③ 应急主体具有很强的获取信息和分析信息的能力，不仅对于自己的历史行动及收益、对手的历史行动等信息十分清楚，而且可以通过自己没有采取的行动事件来学习。由于此类决策者处理信息的方法较为灵活，采用 EWA 学习规

则。EWA 学习规则可具体描述为

$$N(t) = \rho N(t-1) + 1$$

$$A_i^j(t) = \frac{\varphi N(t-1) A_i^j(t-1) + [\delta + (1-\delta) I(s_i^j,\ s_i(t))] \pi_i(s_i^j,\ s_{-i}(t))}{N(t)}$$

(2.12)

式中，$N(t)$ 为经历权重，表示历史选择对现在的影响，该历史既包括决策者选择的策略，也包括决策者没有选择的策略；ρ 为参数，表示经历权重的贴现率，则两轮经历权重的更新表示为 t 期的经历权重等于 $t-1$ 的经历权重乘以贴现率，再加 1（对 t 期的权重赋值为 1）；$A_i^j(t)$ 为策略吸引；φ 表示策略吸引的折现率；δ 表示未选中策略的支付权重，若 $\delta > 0$ 表示决策主体可以通过过去没有选择的策略进行学习；$s_i(t)$ 表示决策者 i 在第 t 期博弈中实际选择的策略，$s_{-i}(t)$ 则表示在 t 期博弈过程中除了决策者 i 以外的其他决策者选择的策略集；$\pi_i(s_i^j,\ s_{-i}(t))$ 表示决策者 i 选择策略 j 时的实际支付；$I(s_i^j,\ s_i(t))$ 为示性函数，当决策者选择策略 j 时，$I(s_i^j,\ s_i(t)) = 1$，否则 $I(s_i^j,\ s_i(t)) = 0$。另外，若 $t=0$，$N(0)$ 和 $A_i^j(0)$ 分别表示初始权重和初始吸引，可以理解为博弈开始前初始信念，由决策主体以往的经历和偏好决定。

最后，决策者选择策略的概率为

$$p_i^j(t+1) = \frac{e^{\lambda A_i(t)}}{\sum_{k=1}^{m_i} e^{\lambda A_i^k(t)}}$$

(2.13)

由此，决策者 i 选择具有最大概率值的策略为自己的最优响应。

下面依据变量的取值讨论 EWA 学习规则的两种特殊情况：

当 $N(0)=1$，$\rho = \delta = 0$ 时，$N(t) = N(0) = 1$，即每一期的权重相等，$A_i^j(t) = \varphi N(t-1) + I(s_i^j,\ s_i(t)) \pi_i(s_i^j,\ s_{-i}(t))$，等同于上述介绍的强化学习规则。

当 $\delta = 1$，$\rho = \varphi = 1$ 时，$N(t) = N(t-1) + 1$，$A_i^j(t) = [N(t-1) A_i^j(t-1) + \pi_i(s_i^j,\ s_{-i}(t))] / N(t)$，即决策者的信念为历史策略的算术平均，等同于上述介绍的虚拟博弈规则。

对于 EWA 学习规则中的参数，Camerer 利用实验数据，采用极大似然估计得到了拟合值：$\delta = 0.5$，$\varphi \in (0.8, 1)$，$\rho \in (0, \varphi)$。此外，通过以上分析可以知道，EWA 学习规则综合了强化学习规则和虚拟博弈规则的特点，属于两者结合的一般化规则。通过信念更新原则，应急主体不断地确定其他应急主体的学习和策略调整模式，从而来调整自己的学习机制，以期实现双赢。同理，在多主体的非常规突发水灾害应急管理中，通过彼此间的学习和调整，实现应急合作系统的协调均衡，即"多赢"状态。

2.3.2　应急主体合作均衡

非常规突发水灾害应急管理本质上就是政府、企业等异质性主体如何达成合作的问题。目前关于异质性主体合作问题的讨论一般认为该研究开始于 20 世纪 80 年代，并首先由计算机、人工智能领域的学者进行了大量研究。他们普遍认为，多主体合作是指具有自治能力的 Agent 在一定的交互规则下，形成目标共识或能够达到博弈均衡，并实现各自目标的状态。而为了实现多主体合作，基于不同的问题背景和应用领域，研究人员提出了很多种多主体合作实现机制，目前主要包括合作网、黑板系统、市场机制等。虽然这些多主体合作实现机制一般针对通信和自动化系统领域的冲突问题，然而由于 Agent 概念与现实中的个体和组织存在较为一致的对应关系，并且多主体合作实现机制的逻辑具有一定的普适性，从而使得关于多主体合作及其实现的研究越来越受到来自经济、管理等社会科学领域的关注。特别地，近年来国内外不少学者开始将多主体合作及其实现理论应用于灾害应急管理研究中。

广义上讲，均衡的含义十分丰富，人们分别基于不同领域和问题背景定义了均衡概念。其中经济学、博弈论中的均衡概念影响较广，经济学中的均衡一般是指特定的经济变量，在经济体系中其他变量因素的制约影响下，达到的一种稳定不变的状态。以商品供求为例，如果市场中存在一个价格，使得买卖双方均能够成交，那么就称该商品供求达到了均衡。也就是说，经济均衡或市场均衡取得的条件就是商品市场价格等于供给需求相等时的那个价格。特别地，经济均衡有局部均衡和一般均衡两种情况，两者考虑的市场范围不同，局部均衡仅考虑了单个市场或部分市场，而一般均衡则考虑了全体商品和市场。现代经济学认为，经济均衡的市场结清假设不一定成立，并且现实中由于随机动态因素影响，个体倾向于获得更低的价格，因而均衡难以达成。张五常认为均衡应理解为在全部约束条件下必然能够达成的相对稳定的帕累托最优状态。当价格机制无法发挥作用时，非价格竞争（如排队）的出现会使得商品供求关系回到均衡状态。所谓博弈均衡，则是指使博弈各方均实现预期的最大效用，并且博弈各方都不想改变自身策略的这样一种相对静止的状态。现实中博弈均衡不仅体现为博弈主体间的利益竞争关系，还能够使得各个博弈主体间达成合作，如通过收购、兼并等实现企业间资源整合和重组，以获得双赢效益。纳什均衡概念是博弈均衡中的核心，主要是指在一个博弈过程中，所有博弈主体均遵循选择期望收益最大化的策略时所构成的策略组合。换句话说，纳什均衡是一种不会因任何偏离而影响策略选择结果的状态，本质上讲，纳什均衡是一个局部最优解、不能保证达到收益最大化的不动点，故而无法实现帕累托效率均衡，即所有博弈主体的策略选择发生任何变化都不会使得其预期收益更大。

　　非常规突发水灾害应急管理本质上是政府、企业等应急主体的集体行动，即一种社会化行为，是指异质性主体共同参与非常规突发水灾害应急行动的状态。从前文分析可以知道，这种状态能够理解为在不确定的非常规突发水灾害应急决策环境下，政府、企业等异质性主体基于自身利益一致作出参与非常规突发水灾害应急响应的策略选择。与多 Agent 理论中的博弈均衡概念相比，这种多主体合作均衡强调从异质性主体的博弈关系入手，分析合作形成与演化的微观机理，而不单单从逻辑、结构等宏观层面进行探讨，因而有助于找到影响非常规突发水灾害应急管理中异质性主体合作实现的内生性因素。

　　此外，在非常规突发水灾害应急管理系统中，异质性参与主体之间的相互影响基本上都属于非合作博弈范畴，但这并不意味着系统博弈均衡无法实现。Aumann 认为合作博弈与非合作博弈的区别不在于是否能够达成合作，而是"合作博弈并不依赖于具体的决策程序，而由博弈者、联盟的属性和能力等内生性因素决定的"，其均衡的达成是博弈者策略行为"内在一致性"的体现。非常规突发水灾害发生后，参与主体的应急行为首先应满足一定条件下期望收益最大化的个体理性，即局部最优；其次还要满足全体可选策略中的福利最大化，即全局最优。换句话说，非常规突发水灾害应急合作处置中的多主体合作均衡既是纳什均衡，也是帕累托效率均衡。从这个意义上讲，不管参与主体之间的博弈关系如何，多主体合作均衡具有普遍的内在统一性，代表了异质性主体共同参与非常规突发水灾害应急行动的策略选择，而只有构建一个涵盖所有异质性主体在内的，可以有效协调各方利益诉求的稳定关系结构，才能实现所谓的"内在一致性"。非常规突发水灾害应急合作中的多主体合作均衡概念，如图 2.10 所示。

图 2.10　多主体合作均衡概念

　　所谓应急合作中的均衡，是指非常规突发水灾害应急行动中，参与主体基于预期收益最大化原则作出一致的策略选择，共同参与应急响应行动，协调各方应急响应能力，发挥各自优势，从而实现提高整体应急响应效率的相对稳定状态。这里的参与主体是指突发水灾害应急响应体系中多个异质性应急响应主体，包括政府、企业、公益组织等；而由于应急合作响应中的均衡强调政府、企业等异质性主体的博弈交互关系，故而可以将这种均衡概念理解为通过协调多个参与主体的利益诉求，使其采取一致合作策略，共同参与应急响应，达成稳定的多主体合作均衡状态。多主体合作均衡的达成意味着参与主体之间能够形成合作，实现水灾害应急响应系统的整体优势。实践中，突发水灾害应急响应常出现调水不畅、灾后响应滞后等问题，多年来始终未能得到有效解决，造成这种现象的根本原因在于系统 Agent(即应急响应主体)间缺乏利益协调和合作机制，而不是普遍认为的工程技术手段不足。从博弈论的角度看，提高突发水灾害应急响应效率的关键是促使政府、企业等异质性主体均选择参与合作的应急响应策略，实现从多种竞争关系(即委托代理、智猪型博弈、讨价还价型博弈等)到相对稳定的合作均衡转变。这就意味着，突发水灾害应急响应中多主体合作均衡的达成是减轻水灾害损失、提高水灾害应急响应效率的有效途径。

多主体合作均衡的意义在于为深入分析非常规突发水灾害应急管理中异质性主体合作实现机理提供了合适的理论分析方法和工具，有助于刻画多主体合作的形成与演化过程。通过分析多主体合作均衡解的取得，可以说明实现非常规突发水灾害应急合作具备一定的可行性。

2.3.3　应急合作系统演化

1. 应急合作系统的组织化特征

非常规突发水灾害应急管理系统包括致灾因子、孕灾环境、承灾体、应急主体等多个要素，这些要素相互作用、相互影响。应急管理客观上要求系统处于开放状态，可以随时与外界进行信息、物质和能量的交换，在应急管理过程中将其资源整合成统一的社会力量，形成综合的非常规突发水灾害应急合作模式。当非常规突发水灾害发生时，这种应急合作模式既能产生"灭火器"的作用，也能起到"动员令"的作用。

非常规突发水灾害应急合作模式涉及许多不确定性的因素，这些因素又构成错综复杂的非线性关系。主要表现在系统各节点组织之间的联系广泛而紧密，构成一个网络，每一节点的变化都会受到其他节点变化的影响；系统具有多层次、多功能结构，每一层次均成为构筑其上一层次的节点；系统在发展过程中能够不断地学习并对其层次结构与功能结构进行重组及完善；系统是开放的，它与环境有密切的关系，能与环境相互作用，并能不断向更好地适应环境的方向发展变化；系统是动态的，它处于不断发展变化之中[218]。

系统状态及其变化之间的关联，反映了系统的组织化状态。我们可以用一组变量描述系统及其状态变化。以 $x_0(x_0 \in X_0)$ 表示政府决策主体的某一状态，$x_1(x_1 \in X_1)$ 表示应急主体 1 的某一状态，$\cdots$，$x_n(x_n \in X_n)$ 表示应急主体 n 的某一具体状态。X_0，X_1，$\cdots$，X_n 表示各自的状态空间。系统的每一微观状态 s_i 均是其状态变量的某种组合：$s_i = s(x_0, x_1, x_2, \cdots, x_n)$。系统所有可能的微观状态用 S 表示，则 $S = \{s_1, s_2, \cdots, s_i, \cdots, s_l\}$，其中 l 为所有可能的微观状态数目。

设微观状态 s_i 出现的概率为 $p(s_i)$，则系统的微观状态概率空间为 $P(S)$：$\{p(s_1), p(s_2), \cdots, p(s_i), \cdots, p(s_l)\}$，且有 $\sum p(s_i) = 1$。

由信息论可知，获得系统处于微观状态 s_i 的消息所包含的信息量 $I(s_i)$ 为 $I(s_i) = -\log p(s_i)$，则获得任何微观状态的消息所包含的平均信息量为 $H = \sum p(s_i) \log p(s_i)$，$H$ 称为系统的熵。系统的熵越大，表示微观状态的不确定性越大。

应急合作系统组织化的人为设计，限制了许多微观状态的出现，系统最为混乱的状态是未做任何组织化的情形，系统处于最为混乱的状态时的熵记为 Z。事实上，应急系统总是会进行一定的组织设计的，其实际熵 H 总是小于 Z 的。令 H/Z 表示系统的混乱度，H/Z 越大，系统混乱程度越大，组织化程度越低[219]。

系统的有序度 $R = 1 - H/Z$。在非常规突发水灾害应急管理系统中，通过设计完善的应急合作模式，可以限制一些不利的微观状态出现，从而降低系统内部的熵值，提高系统的有序度。

2. 应急合作系统的运行规律

著名理论物理学家赫尔曼·哈肯(Hermann Haken)在其《协同学》一书中，对"组织""自组织"是这样描述的："如果每个工人在工头发出的外部命令下按完全确定的方式行动，我们称之为组织，或更严密一点，称它为有组织的行为。""如果没有外部命令，而是靠某种默契，工人们协同工作，各尽职责来生产产品，我们把这种过程称为自组织。"自组织系统的基本条件是：系统要素必须大于3个，要素间呈非线性关系，系统必须是开放系统。哈肯指出，自组织系统演化的动力是系统内部各个子系统之间的竞争和协同，而不是外部命令。自组织是系统由无序走向有序的过程。

开放是系统向有序发展的必要条件，一个开放系统，既可以处于平衡态，也可以处于非平衡态。在非平衡开放系统中，我们可以用一组状态量来描述系统的状态，这些状态量中只有一个或少数几个参量可以决定系统运行的模式，这一个或几个参量完全确定了系统的宏观行为并表征系统的有序化程度，称为序参量。那些为数众多的变化快的状态参量就由序参量支配，并可在一定条件下将它们消去，从而整个系统的行为就由少数几个序参量行为来决定。这样一来，很复杂的系统也可以呈现出很有规则的行为。这一结论称为支配原理，它是协同学的基本原理[219]。

根据前面的分析，非常规突发水灾害应急合作系统是一个开放的、具有非线性特征的复杂巨系统，它具有自组织特性，其自组织演化遵循协同学规律。协同学的一个重要概念是关于序参量的界定。序参量是一种具有宏观行为的量，它规定了整个系统的发展状态，起到支配全局的作用，主宰着整个系统的运行。任何系统，必定有一个或几个序参量。在物理系统中可通过一系列定量方程求导出来，并加以控制，以形成人们期望的转变。但是，非常规突发水灾害应急合作系统这样的社会系统与物理系统不一样，它是以人们的作用为主体的物质系统，不能照搬物理方程来求解序参量。尽管非常规突发水灾害事件的不可观、不可控的因素很多，但在限制条件下，我们还是能够通过信息反馈、逻辑推理、功能观察等定性定量的方法找到应急决策、应急资源(包括人、财、物三方面)这样的序参量，通过对序参量的控制，系统发挥协同作用，达到对非常规突发水灾害事件的可观可控。

非常规突发水灾害应急合作系统通过不断地与外界交换能量和分子，吸收足够的负熵流，也就是信息，系统会自动产生一种自组织现象，从而可能从原来的无序状态转变为一种时间、空间、功能的有序结构，这就是耗散结构[219]。耗散结构一旦形成就具有抗干扰的能力，当非常规突发水灾害这个小系统与非常规突发水灾害应急合作系统这个较大的耗散结构系统相遇而相互作用，小系统不足以抵御耗散结构系统而崩溃或解体时，则总是此小系统最后被耗散结构吞并，并不影响耗散结构的基本有序性。当非常规突发水灾害危及这个已形成耗散结构的系统时，将促成应急合作系统产生向上或向下的运动，从而形成一种新的稳定有序的组织[219]。

3. 应急合作系统的演化

非常规突发水灾害应急合作系统演化是建立在应急主体学习、适应基础上的。非常规突发水灾害应急管理过程是一个渐进式的决策过程。假定非常规突发水灾害应急决策采用离散时间过程，即 $t = 1, 2, \cdots, T$。非常规突发水灾害应急管理的整体环境为 $\widetilde{E}$，在非常规突发水灾害应急管理的适应过程中，特定时间阶段 t 的环境 $(E(t))$ 是整体环境中 $(\widetilde{E})$ 的一个特定形式或状态，即 $E(t) \in \widetilde{E}$。在 $E(t)$ 下适应性好的应急主体，在 $E(t+1)$ 下可能变得很差，或者其他应急主体会产生很好的适应性。

非常规突发水灾害应急合作系统中，群体 $A_i (i=1, 2, \cdots, m)$ 表示流域内第 i 个受灾地区，$A_{ij} = \{a_{i1}, a_{i2}, \cdots, a_{in}\}$ 表示流域内第 i 个受灾地区内的 n 个数量应急主体。这些应急主体构成了非常规突发水灾害应急合作系统的整体结构，即

$$A = \prod_{i=1}^{m} \prod_{j=1}^{n} A_{ij} \tag{2.14}$$

非常规突发水灾害应急合作机制记为 G。在环境($E(t)$)和强互惠政策(P)引导下，当某种系统结构(A)表现出良好的适应性时，应急合作机制(G)应当在原来的基础上加强该系统结构，以便进一步提高其适应性。当系统结构(A)表现出较差的适应性时，应急合作机制(G)应当对该结构进行较大的调整，或者选择其他适应性更好的结构。从另一个角度来讲，在环境($E(t)$)下有效的应急合作机制(G)，在环境($E(t+1)$)下未必仍然有效。因此，应急合作机制(G)的适应性需要综合考虑系统环境、系统结构、适应过程的历史信息等因素。在不断变化的环境中，系统结构在变化，强互惠政策(P)在调整，相应的应急合作机制(G)也在变化，同时应急合作机制(G)的改变也在逐步改变系统结构，形成了在整个结构空间上的一条适应过程轨迹。

非常规突发水灾害应急合作系统的适应性一般用适应性测度函数 $\mu_E(A)$ 表示，它表示非常规突发水灾害应急管理在特定环境(E)、强互惠政策(P)、不同系统结构(A)和应急合作机制(G)下的有效性或者效率。随着环境的改变，适应性测度函数 $\mu_E(A)$ 也在变化。对于处于阶段 t 的非常规突发水灾害应急管理系统结构 $A(t)$，其环境 $E(t)$ 提供的信息为 $I(t)$，强互惠政策 $P(t)$，在应急合作机制 G_t 及应急主体间的交互作用下生成新的适应性格局为

$$A(t+1)=G_t(P(t),\ A(t),\ I(t)) \tag{2.15}$$

我们将 $A(t)$ 分 3 个层次，考虑 $A(t+1)$ 新应急合作格局的生成，即系统进化或系统的涌现性。首先是应急行动层：

$$A_j(t+1)=G_t(P(t),\ A_j(t),\ I(t)) \tag{2.16}$$

各应急主体的适应性调整带来地区间群体协商层应急合作格局的变动：

$$A_i(t+1)=G_t(P(t),\ A_i(t),\ I(t),\ A_j(t)) \tag{2.17}$$

最后，在应急主体、地区群体的适应性基础上形成应急合作系统的新结构：

$$A(t+1)=G_t(P(t),\ A_i(t+1),\ A_j(t+1),\ I(t)) \tag{2.18}$$

在新的合作格局生成时，不仅要考虑现在的环境信息和强互惠政策，还需要考虑环境和强互惠政策变化的历史信息，即 $M_E(t)=\langle I(1),\ I(2),\ \cdots,\ I(t-1)\rangle$、$M_P(t)=\langle P(1),\ P(2),\ \cdots,\ P(t-1)\rangle$。因此，式(2.15)可以改写为

$$A(t+1)=G_t(P(t)\times A(t)\times I(t)\times M_E(t)\times M_P(t)) \tag{2.19}$$

假定提供环境和政策历史信息的继承与扬弃的合理处理方式为

$$M_E(t+1)=G_t(M_E(t),\ I(t)) \tag{2.20}$$

$$M_P(t+1)=G_t(M_P(t),\ P(t)) \tag{2.21}$$

非常规突发水灾害应急管理系统结构 $A(t)$ 和强互惠政策 $P(t)$ 对环境 $E(t)$ 的适应性测度一般采用大于等于零的实数表示，称为支付或者报酬，则

$$\mu_E(A(t),\ P(t))=\mu_{E,t}(P(t),\ A(t),\ E(t)) \tag{2.22}$$

以式(2.22)为基础，在 t 阶段环境信息可表示为

$$I(t) = \mu_{E,t}(A(t),\ P(t)) \tag{2.23}$$

当灾害环境和系统结构变化时，为了协调各应急主体、地区及整个流域（或区域）的利益，应急合作机制也需要进行适应性调整，从而使合作格局得到更好的适应。应急合作机制的适应性调整应当考虑当前系统结构 $A(t)$、强互惠政策 $P(t)$、环境 $E(t)$ 和环境信息 $I(t)$、$M_E(t)$、$M_P(t)$、历史选择 $M_\tau = \langle G(1),\ G(2),\ \cdots,\ G(t) \rangle$ 等，一般表示为

$$G(t+1) = G(P(t),\ A(t),\ I(t),\ M_E(t),\ M_P(t),\ M_\tau(t)) \tag{2.24}$$

$\mu_{E,t}$ 表示阶段 t 系统结构 $A(t)$ 对环境 $E(t)$、强互惠政策 $P(t)$ 的适应性，也反映了该阶段合作机制的有效性。随着系统结构和环境的变化，适应性测度函数也需要调整：

$$G_t:\ \mu_{E,t} \times P(t) \times A(t) \times I(t) \to \mu_{E,t+1} \tag{2.25}$$

在整个适应过程中，系统结构的适应性测度表示为

$$U(T) = \sum_{t=1}^{T} \mu_{E,t} \tag{2.26}$$

显然，应急管理的适应过程与应急合作机制 $M_G(T)$ 紧密相关。在应急合作机制 $M_{G_1}(T) = \langle G_1(1),\ G_1(2),\ \cdots,\ G_1(T) \rangle$ 下，整个适应过程的适应性测度表示为

$$U(T,\ M_{G_1}(T)) = \sum_{t=1}^{T} \mu_{E,t}(G_1(t)) \tag{2.27}$$

非常规突发水灾害应急管理的最终目标是要实现水灾害事件的有效处置，提高应急管理的效益和效率，不妨设获得最大累计支付的应急管理策略是最佳的：

$$U^*(T) = \max_{G_i \in J}\{U(M_{G_i}(T))\} \tag{2.28}$$

根据控制理论的有关概念，任何复杂系统的适应策略 $U(M_{G_i}(T))$ 满足条件 $\lim_{T\to\infty}[U(M_{G_i}(T))/U^*(T)] = 1$ 时，就称为满意适应策略。对于给定的环境变化 $E_T = \langle E(1),\ E(2),\ \cdots,\ E(T) \rangle$，$E_T \subseteq \tilde{E}$，若 $U(M_{G_i}(T))/U^*(T) \geqslant 1-\alpha$，$1 > \alpha \geqslant 0$，则 $U(M_{G_i}(T))$ 是一个满意的应急合作机制选择。

将上述描述加以汇总，我们可以得到非常规突发水灾害应急合作机制演化的复杂适应过程数学模型：

$$\left.\begin{aligned}
&A(t+1) = G_t(P(t) \times A(t) \times I(t) \times M_E(t) \times M_P(t)) \\
&M_E(t+1) = G_t(M_E(t),\ I(t)) \\
&M_P(t+1) = G_t(M_P(t),\ I(t)) \\
&\mu_E(A(t),\ P(t)) = \mu_{E,t}(P(t),\ A(t),\ E(t)) \\
&I(t) = \mu_{E,t}(A(t),\ P(t)) \\
&\mu_{E,t+1} = G_t(\mu_{E,t},\ P(t),\ A(t),\ I(t)) \\
&G(t+1) = G(P(t),\ A(t),\ I(t),\ M_E(t),\ M_P(t),\ M_\tau(t)) \\
&U(T) = \sum_{t=1}^{T} \mu_{E,t}
\end{aligned}\right\} \tag{2.29}$$

式中，$M_E(t) = \langle I(1)，I(2)，\cdots，I(t-1)\rangle$，$M_P(t) = \langle P(1)，P(2)，\cdots，P(t-1)\rangle$，$M_\tau(t) = \langle G(1)，G(2)，\cdots，G(t)\rangle$。

通过上述分析可知，非常规突发水灾害应急合作系统演化特性表现为以下几点：①应急合作系统变化所适应的是一个不断变化的环境；②水灾害环境相关信息作用于正在发生适应行为的应急合作系统和过程；③应急合作的系统结构不断发生适应性改变；④应急合作的适应性机制随着系统结构、环境信息、历史信息等变化；⑤应急合作系统在对环境的适应过程中将受到应急主体间的相互作用及应急政策的限制，不同的应急政策导致合作系统的不同结果。

第 3 章

非常规突发水灾害应急合作管理体系

3.1 非常规突发水灾害应急合作管理体系的构建

3.1.1 洪水灾害应急合作管理体系

1. 设计原则

根据《国家防汛抗旱应急预案》的相关规定，我国防汛工作现行的是各级人民政府"行政首长负责制"与各有关部门的"防汛岗位责任制"，加上流域管理机构和各级应急管理办公室，我国的突发洪水灾害应急管理工作涉及多层次、多领域政府主体。具体来说，纵向上，国务院、流域、流域内县级以上地方政府分别设立相应级别防汛抗旱指挥机构，负责指挥其管辖范围内的防汛抗旱工作，由此形成从国家防总到流域防办，再到地方各级防办的流域管理体系。同时，还存在从中央到地方各级政府的区域行政管理体系，负责行政区域范围内的日常管理、资源调配等工作。横向上，非常规突发水灾害应急管理涉及水利部、民政部、财政部、住房和城乡建设部、交通运输部、农业部等十几个政府公共职能部门，这些部门在应急状态下根据部门职责提供专业公共物资与公共服务[220]。

我国现行的防汛组织体系非常复杂，一来涉及的应急主体多，包括水文、气象、民政、财政、交通、卫生等十几个政府公共职能部门；二来应急主体之间存在纵横交错的复杂关系，如淮河流域，纵向上水利部淮河水利委员会（以下简称"淮委"）与国家防总、地方防办的上下层级关系，横向上河南、安徽、江苏、山东四省之间的合作伙伴关系[221]。如此复杂、庞大的组织体系适用于稳定可控的常规性灾害，而对于动态多变的非常规突发洪水灾害应急环境，将科层与合作充分结合，构建非常规突发洪水灾害应急合作管理体系才是当前水灾害管理面临的的现实需求。非常规突发洪水灾害应急合作管理体系设计应遵循以下原则。

1) 以人为本,科学应对。一方面,保障人民群众生命财产安全应急管理是非常规突发洪水灾害应急管理的出发点和首要任务,在抢救灾区人民同时,科学运用先进技术与管理手段,加强对应急救援人员的安全防护,最大限度减少灾害造成的人员伤亡;另一方面,应急过程应充分发挥人的主观能动性,依靠全社会的力量,建立科学高效的应急处置机制,提高应急工作的科技含量与水平。

2) 平战结合,动态权变。充分考虑非常规突发洪水灾害演变的各种可能情景,设计针对性决策方案,在现行应急管理体制基础上构建符合现实需求的非常规突发洪水灾害应急管理组织结构,根据现场灾情需要动态组建应急任务小组,平时应加强相关合作部门的应急演练,以实现日常工作与应急运作的无缝转换。

3) 任务导向,模块管理。打破传统的上下级行政权限约束,以任务与信任代替指令与权威作为应急工作的基础,对非常规突发洪水灾害应急过程实行模块化管理,覆盖决策、信息处理、现场操作等多个层面,适当放权于一线应急救援小组,增强参与主体抗灾救灾的热情与积极性。

4) 资源整合,信息共享。为实现降低应急行政成本、提高应急管理效率的最终目标,充分利用流域内各地域、各部门、各行业的资源,减少资源重复浪费使用现象;设立信息整理部门,对灾情信息与救灾信息进行收集、筛选、合并、整理,合作部门之间建立信息通信网络体系,实现网络互联、信息共享。

2. 应急合作管理体系的构建

根据以上原则,非常规突发洪水灾害应急合作管理体系的具体架构如图 3.1所示。图 3.1 的左半部分(A 部分)显示了我国现行的流域防汛抗旱应急组织体系和权限关系:整个体系包括国家、流域、地方 3 个层面,分别设立国家、流域及流域下属省级地方防汛抗旱指挥机构,负责制订最终应急方案,指挥与协调下级防汛抗旱指挥机构和同级职能部门,监督应急方案的执行情况并作出调整;体系中的职能部门拥有应急所需的人力、物力、财力等资源,参与应急方案的辅助决策和贯彻执行;组织体系呈科层制结构,上级对下级决策与执行具有约束力,指令自上而下层级传达,反馈信息则自下而上逐级反映。

随着流域非常规突发洪水灾害的发生,流域整体外部环境转为不稳定的应急环境。面对流域突发洪水灾害的侵袭,流域的防汛抗旱组织结构应该由流域科层制向合作制转变。目前流行的现代应急管理合作体系主要包括 ICS(incident command system) 模式、SEMS(standardized emergency management system) 模式、CMSS(crisis management shell structure)模式等。其中,ICS 模式源于 1970 年美国加利福尼亚州的一场极端森林火灾,起初只针对火灾事故的应急服务、技术与合作,现在根据美国联邦法规要求,应用于各类型事故处理,该模式强调事故控制;SEMS 模式是美国加利福尼亚州政府为了在紧急应对突发灾害时,让所有应急单位能够有清晰统一的做法可以依循而颁布的一套规定。这两种模式最大的缺陷在于合作主体之间缺乏平级沟通,不适合跨区域的复杂地方应急合作。

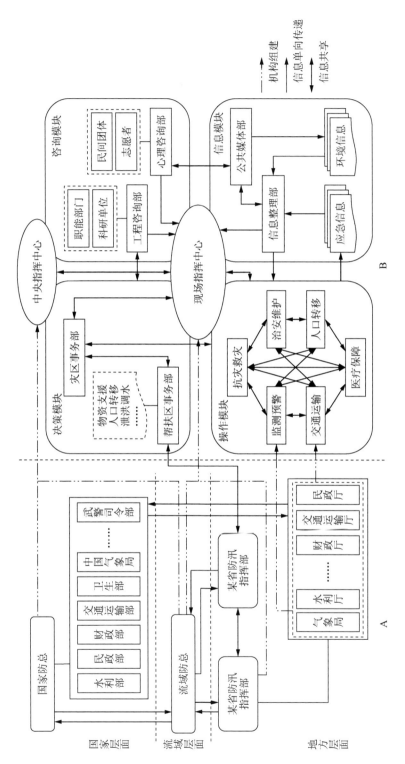

图3.1　流域非常规突发洪水灾害应急合作管理体系

CMSS 模式是为大型社团和政府组织应对危机而设计的一种功能相对完备的组织系统，主要由四大功能模块组成，分别是决策指挥功能模块、咨询功能模块、信息处理功能模块和操作功能模块，这些功能模块处于同等重要的地位。CMSS 模式体现了流域非常规突发洪灾应急管理所必需的沟通、协作、信息共享的有效性特点，因此，这里所设计的流域非常规突发洪水灾害应急组织结构是结合 CMSS 模式对流域防汛抗旱组织体系及区域应急组织进行的重组与探讨，即图 3.1 所示的 A＋B 部分。

图 3.1 的右半部分（B 部分）反映的是流域非常规突发洪水灾害应急合作管理体系在应对流域非常规突发洪水灾害过程中体现流域与区域合作的任务职能，以及合作中的信息传递形式。实践中，决策、咨询、操作、信息四大模块的具体执行落实在区域层面，流域机构通过指挥中心继续发挥指挥协调职能，实现流域与区域的综合应急管理。A、B 两部分之间的虚线箭头指向则表达了 B 部分中新设置的不同模块与具体部门分别由 A 部分现行流域科层制防汛抗旱应急组织体系中的哪些级别的哪些部门进行重组或分配。

（1）指挥中心的组建

指挥中心的组建属于应急过程的决策层面。流域非常规突发洪水灾害应急管理组织结构中，以流域防汛抗旱总指挥部为核心的各级流域机构的指挥协调职能继续发挥重要作用。考虑非常规突发洪水灾害的分类分级管理，需要设置两级指挥中心，即中央指挥中心和现场指挥中心。

中央指挥中心由国家防总成员加上流域防总负责人重新组建，负责非常规突发洪水灾害应急管理中的重大问题决策与应急方案确定、统一调度全国水利工程设施的启用，以及物资的筹集与分配、宏观监督非常规突发洪水灾害应急管理过程。现场指挥中心则由流域防总与受灾地区的地方防办共同组建，由当地的行政首长或分管防汛救灾工作的副首长担任指挥，流域防总所派人员负责与中央指挥中心联络工作及流域内跨地区的协调工作；现场指挥中心负责受灾现场的应急决策与指挥，具有快速的环境反应能力与灵活性。指挥中心的组建延续了科层制的统一指挥与综合协调，而两级指挥中心的设计则增加了对复杂洪灾环境应变能力与灵活度，能够更加快速地协调与调配各类资源，高效应对洪水灾害的优势因素得以保留。

需要指出的是，必须根据流域非常规突发洪水灾害的影响范围和严重程度对中央指挥中心和现场指挥中心的职责进行划分。常规可控的洪灾由现场指挥中心组织当地抗灾救灾力量，全面、自主、综合地展开应急工作，同时向流域防总及时汇报防汛抗洪进展信息；当灾害的影响范围已经超出现场指挥中心可控范围，可能造成极其严重的损失时，则由中央指挥中心从全局角度宏观控制，现场指挥中心执行并向中央指挥中心反馈工作。

（2）任务小组与模块化管理

结合 CMSS 模式设计的流域非常规突发洪水灾害应急组织具有两大特点：一是以"任务导向"取代"规章制度"，以任务小组为单元，形成网络结构，共同抵御灾害。任务小组中的任何人都可能成为中心协调者，关键看其是否拥有说服其他小组成员的知识水平，这些知识水平往往与当前执行的任务有关。二是实行模块化管理，通过指挥中心将决策、咨询、信息和执行有机结合起来，减少信息传递过程中的扭曲失真。任务小组与模块化管理最大的优点在于重视合作，充分表现了非常规突发洪水灾害应急管理在区域范围内行动的灵活机动，保证应急合作主体之间及其与外部环境的有效沟通，弥补了流域水资源管理"条块分割"，协调不足的弊端。

1）决策模块。在该应急组织结构设计下，任务小组被赋予了充分的自主决策权，可以根据外部环境变化和应急处置的效果调整自己的行动策略。因此，这里的决策模块指的是流域以上层面对非常规突发洪水灾害应急现场无法决策应急方案的重大问题或难以解决的跨区域救灾问题进行宏观控制的功能模块。根据决策方案的执行地区不同，分设灾区事务部和帮扶区事务部，均由流域防总和对应的省级防办派遣专人开展工作。前者是现场指挥中心的辅助决策部门，参与受灾地区内部的决策和协调工作，指导意见直接下达现场指挥中心和操作模块中的各任务小组执行；后者的主要工作在于协调流域内乃至全国范围的非受灾地区，决策内容主要涉及物资支援、转移人口安顿、启用水利工程设施、对灾区实施应急救助与后勤保障工作等，由非受灾地区的防汛抗旱机构贯彻执行。

2）咨询模块。由不同专业领域的专家组成，扮演"智囊团"的角色，主要为其他功能模块和应急主体提供科学支撑。分设工程咨询部和心理咨询部，前者由流域的工程建设管理局、各工程管理单位、科研院校等单位参与组建，负责工程防护、应急救助等技术咨询；后者则由民间团体和志愿者组成，负责灾害心理安抚。

3）操作模块。这是流域非常规突发洪水灾害应急组织中，与防汛抗洪应急救灾工作最直接的功能模块，在一定程度上可以说，其他模块服务于操作模块。根据流域非常规突发洪水灾害应急过程所涉及的救灾内容，分设监测预警、抗灾救灾、交通运输、医疗保障、人口转移、治安维护等任务小组。这些任务小组主要依靠本地应急力量，由受灾地方职能部门组建而成，被赋予充分的自主决策权，两两连接，实现信息资源的快速网络化覆盖，根据外部环境变化和应急处置的效果调整自己的行动策略。

4）信息模块。准确及时的信息是实现流域非常规突发洪水灾害高效应急管理的保障，然而应急环境下信息量巨大，来源繁杂。为此，可以由流域委员会的通信总站牵头，设立信息整理部对庞大而繁杂的应急信息与环境信息加以收集、筛选、合并、整理后，传递给其他任务小组及指挥中心。此外，还需要设立公共媒体部，作为与外界沟通的窗口，以诚信为本，与媒体进行友好的合作关系，及时向社会公众发布真实可靠的灾情信息与应急信息，引导正确的社会舆论方向。

3. 应急合作管理体系的运行机制

流域非常规突发洪水灾害应急管理追求高效的目标，即在有限的时间内实现应急响应，使灾害损失最小化。从社会需求与公众期望角度考虑，非常规突发洪水灾害应急管理中人力、物资及资金投入不可缺少，但必须减少不必要的浪费，提高救灾资源的利用率与救灾指令执行的时效性。流域非常规突发洪水灾害应急管理体系正是应此要求而设计。

在复杂且高不确定性的应急环境下，需要多元主体共同参与，并且在应急过程中以人为本，充分发挥应急个体的专业、能力及主观能动性去应对某种突发状况，此外，为保证信息的时效性与真实性，必须实现信息共享。这是实现高效的流域非常规突发洪水灾害应急管理目标的必要条件，这些条件恰好与流域传统的科层制应急管理组织体系的层级权限、非人格化、专业分工、单通道信息途径等特征相悖。因此，流域传统的科层制体系很难实现非常规突发洪水灾害应急管理的高效目标。在面对各种突发状况时，科层制组织体系日常稳定高效的工作行为模式开始动摇，导致组织内的个体员工开始产生不适应与焦虑情绪。当类似情绪达到临界值时，科层制的应急组织体系不但会失去其在常态环境下的效率优势，更会打破稳定，陷入混沌无序的状态，如图 3.2 所示。

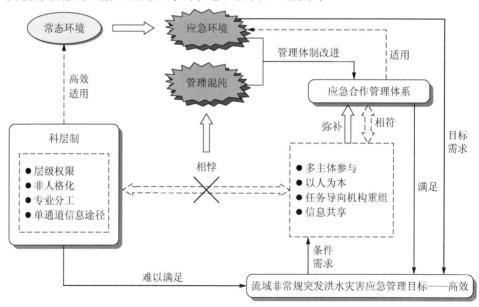

图 3.2　应急合作管理体系的形成机制

此时，为了应对各种不确定的复杂突发状况，组织内个体成员的能动性被激发，突破原本科层体系的职责权限框架，以某种规则寻找新伙伴，建立新的组织结构和行为模式来应对突发状况，即通过自组织恢复组织的有序运作。这里的某种规则通常包括地域相邻、亲缘了解、专业认同、合作互助等，而新的组织则以任务导向和信任为支架建立。首先由于相互间的信任，松散的个体彼此联系起来，然后在以解决危机为首的应急任务导向原则下，彼此联系的个体各自发挥专业与潜能，于是在科层组织体系框架中开始出现合作，即形成应急合作管理的组织体系。

应急合作管理体系下，科层组织体系在资源的多方协调与调度等方面仍然发挥效用，而面对各类突发紧急状况时，任务则成为促进流域非常规突发洪水灾害应急管理运行的基础，单纯科层制"命令—服从"的管理模式被应急任务与人际关系所取代；信息得以共享，决策方案经讨论决定；任务小组成员受应急任务的约束，而不是权力的指挥，拥有高度的自主权和积极的合作愿望，充分发挥个体的专业技术和技能，逐渐将原本陷入混沌的组织恢复稳定有序。

流域非常规突发洪水灾害应急合作管理体系是顺应合作进化理论，为适应非常规突发洪水灾害复杂且高不确定性的应急环境而生的组织演变结果。因此，与流域传统的单纯科层制组织体系相比，将科层与合作相结合，各取所长，势必更符合非常规突发洪水灾害应急管理条件需求，也更利于实现非常规突发洪水灾害应急管理的高效目标。

流域非常规突发洪水灾害应急管理的特殊环境下，科层制陷入管理混沌，已难以满足应急管理高效目标。在这样的现实背景下，非常规突发洪水灾害应急合作管理体系应运而生。换句话说，应急合作管理体系是在流域原本传统的科层制体系基础上对组织结构进行的重组与改进，在应急环境下，根据特定突发状况拟定针对性的任务，再根据任务需求，临时挑选恰当的合作主体组建成任务小组，专项执行特定任务，如图 3.3 所示。

流域非常规突发洪水灾害从进入汛期到发生汛情，再到汛情进一步恶化，灾情的演变具有一定的规律性，但同时也隐藏着许多难以预知的突发状况，如超量级别的降水、溃坝危机，以及其他由非常规突发洪水灾害带来的次生灾害等。为此，每一阶段的应急管理都可能遭遇数量众多、大小不一、可预见或不可预见的突发状况，可以说，非常规突发洪水灾害应急管理的过程就是不断"遭遇突发状况→解决突发状况"的循环过程。

某种突发状况发生后，包括发生地点、影响范围、救助情况、需要哪些专业人员与救助资源等在内的相关信息直接通过信息共享平台通传整个科层组织体系。同时，根据这些相关信息，决策部门迅速制定应急任务，包括判断灾情严重程度、明确重点救助任务、统计救助人员与资源缺口等，发布至信息共享平台。

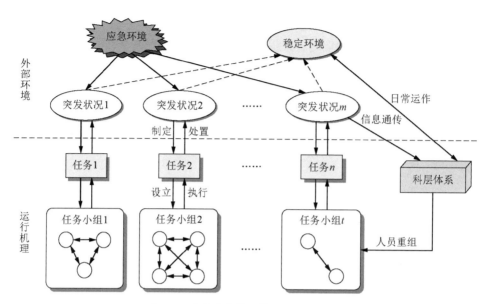

图 3.3　应急合作管理体系的运行机制

　　此时，体系中的组织成员以属地亲缘关系、专业技能等规则进行重组，组成多样化小群体，并且随外部环境与成员内在认知而变动，我们可以将这些多样化小群体视为一个独立的"节点"。例如，在流域非常规突发洪水灾害应急管理中，经常需要将多位医生聚集起来，组成医生小群体，进行医疗救助，视为"医生节点"，同样还有"护士节点"等。同时，根据特定突发状况产生针对性的任务，每个"节点"发挥个体能动性，与周围的其他"节点"两两联结，以任务小组的形式执行具体任务。例如，"医生节点"和"护士节点"组合，以医疗任务小组的形式执行具体医疗救助工作。任务小组中"节点"的数量与任务的复杂程度直接相关，对于简单任务，可由一个独立"节点"独自解决；复杂任务，则需要一群"节点"共同完成，或者将复杂任务分解后再安排任务小组。因此，任务小组的分配是动态自主的。

　　现实情况下，一场突发灾害往往同时出现多重突发状况，一个"节点"往往同时参与多个任务小组，信息和资源将在任务小组之间进行共享，从而形成庞大的网络结构，信息传播速度通过"节点"间的两两联结呈指数递增，解决了科层制单通道信息传递途径带来的信息堵塞与失真，有助于对资源配置的整体控制及应急管理效率的整体提高。

　　在处理突发状况过程中，对组织成员起约束作用的是任务、信任与道德伦理，不再是强制性的命令，任务小组唯一需要做的就是根据外部环境变化及时调整应急策略；执行任务所需资源由信息共享平台得以迅速统计，仍然通过科层体系实现综合协调与调度，这些是单纯科层制无法做到的。因此，应急合作管理体系的运作能够以尽可能少的成本投入使灾害损失最小化。

随着任务完成，突发状况得到有效控制，外部环境将逐渐恢复稳定。信息更新的速度与频率减缓，由属地亲缘关系、专业技能等产生的认同感弱化，权力差距开始产生并拉大，"节点"间的联系也开始松动，为解决突发状况而产生的网络结构也将渐渐消失。其中，一部分"节点"由于任务完成而解散，如民间自发组成的救灾小队；另一部分"节点"则回归其原本科层制体系中的工作岗位，继续执行日常工作职责，如政府的职能部门。至此，非常规突发洪水灾害应急管理组织体系完成一次"遭遇突发状况→解决突发状况"的运行过程，当新的突发状况出现时，再次进入同样的循环运行操作。

流域非常规突发洪水灾害应急合作管理过程中，科层与合作相辅相成，发挥着各自的优势：科层制的组织结构能够做到令行禁止，实现救灾队伍的快速集结，发挥令国外政府所称赞的效率优势；合作执行应急救灾任务的参与主体能够灵活适应极端环境变化，根据应急任务需要，自行组织任务小组，及时调整应急策略，在混乱的应急状态下维持一定范围内的有序应对。

3.1.2　干旱灾害应急合作响应体系

1. 应急合作响应的定义及内涵

传统干旱灾害管理范式中，主要包括灾害预防、灾害准备、灾害处置和灾害恢复 4 个阶段，这些阶段相互联系，构成一个管理循环，为干旱灾害管理提供时间基线(图 3.4)。其中灾害预防阶段主要是指通过卫星遥感等技术手段对导致干旱灾害的因素进行监测，并分析其发展趋势；灾害准备阶段主要包括抗旱工程建设和干旱灾害风险评估两个方面任务，为开展下阶段工作奠定思想基础和物质基础；而灾害处置阶段中的抗旱工程调度和流程改进，主要是指优化配置相关抗旱资源(包括数量上的和时间上的)，以实现及时高效灾害处置；此外，灾害恢复阶段中干旱灾害已经结束，考虑未来干旱灾害应对的需要，要求对抗旱工程体系进行维护，并补充消耗的抗旱资源。传统干旱灾害管理范式强调采取工程措施解决水资源供需冲突问题，难以发挥抗旱策略与制度安排等非工程性措施的积极作用，导致灾害响应往往缺乏效率。

针对传统干旱灾害管理范式的不足，设计非常规突发干旱灾害应急合作响应的新模式，其概念结构如图 3.5 所示。非常规突发干旱灾害应急合作响应的概念结构可以用时间轴和任务轴两层概念体系表述。其中，时间轴概念表达了应急合作响应的阶段次序，灾前准备与灾后应对之间的双向关系意味着这是一个可持续的闭环结构，即非常规突发干旱灾害合作响应不是一种临时的应对手段，而是一种特殊的可持续性灾害管理范式；任务轴则阐述了应急合作响应的核心工作，主要包括抗旱规划和抗旱行动两个部分。只有合理的抗旱整体规划才能够保证抗旱行动中工程与非工程措施有效协调，从而提高干旱灾害响应系统效率。从这个意义上讲，非常规突发干旱灾害合作响应可以理解为围绕普遍存在的应急水资源供给不足问题，设计非常规突发干旱灾害灾害应急响应模式，选择抗旱策略，采取合理制度安排，实现多种抗旱响应行动的高效协作，从而提升系统整体表现。

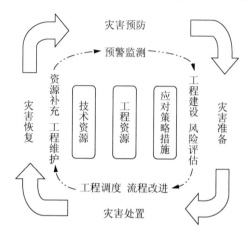

图 3.4　传统干旱灾害管理范式

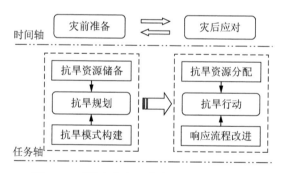

图 3.5　干旱灾害应急合作响应的概念结构

从系统涌现性角度看，非常规突发干旱灾害应急合作响应就是通过异质主体的相互协作，有效整合多种抗旱力量，发挥系统整体优势。换句话说，为了实现非常规干旱灾害应急响应效率，就要求有效协调政府、企业及公益抗旱组织等多种参与主体的抗旱应急响应行动。为便于分析，将参与主体分为政策性机构、职能性机构、营利性组织及公益性组织 4 类（图 3.6）。其中，政策性机构、职能性机构都属于政府组织，由于非常规突发干旱灾害应急响应行动是一种特殊的公共服务，现实中政府机构通常掌控多数抗旱资源，在体系中扮演着领导者和执行者的双重角色，承担主要的公共责任。而营利性组织、公益性组织等则属于社会性参与主体，在非常规突发干旱灾害应急响应体系中主要发挥辅助性作用。营利性组织具体表现为那些拥有一定抗旱能力（包括潜在的能力）的工业企业，公益性组织则主要指那些官方或民间的专业抗旱服务组织。需要说明的是，这些参与主体在角色、功能上的不同决定了它们之间存在差异的相互影响。

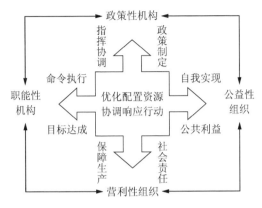

图 3.6　应急合作响应的系统内涵

学术界将多个参与主体之间的正向加和效应称为合作，提出了多主体合作（multi-agent cooperation，MAC）概念，并从不同角度定义其内涵。有人认为多主体合作就是若干独立主体为消除界限、减少重复工作而形成的一种特殊互动关系[222]。也有人认为，主体之间的合作是将若干参与主体的资源与活动组织起来，确保目标或任务在一定时间内进行整合、同步的过程[223]。可以看出，非常规突发干旱灾害响应体系中多个参与主体之间的行动协调和能力整合，本质上就是非常规突发干旱灾害应急响应中多主体合作的实现。

因此，非常规突发干旱灾害应急合作响应也可以理解为为了有效应对非常规突发干旱灾害风险及其影响，综合采取工程手段与非工程措施，在满足各参与主体不同决策偏好的基础上，通过采取信息共享、资源优化配置等手段，在一定制度安排和机制设计下有效整合多个参与主体的抗旱资源与响应行动，形成稳定合作关系，提供抗旱减灾整体解决方案的理念和方法。需要说明的是，尽管降低灾害风险、减轻灾害影响已经成为人类社会共识，但是由于自身属性不同，非常规突发干旱灾害应急响应中各参与主体追求的目标仍存在差异，在一定程度上制约了干旱灾害应急合作响应的实现。在非常规突发干旱灾害应急响应实践中，政策性机构与职能性机构都是公权力的代表，两者的目标都是最大限度地提供公共服务，减轻干旱灾害影响，保证经济社会正常发展；公益性组织承担一定的社会资源再分配任务，其根本目标是满足自我实现的需要，改善社会公共福利，因而公益性组织在干旱灾害应急响应问题上的初衷与前两者没有太大差别；企业等营利性组织更关注自身经济利益的实现，一般缺乏履行公共责任的动力，这与上述类型参与主体有着明显差别。因此，非常规突发干旱灾害应急响应中的多主体合作可以分为团队型和联盟型两种类型，团队型多主体合作强调各参与主体具有共同目标，而联盟型合作中参与主体的目标则存在不同。在非常规突发干旱灾害应急合作响应系统中，政策性机构与职能型机构、公益性组织之间的合作应属于团队型合作，与企业等营利性组织的合作则属于联盟型合作。一般来说，团队型合作侧重于团队内部的任务分配，而联盟型合作强调尊重不同参与主体的利益诉求，因而联盟型合作要求建立有效的利益协调机制，从而形成稳定合作关系。

此外，非常规突发干旱灾害应急合作响应可以看做一个复杂的开放式网络系统，与一般的系统工程理论相比，它主要针对非常规突发干旱灾害应急响应中的各种系统性问题，综合运用自然科学、社会科学和工程技术等工具，并能够提供问题解决框架的一种专业系统，具有非结构性、复合性、多样性和可持续性特征。

1) 非结构性。所谓非结构性，是指由于非常规突发干旱灾害的扩散性、非结构性影响，干旱灾害管理工作难以循规蹈矩，依章而行，面临较大的不确定性。不仅要考虑应对传统的气象、水文、农业等干旱，还要慎重对待非常规突发干旱灾害的潜在衍生影响。因而，有效的干旱灾害合作响应要求具备适应性的组织管理体系，还应建立相应的抗旱行动的高效协调机制，以此应对复杂的干旱灾害风险。

2) 复合性。所谓复合性，意味着非常规突发干旱灾害应急合作响应由多个子模块组成，特别地，这些子模块涉及领域、功能各不相同，但为达成一致目标，在一定的规则下，协调运转。例如，有效的干旱灾害应急合作响应不仅涉及抗旱水利工程的建设管理，还与抗旱政策措施的制定和选择密切相关。

3) 多样性。非常规突发干旱灾害应急合作响应的多样性体现在不同的经济政治文化，不同的干旱灾害特征，使系统的结构、运作等方面均存在差异。这也意味着非常规突发干旱灾害应急合作响应不存在一个普遍的模式，需要因地制宜，根据不同的自然社会情景适当调整。因此，非常规突发干旱灾害应急合作响应要具备一定的灵活性和适应性。

4) 可持续性。非常规突发干旱灾害应急合作响应的主要目标之一是实现应急水资源供需平衡。现实背景中，干旱灾害对经济社会发展的影响通常不是短期的，从长远的角度看，系统中的水资源配置应纳入整体水资源规划，甚至地区经济发展规划框架而进行统一考量，从根本上提高人类社会对干旱灾害的抵抗力。

不同于一般的抗旱减灾系统，非常规突发干旱灾害应急合作响应体系主要针对应急水资源供给不足这一具体问题，因此是抗旱减灾系统的特殊形态。这里所说的非常规突发干旱灾害应急合作响应更强调发挥非工程性措施的积极作用，将解决灾后水资源短缺作为一个管理学问题，主要从管理对策、制度安排的层面研究非常规突发干旱灾害应急响应中的各种系统性问题，改善干旱灾害应急响应系统效率。在此基础上，构建非常规突发干旱灾害应急合作响应的分析框架(图 3.7)。

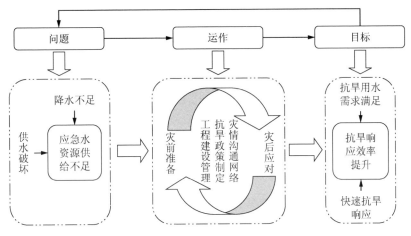

图 3.7　非常规突发干旱灾害应急合作响应的分析框架

由图 3.7 可见，非常规突发干旱灾害应急合作响应的研究并不涉及灾害风险评估、灾害预警监测等内容，而是侧重分析多种抗旱响应行动(或称抗旱手段)间的相互影响，避免出现抗旱响应行动不协调而制约系统整体效率的提升。依据问题导向型的逻辑顺序，非常规突发干旱灾害应急合作响应的分析框架可以从问题、内容和目标 3 个方面进行阐述。非常规突发干旱灾害应急合作响应的问题是由于降水不足或供水破坏等自然社会条件交织形成的短期水资源供需不平衡，即应急水资源供给不足问题，简称应急供水不足。在此基础上，从灾前准备、灾后应对两方面分析工程建设管理、政策制定及灾害信息沟通等多种抗旱响应行动的相互关系和协调，提出合理的抗旱减灾策略和制度安排，用以快速、有效满足抗旱用水需求，提高抗旱响应效率，增进社会整体福利。

2. 应急合作响应体系的目标分析

借鉴国际减灾战略(International strategy for Disaster Reduction，ISDR)框架，基于系统工程理论，从宏观视角入手，依据系统输入、系统转换、系统输出设计原则，提出了非常规突发干旱灾害管理的系统逻辑框架(图 3.8)。非常规突发干旱灾害影响普遍源于降水不足这一自然因素，正是由于致旱因子难以预料，干旱灾害风险始终存在。同时，干旱灾害对经济社会系统的灾难性影响，不仅与客观存在的干旱灾害风险有关，还与不恰当的抗旱政策制定、低效的灾害响应等人为活动密不可分。非常规突发干旱灾害管理的本质是提高人类社会系统的抗旱减灾能力，根本目标是降低干旱灾害风险，减少干旱灾害损失。而这种抗旱减灾能力的形成，要求构建一个完善的抗旱减灾系统，即不仅要建立完整的抗旱工程网络，还要制定系统合理的抗旱减灾对策体系，以实现各种抗旱响应行动的有效协调，发挥系统整体优势。

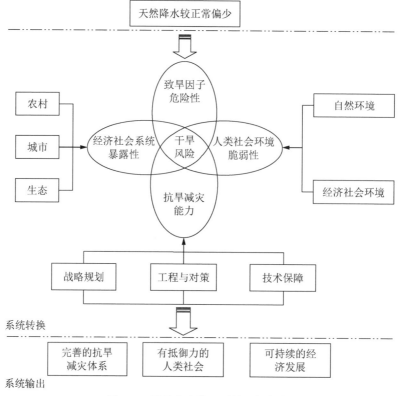

图 3.8   干旱灾害管理系统逻辑框架

    非常规突发干旱灾害应急合作响应也可以看做一个动态过程概念，也就是说应急响应中多主体合作的实现要贯穿灾害准备、灾害响应的全过程。而系统应急主体间合作关系的达成，则意味着其响应行为间建立了有效协调机制。非常规突发干旱灾害应急合作响应体系的目标及任务如图 3.9 所示。

    需要指出的是，图 3.9 中由政策性 Agent、职能性 Agent、营利性 Agent 和公益性 Agent 组成的四面体模型，代表着 4 类 Agent 通过一定的机制设计形成合作联盟。其中，政策性 Agent 与职能性 Agent 实际上同属于政府 Agent，目标一致，一般有上下级关系，故而两者之间是指挥—执行的关系；而政策性 Agent 与公益性 Agent、营利性 Agent 间则分别存在激励、补偿关系，这一方面是因为三者属性和内部机构之间存在显著的差异性，另一方面则是因为三者均有各自的行为逻辑和原则，所以为了达成合作关系，政策性 Agent 需要采取一定的策略进行利益协调；此外，公益性 Agent、营利性 Agent 和职能性 Agent 间合作关系的形成，离不开三者之间的平等协商。特别地，由图 3.9 可见，灾害信息沟通、抗旱响应行动协调贯穿灾前准备、灾后应对的全过程，因此是非常规突发干旱灾害应急合作响应体系需要实现的主要目标。在此基础上，非常规突发干旱灾害应

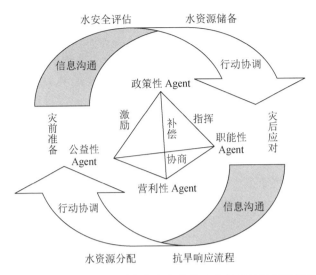

图 3.9 非常规突发干旱灾害应急合作响应体系的目标及任务

急合作响应体系中的主要任务分两个阶段，即在灾害准备阶段，应急合作响应的主要任务有调查灾害发生地水资源供需水平，评估区域水安全，以及制定抗旱水资源规划，提前储备应急水资源；而在灾后应对阶段，主要的抗旱响应行动则是应急水资源的优化分配和抗旱响应流程的改进。

3. 应急合作响应体系的结构设计

非常规突发干旱灾害应急合作响应体系的结构设计应遵循的基本原则包括以下几个方面。

1）事先统一规划原则。统一规划原则是指非常规突发干旱灾害应急合作响应体系中各应急主体的抗旱响应行动需要统一的顶层设计。非常规突发干旱灾害是一个复杂频发的灾难性事件，由它引发的灾难性影响通常会造成应急响应中行动混乱，效率低下，究其原因多与准备不足有关。此外，由于非常规突发干旱灾害应急合作响应的公共产品性质，应由拥有法定权力的政府主体进行统一筹划，这种筹划不仅指抗旱水利设施的规划和建设，还包括抗旱减灾政策制定、激励机制设计、应急水资源配置等非工程措施的制定。只有做好灾前事先统一的抗旱规划，才能为非常规突发干旱灾害应急合作响应体系的有效运行提供坚实保障。

2）稳定性与适应性相结合原则。稳定性原则要求非常规突发干旱灾害应急合作响应的实现应建立在制度化的体系结构基础上，通过稳定的规则或契约，规范异质性抗旱主体的应急响应行动，实现体系内部一致稳定性，扎实提高干旱灾害应急响应效率；适应性原则要求非常规突发干旱灾害应急合作响应组织体系应该能够根据灾害具体环境、受灾地政情民情等因素的变化进行灵活调整。稳定性和适应性相结合原则就是指在相对稳定的制度化结构基础上，能够将多种不确定性因素的变化一同考虑。

3）适度分权原则。传统干旱灾害应急响应体系强调的是对抗旱行动的集中控制，导致应急响应滞后、社会动员机制效率不高等问题。随着非常规突发干旱灾害的发生越来越频繁，政府抗旱应急响应的有效性无法得到保证，更加需要发动潜在的社会抗旱能力，因此需要将抗旱响应行动的决策权适当下放，使靠近基层的企业、公益组织等社会主体发挥其"应急第一响应者"的优势，提高干旱灾害应急响应体系的整体效率。

4）分工协作原则。分工协作原则不仅强调为了实现非常规突发干旱灾害应急合作响应的目标而对各主体、各层次和各项任务进行明确区分，更强调分工后各主体间抗旱响应行动、各层次各项任务间的协调。因此，非常规突发干旱灾害应急合作响应组织体系，必须强调各级政府职能部门之间、政府与社会抗旱主体之间的协调与合作，尤其是当抗旱能力存在互补性或授权关系时，更需要进行高效的协调，以实现干旱灾害应急合作响应体系的整体目标。

非常规突发干旱灾害应急合作响应体系的有效运作，意味着在不影响应急主体各自功能发挥的情况下，通过良好的互动产生系统协同效应。此外，现实的复杂性需要一种较为灵活的制度化结构适合多主体应急的具体情况。基于此，结合我国干旱灾害管理实践，提出非常规突发干旱灾害应急合作响应体系的结构框架，如图 3.10 所示。

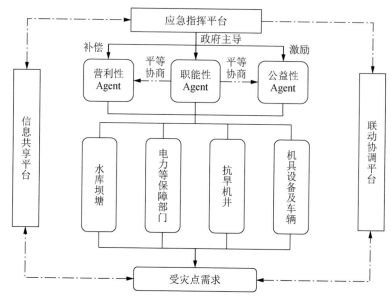

图 3.10　非常规突发干旱灾害应急合作响应体系的结构设计

　　如图 3.10 所示，非常规突发干旱灾害应急合作响应体系实现有效运作需要三大公共平台结构。应急指挥平台，主要是指非常规突发干旱灾害响应中的各级抗旱指挥部，即上文提到的政策性 Agent，它代表着灾害现场最高的指挥权和决策权，是非常规突发干旱灾害应急合作响应体系的决策中枢。实践中应急指挥平台通常兼顾常态和非常态的需求，因而是固定设置机构；而职能性 Agent 则是指直接参与抗旱响应行动的那些政府部门，一般来说，这些政府部门直接掌握着政府拥有的各种抗旱资源，并且独立负责某项功能的实现；此外，营利性 Agent 与公益性 Agent 和上文描述保持一致，代表了参与抗旱响应行动的社会性参与主体。

　　信息共享平台主要指从决策端到需求端全过程的信息沟通和共享机制。在非常规突发干旱灾害应急合作响应体系中，各类 Agent 在资源、能力及功能定位等方面存在差异性，这必然导致 Agent 间获取灾害信息量与种类各不相同，形成信息不对称，从而影响非常规突发干旱灾害应急响应中多主体合作的实现。灾情信息传递渠道的畅通和最大限度地公开可以减少因信息不对称造成的误会或延迟，增强系统 Agent 抗旱响应行动的协调度，提高系统抗旱响应效率。

　　这里的联动协调平台主要针对多 Agent 抗旱响应行动之间可能存在的冲突与矛盾，包括政府主导机制、激励补偿机制及平等协商机制。其中，政府主导机制是指相对于其他 Agent，政策性 Agent 拥有行使公共权力、分配社会资源的能力，对非常规突发干旱灾害应急合作响应的实现负有主要责任，而统合协调具有不同运作逻辑的系统 Agent 抗旱响应行动，需要政策性 Agent 站在全局角度通盘考虑和统筹安排；激励补偿机制则是指随着经济社会的不断发展，企业等社会主体已拥有足够的能力参与干旱灾害响应行动，但是受到投机倾向、文化等因素影响，通常缺乏参与合作的动力，因此，政策性 Agent 应采取一些诱导性策略，引导营利性 Agent 和公益性 Agent 采取合作行为，提高其参与干旱灾害响应的积极性；平等协商机制是指应急响应中多主体合作的实现普遍建立在相互平等基础上，即 4 类 Agent 独立行使决策权，围绕具体事务和问题相互交换意见，并就抗旱响应行动方案形成统一意见，自愿达成合作关系。需要说明的是，政府主导机制与平等协商机制并不矛盾，由于干旱的特殊性，平等协商机制的有效运作，通常需要政府主导机制的先期介入和配合，这里的主导更多的是指统筹协调，而不是强力控制。

4. 应急合作响应体系的运行实现

　　现实中，非常规突发干旱灾害应急响应的核心就是应急供水，这种应急供水不仅要最大限度地满足抗旱用水需求，还要求在最短时间内作出响应行动。从国内外干旱灾害应急响应实践可以发现，成功的应急响应离不开科学的应急准备。以应急供水为例，如果没有必要的水资源储备，非常规突发干旱灾害发生后，就难以进行有效的应急供水工作。因此，实现非常规突发干旱灾害应急合作响应体系的有效运作，意味着协调多个应急主体的抗旱响应行动，积极参与应急水资源配置，发挥多主体合作优势，提高整体应急供水能力，从而改善干旱灾害带来的水资源短缺。在此基础上，提出非常规突发干旱灾害应急合作响应体系的运作及实施路径，如图 3.11 所示。

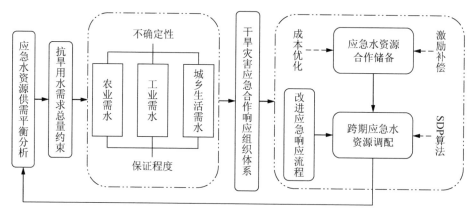

图 3.11 非常规突发干旱灾害应急合作响应体系的运作及实施

由图 3.11 可知，要实现非常规突发干旱灾害应急合作响应的有效运作和实施，首先要进行应急水资源供需平衡分析，综合评估灾后不确定的用水需求，以及用水对象的供水保证目标，确定抗旱用水需求量，并据此建立抗旱水资源安全储备；然后运用设计激励补偿策略，借鉴合作博弈理论，在满足系统应急主体个体理性约束基础上，通过合理分摊应急水资源储备成本，完成抗旱水资源安全储备目标，并形成应急水资源调配初始条件；进而以应急水资源动态调配成本最小化为目标，提出跨期应急水资源分配方案。需要指出的是，应急水资源动态调配过程中，系统应急主体通过改进的应急响应流程，实现多主体合作，提高应急响应的时间效率。

3.2 非常规突发水灾害应急合作管理流程分析

3.2.1 洪水灾害应急合作管理流程

1. 运行流程

关于流程的定义，学术界有多种定义和解释，ISO 9000 质量管理体系标准中所给的定义是："流程是一组将输入转化为输出的相互关联或相互作用的活动。"流程本质上是完成某项任务的一组活动，这些活动相互联系，存在内在逻辑关系，每一项活动都从前一项活动获得输入，并为后续活动投入输出。

　　根据以上的流程定义，可以将非常规突发洪水灾害应急合作管理的流程定义为，在非常规突发洪水灾害的灾前、灾中、灾后全过程中，由国家、流域、地方多个级别、多个行业、多种类型应急主体共同参与的，为防范与减少灾害损失所进行的一系列应急行动的集合，这些行动遵循非常规突发洪水灾害汛情情景变化的时间序列，反映非常规突发洪水灾害应急管理的客观规律，将人力、资金、物料、信息、技术等输入转化为灾情得到控制或减缓等预期结果输出。

　　这个定义包含了以下 4 层含义：

　　1）从时间序列来看，非常规突发洪水灾害应急合作管理流程是贯穿汛情演变全过程的一组行动，具体包括灾前的预报预警与准备、灾中的综合调度等减灾活动、灾后的评估补偿与重建等。事实上，汛情的演变过程与应急流程的实施是相互影响的，汛情的演变推动着应急流程的实施，流程应急行动的实施也影响着汛情的演变。

　　2）从参与主体来看，非常规突发洪水灾害应急合作管理流程是由多应急主体共同参与的一组行动。非常规突发洪水灾害应急管理是一件非常庞大的复杂系统工程，应急主体众多，横纵关系复杂。这样一个复杂系统的运作，需要这些主体按照工作程序，在多个环节相互协调才能完成既定任务和目标。

　　3）从行动目的来看，非常规突发洪水灾害应急合作管理流程是为减少洪灾损失而集合起来的一组行动。若无法有效应对，造成的人员、财产损失也将是超量级的。为此，非常规突发洪水灾害应急管理流程运行的目标就是为了尽可能地减少损失，尽快地恢复稳定生产生活秩序。

　　4）从本质属性来看，非常规突发洪水灾害应急合作管理流程是将各类防汛救灾投入转化为尽量减少灾情损失输出结果的一组行动。每一项流程都有内容明确的输入与输出，都有定义明确的开始和结束。非常规突发洪水灾害应急合作管理流程的输入包括防汛救灾需要的人力、资金、物料、信息、技术等，输出则是挽回的损失，通过各类运作规则等进行转化。

　　就流程的一般定义而言，流程具备目标性、有序性、层次性等一般特征。非常规突发洪水灾害应急合作管理的流程除了一般流程特征外，还具备系统性、时效性、柔性、非标准化等特征。

　　1）系统性。一是应急行动的系统性，非常规突发洪水灾害应急合作管理流程的每一项应急行动都是为了减少洪灾损失这一最终目标服务的，首尾相连，相互联系或制约。应急流程所需要的人力、物资等资源根据应急行动需要立足整体系统分配，应急流程的运行效率考虑的是流程整体的效率，而非某一项应急行动的效率。二是组织结构的系统性，非常规突发洪水灾害应急合作管理流程涉及整个应急组织体系，而不是局限于某一个职能部门。应急合作管理的组织结构将传统的割裂性职能实体联系起来，以应急任务为中心充分整合不同机构与岗位资源，减少了行政管理成本，提高了流程运行效率。

2）时效性。非常规突发洪水灾害应急合作管理流程本身就是在与时间竞赛，时效性是评价洪水灾害应急管理的最重要指标之一，可以说，各项应急行动完成的时间越短，应急流程的效率越高，最终被挽回的损失越大。此外，国家相关法律、规章、预案中也对部分环节规定了具体流程时间，如《国家防汛抗旱应急预案》规定重大工程险情必须在 4 小时内报送国家防总，淮委的值班制度中则明确规定了每年汛期值班的时间区间等。

3）柔性。柔性是指流程快速、低成本、一致地响应环境变化的能力，并且不对流程功能和效率造成影响。非常规突发洪水灾害应急管理组织体系实行模块化管理，当汛情情景改变、组织结构临时变化、人员岗位出现调动等情况发生时，功能模块能够迅速对流程作出调整，并且花费尽可能少的行政交易成本，使流程继续高效发挥减缓突发洪水灾害损失的功能。因此，非常规突发洪水灾害应急合作管理流程需要具有一定的柔性和机构弹性，对不确定的灾害环境具有很强的适应能力。

4）非标准化。所谓标准化，就是对流程的每一步该由谁执行、如何执行都制定标准，不容改动。非常规突发洪水灾害的发生时间、地点、规模都具有高度的不确定性，标准化流程不适用于此。非常规突发洪水灾害应急合作管理流程是非标准化的流程，虽然对许多环节的执行也设定了标准，如蓄滞洪区启用时的水位标准，但通常实践运用时还要综合考虑多重因素，并不拘泥于文件和形式。除此，难以预计的突发状况大多没有标准可依，必须视现实情况，灵活应对。

洪水灾害属于渐发型灾害，发生发展的过程相对较长，何时发生强降水、洪峰几时形成、水位将达到多高等信息均可以通过科技手段加以监测、计算与预报。为此，不同于地震等突发型灾害的应急管理，洪水灾害的应急管理应该是涵盖了从信息监测、预防预警到应急响应、应急终止的全过程应急，而不仅仅是灾害发生后的应急处置。一方面，需要通过全流域的防洪工程综合调度控制洪峰水位；另一方面，需要对受灾地区群众实施应急救助，更具复杂性和不确定性。具体的非常规突发洪水灾害应急合作管理流程如图 3.12 所示。

考虑非常规突发洪水灾害的全过程周期，由进入汛期开始，非常规突发洪水灾害应急合作管理流程分为预警、应急响应和灾后重建 3 个阶段。概括来说，中央和地方两个层面的应急主体在不同阶段具有不同的应急任务与分工。中央层面的应急主体主要指非常规突发洪水灾害应急管理组织体系中的国家防总、流域防总，以及由其成员组建的中央指挥中心；地方层面的应急主体则指组织体系中由流域辖区内省级及其以下行政机构、现场指挥中心、功能模块中的任务小组等。图 3.12 左侧部分为非常规突发洪水灾害应急管理中的直接行动流程，右侧部分则是中央和地方两个层面应急主体分别在不同阶段相应的工作职能和任务分工。

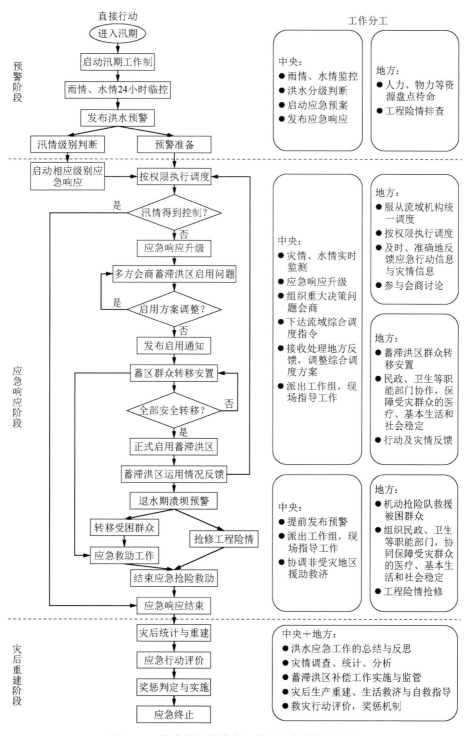

图 3.12 非常规突发洪水灾害应急合作管理流程

1) 预警阶段：作为天灾，人类无法阻止非常规突发洪水灾害的发生，但随着技术的发展，精确地预报与提前防范可以有效减少灾害损失。预警阶段的主要工作就是通过常态与非常态相结合、专业预防与群测群防相结合，利用雷达测雨、卫星遥感、云图接收、卫星实时定位等技术及计算机通信网络对突发洪水灾害提前预测、预报和预警。这一阶段以流域进入汛期作为开始时间，应急主体的工作日程由日常工作制转入汛期工作制。中央层面应急主体 24 小时动态监控雨情和水情，一旦发现强降水趋势即通过信息共享平台发布预警信息，随即作出分级判断，启动相应级别应急预案；地方层面应急主体则在接到预警信息后，着手进行预警准备工作，包括防汛责任人和抢险队伍的落实、水利工程设施的除险加固、防汛物料的盘点与储备、保障通信网络的完好通畅等。

2) 应急响应阶段：美国第一次国家自然灾害评估报告中显示，如果在 12～24 小时内启动应急响应，可使洪灾损失减少 1/5～1/3。可见，应急响应是与灾情"争分夺秒"的阶段，及时有效的应急响应行动往往与挽回的灾情损失成正比。非常规突发洪水灾害应急响应就是通常所说的"防汛救灾"，一方面是"防"，即在非常规突发洪水灾害失控前，运用工程或非工程措施将灾情控制在可控范围内，其贯穿于整个应急响应结束前的全过程，具体而言，如防洪工程综合调度、蓄滞洪区的启用等；另一方面是"救"，是指一旦洪灾发生，出现溃坝、人员受困等灾情，应立即运用各种方法阻止灾情扩大化，同时积极抢救受困人员，尽量减少损失。根据汛情的逐步升级，非常规突发洪水灾害应急响应阶段大致可分为 3 种情景。整体来说，这一阶段的重点应急任务即为抵御洪水，减少损失。在面对不同汛情情景时，应急主体需要完成不同侧重点的具体应急任务。情景一：汛情初现端倪，仅需通过常规调度调控洪峰水位。情景二：常规调度基础上，洪峰水位逼近蓄滞洪区启用标准水位线，且继续呈上涨趋势。这两种情景下，中央层面应急主体的应急任务大体相同，都需要立足流域总体利益，下达综合调度指令，并实时接收处理执行反馈信息，对调度方案作出调整。稍微不同之处在于，在第二种情景下，需要考虑启用蓄滞洪区降低水位，这属于重大决策问题，且涉及蓄滞洪区地区的切身利益，需要组织利益相关者进行会商，慎重决策。而地方层面应急主体的具体应急任务则有明显不同，在前一情景下，仅需要服从统一调度，按应急预案规定的权限执行调度方案，并及时向指挥中心反馈灾情与执行情况；在后一情景下，需要参与蓄滞洪区启用问题的会商，确定启用后迅速按预定方案组织转移群众，并妥善解决受灾群众的基本生活、医疗保障，以及社会稳定问题。情景三：高水位对防洪工程长期浸泡，警惕退水期的溃坝危机。在这一情景下，中央层面应急主体协调其他非受灾地区，对受灾区实行帮扶救助，并派出工作组指导技术；地方层面应急主体则侧重于发动地方机动抢险救援队的力量，加强工程巡防与险情抢修，搜救受困群众等。

3) 灾后重建阶段：这一阶段以流域宣布结束应急响应作为阶段开始时间，中央和地方两个层面应急主体的主要应急任务区别不大。按照非常规突发洪水灾害应急管理组织体系的运行机理分析，危机状况得到改善，汛期工作制转回日常工作制,各级应急主体开展其管理范围内的恢复重建和工作总结。具体来说,首先停止 24 小时预警监控,降低监测数据报送频率,恢复防洪工程的日常维护与调度;随后对灾情损失进行全面调查评估与统计,制订恢复重建计划与蓄滞洪区补偿方案,尽快将补偿款发放到位,帮忙受灾群众尽快恢复生产生活;最后对非常规突发洪水灾害应急管理的全过程进行工作总结,对作出突出贡献的集体和个人给予表彰和奖励。灾后重建阶段的时间跨度相对较大,灾情统计和行动总结大多以层层上报的形式汇报,最关键在于应急主体的善后学习能力,通过总结从整个非常规突发洪水灾害应急管理的细节中获益,再面对同样灾情时能够更有效地应对。

2. 流程化建模

非常规突发洪水灾害应急合作管理流程存在诸多的不确定性和复杂性,因此,非常规突发洪水灾害应急合作管理流程很难像企业业务流程一样,获取精确的投入产出定量数据。“以人为本”是非常规突发洪水灾害应急管理的首要原则,为避免人员伤亡,防汛救灾往往是“不惜一切代价”的,因此,很难在应急救灾的同时,理性地考虑投入资源的数量和成本,应急管理组织的行政交易成本更是几乎没有考虑,即使有,也无法定量处理。而非常规突发洪水灾害应急管理的产出不仅包括人员伤亡、经济财产损失等常用指标,多个应急参与主体的隐性收益,如公众满意度等指标也是我们关心的内容,这些内容同样难以定量核算。由于非常规突发洪水灾害应急管理的过程是与洪灾争分夺秒的过程,救灾越及时,灾害损失越少,除了这些常规的投入、产出等经济指标,救灾的时间从某种程度上来说,有时比经济投入指标更为重要,更能体现非常规突发洪水灾害应急管理的效率。对非常规突发洪水灾害应急管理来说,我们不仅关心全过程的整体效率,也关心每一步应急行动,或者说执行每一项应急任务,尤其是像蓄滞洪区启用之类影响全局的关键任务的效率问题。为此,模型的选择就不能只对管理流程的静态结构作出定性分析,更要对其动态状态改变作出更精准、科学的定量仿真,为非常规突发洪水灾害应急管理的实践优化提供指导。

综上,所选用的非常规突发洪水灾害应急合作管理流程建模方法必须满足以下条件:①模型必须能够客观描述非常规突发洪水灾害应急管理的复杂静态结构,同时能够对流程的动态行动进行模拟仿真;②模型必须能够定量表达非常规突发洪水灾害应急管理中每一项应急任务的执行时间,或投入与产生等便于评价效率的指标或参数;③模型需要有强大的计算分析能力,可以对复杂结构进行数学化定量性能分析。

在应急管理领域,有些学者对应急流程展开了定量化研究,但多聚集于地震之类的突发型灾害,而少有人关注洪水干旱之类的渐发型灾害。鉴于 Petri 网的可视化和强大数学支撑的特点,能够直观地描述运行过程中行动的关系,同时借助数学方法既可进行静态的结构分析,又可进行动态的行动性能分析,选用随机 Petri 网作为突发洪水灾害应急合作管理流程化建模的工具和方法。随机 Petri 网一般被定义为一个六元组[224,225]:$SPN = (P, T, F, W, M_0, \lambda)$。式中,$P =$

$\{p_1, p_2, \cdots, p_n\}$，表示库所(place)的有限集；$T = \{t_1, t_2, \cdots, t_m\}$，表示变迁(transition)的有限集；$F \subseteq (P \times T) \cup (T \times P)$ 表示连接库所元素与变迁元素的弧(arc)元素集合；$W: F \to \{1, 2, \cdots, n\}$，是弧权函数，对有向弧赋权重；$M_0: P \to \{1, 2, \cdots, n\}$，是初始标识(marking)；$\lambda = \{\lambda_1, \lambda_2, \cdots, \lambda_m\}$，是变迁平均实施速率集合，表示单位时间内变迁平均实施次数。

　　非常规突发洪水灾害应急合作管理中，时间和投入成本是两个重要的衡量指标。我们期望的最优目标是用尽可能少的投入成本，在最短的时间内控制住水灾害肆虐的范围与程度，使灾害损失量尽可能少。然而，在应对各类突发汛情状况的紧急情况下，应急队伍往往被要求"不计一切代价"抗击洪水，此时，投入成本并不是最优先考虑的因素，相比较而言，时间因素显得更为关键。为此，这里主要从时间性能角度入手，考查应急流程中应急行动的执行时间效率问题。根据图 3.12 所示的运行流程，提取主要应急行动，并通过 SPN 模型将这些应急行动的关系表示出来，如图 3.13 所示。

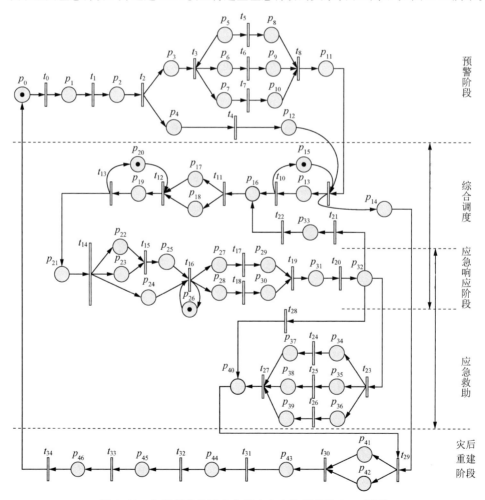

图 3.13　非常规突发洪水灾害应急合作管理的 SPN 模型

其中，库所 p_n 表示在应急过程的状态与信息，变迁 t_m 表示应急过程中的行动措施，整个模型中共包含 47 个库所元素和 35 个变迁元素，具体含义如表 3.1 所示。

表 3.1　SPN 模型中库所与变迁的含义

库所	变迁
p_0：流域进入汛期	t_0：启动汛期工作制
p_1：各级流域机构执行汛期责任工作制	t_1：信息中心对流域雨情及水情进行监测
p_2：雨情、水情预报信息	t_2：发布洪水预警
p_3：地方政府收到洪水预警	t_3：地方开始汛期准备工作
p_4：洪水严重级别	t_4：启动相应级别应急响应
p_5：组织、人员准备清单	t_5：落实组织及人员的防汛责任
p_6：病险工程加固清单	t_6：工程除险加固
p_7：储备点与物资需求清单	t_7：物料储备盘点
p_8：组织、人员待命	t_8：准备工作完成
p_9：工程准备就绪	t_9：按权限执行调度方案
p_{10}：物资准备就绪	t_{10}：进一步分析汛情
p_{11}：接受水库调度命令	t_{11}：应急响应升级
p_{12}：流域洪水调度方案	t_{12}：进行多方会商
p_{13}：水库调度信息	t_{13}：发布蓄滞洪区启用决定及启用方案
p_{14}：常规调度工作完成	t_{14}：成立蓄滞洪区群众转移安置工作小组
p_{15}：综合水位信息反馈	t_{15}：制定临时转移安置方案
p_{16}：流域实时灾情信息	t_{16}：群众转移安置
p_{17}：参与会商的机构名单	t_{17}：调配生活保障物资
p_{18}：会商所需汛清、工程等信息	t_{18}：展开卫生防疫工作
p_{19}：蓄滞洪区启用方案	t_{19}：确认蓄滞洪区群众全部转移
p_{20}：方案的改进意见	t_{20}：正式启用蓄滞洪区
p_{21}：蓄滞洪区居民限时转移通告	t_{21}：蓄滞洪区运用情况反馈
p_{22}：转移人员信息	t_{22}：对于反馈信息的处理
p_{23}：临时安置点规划	t_{23}：退水期溃坝预警
p_{24}：转移道路临时交通管制方案	t_{24}：抢修受损工程
p_{25}：群众转移安置方案	t_{25}：搜救转移受困群众
p_{26}：群众转移安置情况反馈	t_{26}：救援物资调配
p_{27}：蓄滞洪区基本生活保障物资需求信息	t_{27}：结束应急抢险救助工作
p_{28}：蓄滞洪区医疗防疫需求信息	t_{28}：蓄滞洪区启用评价
p_{29}：灾民基本生活保障需求达成	t_{29}：应急响应结束

续表

库所	变迁
p_{30}：疫情防治检测评估报告	t_{30}：发放补偿救助款项
p_{31}：群众转移安置工作完成	t_{31}：应急行动评价
p_{32}：蓄滞洪区运用进展信息	t_{32}：奖惩判定
p_{33}：反馈的信息	t_{33}：实施奖惩
p_{34}：水毁工程信息	t_{34}：应急终止
p_{35}：受灾区域范围	
p_{36}：救援物资需求信息	
p_{37}：工程修复完成	
p_{38}：现场搜救转移工作完成	
p_{39}：物资分配到位	
p_{40}：灾情得到有效控制与缓解	
p_{41}：灾情统计信息	
p_{42}：灾后补偿救助方案	
p_{43}：补偿救助款项发放完成	
p_{44}：应急行动评价报告	
p_{45}：奖惩制度实施方案	
p_{46}：应急评价完成	

观察图 3.13，非常规突发洪水灾害应急合作管理的 SPN 模型同时运用顺序、并发、冲突、循环 4 种基本结构表示应急合作的行动过程。例如，从 p_0 到 t_2 为顺序结构，反映流域进入汛期之后，雨情监测与发布洪水预警行动的先后发生次序；变迁 t_3、t_4 的发生为并发结构，表示中央层面应急主体启动相应级别应急预案的同时，地方层面开始着手预警准备工作；当托肯运行到 p_{32} 处时，存在一处冲突结构，变迁 t_{21}、t_{23}、t_{28} 只能三选一，这表示启用蓄滞洪区应对流域洪灾之后，根据蓄滞洪区的运用情况需要作出的 3 种不同行动选择，即继续运用蓄滞洪区、结束运用蓄滞洪区、结束运用蓄滞洪区同时准备应对退水期的溃坝危险；当选择变迁 t_{21} 时，流程则进入一个循环结构，继续考虑蓄滞洪区的启用问题，重复从考虑启用到正式启用、群众转移、启用完成的应急行动流程。

这些基本结构按行动发生的时间逻辑序列组合出非常规突发水灾害应急合作管理由进入汛期到应急终止全过程的运行流程，同样分为 3 个阶段，即预警阶段、应急响应阶段和灾后重建阶段。其中，在应急响应阶段，水库的综合调度与现场的应急救助措施是相互交织、统合管理的。事实上两者是没有明显时间顺序的，为了方便流程分析，在图 3.13 中，应急响应阶段包括综合调度和应急救助两条平行线。其中，综合调度行动线主要反映非常规突发洪水灾害应急响应中以流域机构为主的相关应急主体依托防洪工程行使权限，通过"拦、泄、蓄、分、排"等综合措施科学调度；应急救助行动线主要反映非常规突发洪水灾害应急响应中各级地方政府对受洪灾威胁群众的转移和救助工作。

3. SPN 模型等效简化

为了减少模型计算的工作量，同时也为了突出重点变迁过程，有必要对上述 SPN 模型进行等效简化。等效简化的基本思想就是将每一个基本结构均看作一个子网，分别用一个等效时间变迁来表示，该时间变迁与原来的子网具有相等的时间期望，从而得到一个简化的 SPN 模型，该模型与原模型具有相同的时间性能。非常规突发洪水灾害应急合作管理的 SPN 模型的图形结构包含顺序、并发、选择、循环 4 种基本结构，需要对等效简化后产生的新变迁的时间性能参数——变迁平均实施速率(λ)进行换算，对于不同基本结构，分别采用以下公式[226]：

顺序结构：

$$\frac{1}{\lambda} = \sum_{i}^{n} \frac{1}{\lambda_i} \tag{3.1}$$

并发结构：

$$\frac{1}{\lambda} = \sum_{i=1}^{n} \frac{1}{\lambda_i} - \sum_{i=1}^{n-1} \sum_{j=i+1}^{n} \frac{1}{\lambda_i + \lambda_j} + \sum_{i=1}^{n-2} \sum_{j=i+1}^{n-1} \sum_{k=j+1}^{n} \frac{1}{\lambda_i + \lambda_j + \lambda_k} + \cdots + (-1)^{n-1} \frac{1}{\sum_{1}^{n} \lambda_i} \tag{3.2}$$

冲突结构：

$$\frac{1}{\lambda} = \sum_{i=1}^{n} \frac{\alpha_i}{\lambda_i} \tag{3.3}$$

循环结构：

$$\frac{1}{\lambda} = \frac{1}{1-\alpha} \left(\frac{\alpha}{\lambda_1} + \frac{1}{\lambda_2} \right) \tag{3.4}$$

式中，λ_i 表示变迁 t_i 的平均实施速率，则 $\frac{1}{\lambda_i}$ 表示变迁 t_i 的平均延时时间；α_i 表示变迁 t_i 的执行概率，且 $\sum_{i=1}^{n} \alpha_i = 1$。式(3.4)中，$\lambda_1$ 和 λ_2 分别表示循环结构中进入循环的变迁 t_1 和执行循环的变迁 t_2 和的平均实施速率；α 表示变迁 t_1 的执行概率。突发洪水灾害应急合作管理的 SPN 模型等效简化内容包括以下几方面内容。

（1）流域监控预警相关变迁的等效简化

变迁 t_0、t_1 与相邻库所构成一个顺序结构，表达流域进入汛期后，相关应急主体启动汛期工作制，实行 24 小时严密雨情、水情监控的过程，可以提炼应急主体进入汛期后的关键核心行动，简化为变迁 t_a（图 3.14）。等效简化后新增变迁 t_a，表示流域雨情及水情监测。

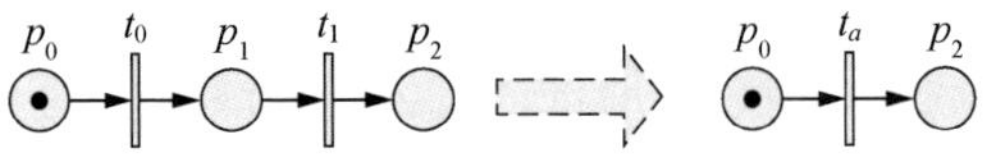

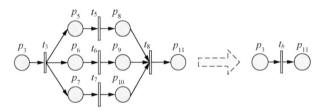

图 3.14　SPN 模型的等效简化Ⅰ

由于属于顺序结构，故根据式(3.1)，t_a 的平均延时时间为

$$\frac{1}{\lambda_a}=\frac{1}{\lambda_0}+\frac{1}{\lambda_1} \tag{3.5}$$

（2）防汛准备工作相关变迁的等效简化

变迁 t_5、t_6、t_7 呈并发结构，分别表示防汛组织、工程、物料方面的准备工作，可先简化为一个变迁，随后再与变迁 t_3、t_8 构成顺序结构，构成防汛准备工作从开始到结束的整个流程，可以简化为变迁 t_b（图 3.15）。等效简化后新增变迁 t_b，表示开展防汛准备工作。

图 3.15　SPN 模型的等效简化Ⅱ

新增变迁 t_b 的等效简化过程中，实际进行了两步简化，先并发结构，后顺序结构，故 t_b 的平均延时时间换算先后依据式(3.2)和式(3.1)，逐步进行，最终换算结果如下：

$$\frac{1}{\lambda_b}=\frac{1}{\lambda_3}+\cfrac{1}{\cfrac{1}{\lambda_5}+\cfrac{1}{\lambda_6}+\cfrac{1}{\lambda_7}-\cfrac{1}{\lambda_5+\lambda_6}-\cfrac{1}{\lambda_6+\lambda_7}+\cfrac{1}{\lambda_5+\lambda_6+\lambda_7}}+\frac{1}{\lambda_8} \tag{3.6}$$

（3）常规调度工作相关变迁的等效简化

变迁 t_9、t_{10} 与库所 p_{13}、p_{15} 构成一个顺序结构，因此，类似于流域监控预警相关变迁的等效简化，简化为变迁 t_c（图 3.16）。由于表示反馈信息的库所 p_{15} 的存在，变迁 t_9、t_{10} 所构并非一个基本顺序结构，但是库所 p_{15} 对系统等效简化时的时间性能换算没有影响，故仍直接采用顺序结构执行等效简化换算。常规调度工作相关变迁的等效简化后产生新增变迁 t_c，表示按权限执行调度方案；同时，附带产生新增库所 p_a，表示常规调度工作信息反馈。

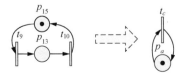

图 3.16　SPN 模型的等效简化Ⅲ

根据式(3.1)，t_c 的平均延时时间为

$$\frac{1}{\lambda_c} = \frac{1}{\lambda_9} + \frac{1}{\lambda_{10}} \tag{3.7}$$

（4）蓄滞洪区群众转移救助相关变迁的等效简化

变迁 t_{13}：发布蓄滞洪区启用决定及启用方案之后，遂展开一系列蓄滞洪区群众转移救助工作，涉及变迁与库所较多。其中，t_{17}、t_{18} 呈并发结构，随后再与 t_{14}、t_{15}、t_{16}、t_{19} 构成顺序结构，类似于防汛准备工作相关变迁的等效简化结构，故进行类似简化及换算处理，如图 3.17 所示。简化后新增变迁 t_d，表示对区内群众进行转移安置与救助；新增库所 p_b，表示蓄滞洪区群众转移安置方案。

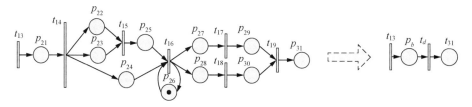

图 3.17　SPN 模型的等效简化 Ⅳ

先后依据式(3.2)和式(3.1)，t_d 的平均延时时间为

$$\frac{1}{\lambda_d} = \frac{1}{\lambda_{14}} + \frac{1}{\lambda_{15}} + \frac{1}{\lambda_{16}} + \frac{1}{\dfrac{1}{\lambda_{17}} + \dfrac{1}{\lambda_{18}} - \dfrac{1}{\lambda_{17} + \lambda_{18}}} + \frac{1}{\lambda_{19}} \tag{3.8}$$

（5）溃坝预警阶段应急救助相关变迁的等效简化

应急救助涉及变迁所构结构与防汛准备工作的变迁结构相同，如图 3.18 与图 3.15 所示。但由于应急救助的相关变迁仅涉及 $t_{24} \sim t_{27}$，变迁 t_{23} 并不包含在内，故在具体简化处理时又不尽相同。考虑对应急行动进行归类，等效简化时仅对涉及在内的 $t_{24} \sim t_{27}$ 进行处理，故简化结果如图 3.18 所示。新增变迁 t_e，表示展开应急救助工作；新增库所 p_c，表示应急救助分工安排信息。

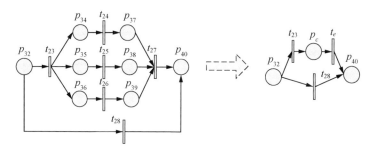

图 3.18　SPN 模型的等效简化 Ⅴ

先后依据式(3.2)和式(3.1)，新增变迁 t_e 的平均延时时间为

$$\frac{1}{\lambda_e} = \frac{1}{\dfrac{1}{\lambda_{24}} + \dfrac{1}{\lambda_{25}} + \dfrac{1}{\lambda_{26}} - \dfrac{1}{\lambda_{24} + \lambda_{25}} - \dfrac{1}{\lambda_{25} + \lambda_{26}} + \dfrac{1}{\lambda_{24} + \lambda_{25} + \lambda_{26}}} + \frac{1}{\lambda_{27}} \tag{3.9}$$

（6）善后阶段相关变迁的等效简化

应急响应结束，即变迁 t_{29} 之后，应急流程进入善后阶段，变迁 $t_{30} \sim t_{33}$ 构成基本顺序结构，故如同前文类似结构分析，做相同简化处理，如图 3.19 所示。简化后新增变迁 t_f，表示善后总结评价。新增库所 p_d，表示灾情损失统计信息；p_e，表示总结报告。

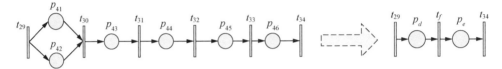

图 3.19　SPN 模型的等效简化 Ⅵ

根据式（3.1），新增变迁 t_f 的平均延时时间为

$$\frac{1}{\lambda_f} = \frac{1}{\lambda_{30}} + \frac{1}{\lambda_{31}} + \frac{1}{\lambda_{32}} + \frac{1}{\lambda_{33}} \tag{3.10}$$

综上，等效简化后的非常规突发洪水灾害应急合作管理 SPN 模型如图 3.20 所示，新增变迁 6 个，新增库所 5 个，具体如表 3.2 所示。

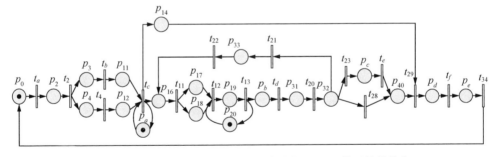

图 3.20　非常规突发洪水灾害应急合作管理 SPN 模型等效简化

表 3.2　等效简化后新增变迁与库所

新增变迁	新增库所
t_a：流域雨情及水情监测	p_a：常规调度工作信息反馈
t_b：开展防汛准备工作	p_b：蓄滞洪区群众转移安置方案
t_c：按权限执行调度方案	p_c：应急救助分工安排信息
t_d：对区内群众进行转移安置与救助	p_d：灾情损失统计信息
t_e：展开应急救助工作	p_e：总结报告
t_f：善后总结评价	

3.2.2　干旱灾害应急合作响应流程

1. 运行流程

非常规突发干旱灾害应急合作响应的有效性不仅仅指应急水资源需求的满足，还应考虑响应的及时性。传统被动式响应流程中(图 3.21)，应急用水需求的信息产生后，经过链式传递至决策指挥应急主体。经处理后，一般由其通过原来路径层层传递返回至需求点。由于信息沟通和共享有限，拥有一定应急资源的企业应急主体、公益性应急主体等社会主体，无法有效发挥作用。具体到应急水资源供给问题，非常规突发干旱灾害发生后，受灾点用水需求信息首先通过信息传递机制报送至抗旱决策机构，然后经汇总分析，确定具体供水方案，形成指令传达到各个响应单位(如水利、交通运输、民政等行政部门)；再通过社会动员机制，鼓励企业、公益组织等社会力量参与辅助实施应急供水方案，最终满足受灾点用水需求。这种行政主导性的抗旱应急响应流程存在几个重要问题：第一，灾情信息的沟通与共享往往仅限于行政组织"内部通报"，企业、公益组织等社会力量缺乏灾情信息获取途径，客观上造成了社会应急主体的抗旱能力浪费；第二，抗旱决策机构一般远离受灾点，且下级职能部门通常没有独立决策权，因而抗旱响应行动的时间效率较低；第三，政府抗旱职能部门与社会抗旱组织之间缺乏有效的协调合作机制，一方面会造成响应行动混乱和资源浪费，另一方面社会抗旱力量未能发挥"应急第一响应者"优势，主动响应受灾点用水需求，从而造成时间效率损失。图 3.22 是改进后基于信息共享的突发干旱灾害主动式响应流程。在新流程中，首先，接近受灾点增设了一个信息节点，它能够为合作联盟中的企业、公益组织及职能部门提供第一手灾情信息，并为其合作响应行动提供决策依据；其次，将合作机制引入抗旱应急响应流程，充分发挥"应急第一响应者"优势，提高抗旱应急响应效率。需要说明的是，增设的基层信息节点本质上是对现有信息报送机制的改进，现实中其功能类似于俄罗斯的"灾害信息员"制度，主要用于解决信息传递的"最后一公里"问题。

根据非常规突发干旱灾害应急合作响应体系的特点，可以将其工作流程划分为 3 个阶段，分别是策划阶段、灾前准备阶段和灾后响应阶段，具体流程如图 3.23 所示。

(1) 应急合作响应流程的策划阶段

在构建非常规突发干旱灾害应急合作响应体系前，政府将企业、公益组织等社会性抗旱主体看做具有建设性作用的"功能节点"，纳入抗旱减灾政策制定和体系建设中来。政府通过深入认识企业、公益组织等异质性主体的行为特点，采取有针对性的激励机制和措施，不仅要从资金、后勤等物质层面保障社会主体参与抗旱应急响应的积极性，还要采取适当的方法从认识上避免社会主体的短期机会主义行为。在平等自愿的基础上，探索非常规突发干旱灾害应急合作响应体系的契约保障制度，对社会抗旱主体的机会主义行为和其他不利情况进行约束和规范。

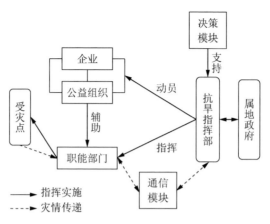

图 3.21   被动式响应流程

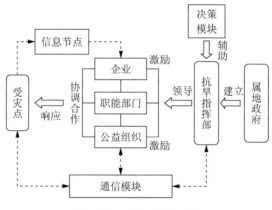

图 3.22   主动式响应流程

（2）应急合作响应流程的灾前准备阶段

针对政府、企业、公益组织等多种抗旱主体间的相互影响及其行为特征，在满足激励相容约束条件下，建立稳定的合作联盟，协调各项抗旱响应行动。在此基础上，明确区分政府、企业、公益组织等不同类型抗旱主体的角色和功能，制定统一的抗旱规划，确定非常规突发干旱灾害应急合作响应体系的组织结构，以及各抗旱应急主体的任务安排，做好灾前资源储备等关键准备工作。

（3）应急合作响应流程的灾后响应阶段

非常规突发干旱灾害发生后，依据抗旱规划和灾害响应级别，对应启动非常规突发干旱灾害应急合作响应行动，建立抗旱指挥中心，明确指挥、协调机制，以及各主要决策行动主体。围绕信息沟通和水资源配置两个中心任务，一方面建立稳定通畅的信息沟通渠道，改善企业、公益组织等社会抗旱主体的灾害信息掌握水平，帮助政府更好地了解各种社会抗旱主体的潜在应急能力，支持干旱灾害

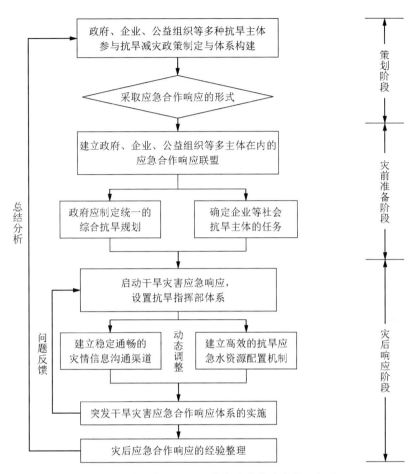

图 3.23　非常规突发干旱灾害应急合作响应的运行流程

应急合作响应体系的有效实施；另一方面根据灾害的阶段性特征及灾前抗旱规划中的资源储备水平，对干旱灾害应急水资源进行多期动态优化配置，降低应急响应成本，提高实施效果。需要说明的是，非常规突发干旱灾害应急合作响应体系仍具备一定的适应和调整能力，根据实施中产生的问题反馈至抗旱指挥中心，由其进行统一指挥和协调。此外，一个非常规突发干旱灾害应急响应过程结束后，由政府牵头，企业、公益组织等社会主体参与，对存在的问题和实践经验进行总结，为以后非常规干旱灾害应急合作响应工作流程策划提供参考，从而提高抗旱规划的针对性和准确性。

2. 运行流程建模

将并发式结构引入非常规突发旱灾应急响应流程，基于 Petri 网模型构建非常规突发旱灾应急管理的多主体合作工作流模型，如图 3.24 所示。

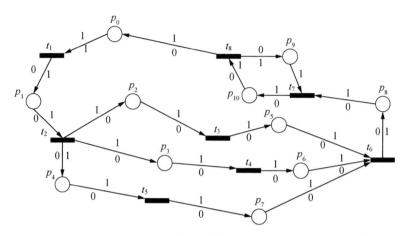

图 3.24   基于 Petri 网的非常规突发干旱灾害应急合作响应流程化模型

图 3.24 中，p_0 表示抗旱办公室干旱灾害预警；p_1 表示应急供水方案筹划；p_2 表示企事业单位接收并评估该方案；p_3 表示政府响应机构接收该方案；p_4 表示抗旱服务组织等社会公益性组织接收该方案；p_5 表示企事业单位的应急资源库准备就绪；p_6 表示政府机构的应急资源库准备就绪；p_7 表示抗旱服务组织等社会公益性机构的应急资源库准备就绪；p_8 表示应急供水系统的中转点；p_9 表示受灾点供需信息更新完毕；p_{10} 表示应急供水调配完毕。而 t_1 表示应急情形下水资源供需预测，制订应急供水方案；t_2 表示指挥机构宣布启动应急预案；t_3 表示企事业单位启动相关资源优化调配方案；t_4 表示响应地政府机构筹备并调配应急供水资源；t_5 表示公益性组织筹备调配应急供水资源；t_6 表示应急水资源调配转运作业；t_7 表示应急水资源二次分配方案制订；t_8 表示评估、反馈受灾点供需情况。值得说明的是，t_7 与 t_8 之间的循环结构表征了非常规突发干旱情境下由于信息不完全而导致的应急管理复杂性，意味着信息更新或核实过程；而 t_2 与 t_6 之间的并行结构则表征了多主体合作模式的主动响应特征，即存在多个信息通路保证信息结构遭到破坏或无效情况下的信息传递，意味着多元应急供水主体拥有独立响应能力，提高了应急供水系统的安全性。

非常规突发干旱灾害应急合作响应流程化建模的方法同于上述非常规突发洪水灾害应急合作管理流程化建模方法，只是研究对象不同，构建的模型有所不同，但模型的简化处理都是一样的，限于篇幅，这里就不再赘述。

3.3   非常规突发水灾害应急合作管理流程效率分析

3.3.1   应急合作管理流程的有效性

所谓有效性分析，是对 Petri 网模型的可达性、活性、有界性等结构特征进行分析，T_不变量常用来作为检验 Petri 网模型是否有效的判断标准，以非常规突发洪水灾害应急合作管理的 SPN 流程化模型为例，通过式(3.11)求解：

$$Cx = 0 \tag{3.11}$$

式中，$x = (x_1,\ x_2,\ \cdots,\ x_n)^{\mathrm{T}}$，$(x_i \geqslant 0)$，即为 SPN 模型的 T_不变量，是一个激活次数向量；$C = [c_{ij}]$，$(1 \leqslant i \leqslant n,\ 1 \leqslant j \leqslant m)$，是模型的关联矩阵，矩阵中元素 c_{ij} 具体求解通过式(3.12)：

$$c_{ij} = W(t_j,\ p_i) - W(p_i,\ t_j) \tag{3.12}$$

式中，$W(t_j,\ p_i)$ 表示变迁 t_j 到库所 p_i 的有向弧连接，值为权系数；$W(p_i,\ t_j)$ 同理可述。

根据式(3.12)算出如图 3.20 所示等效简化后 SPN 模型的关联矩阵：

$$C =$$

	t_a	t_2	t_b	t_4	t_9	t_{11}	t_{12}	t_{13}	t_c	t_{20}	t_{21}	t_{22}	t_{23}	t_d	t_{28}	t_{29}	t_e	t_{34}
p_0	-1	0	0	0	0	0	0	0	0	0	0	0	0	0	0	0	0	1
p_2	1	-1	0	0	0	0	0	0	0	0	0	0	0	0	0	0	0	0
p_3	0	1	-1	0	0	0	0	0	0	0	0	0	0	0	0	0	0	0
p_4	0	1	0	-1	0	0	0	0	0	0	0	0	0	0	0	0	0	0
p_{11}	0	0	1	0	-1	0	0	0	0	0	0	0	0	0	0	0	0	0
p_{12}	0	0	0	1	-1	0	0	0	0	0	0	0	0	0	0	0	0	0
p_a	0	0	0	0	0	0	0	0	0	0	0	0	0	0	0	0	0	0
p_{14}	0	0	0	0	1	0	0	0	0	0	0	0	0	0	0	-1	0	0
p_{16}	0	0	0	0	1	-1	0	0	0	0	0	0	0	0	0	0	0	0
p_{17}	0	0	0	0	0	1	-1	0	0	0	0	0	0	0	0	0	0	0
p_{18}	0	0	0	0	0	1	-1	0	0	0	0	0	0	0	0	0	0	0
p_{19}	0	0	0	0	0	0	1	-1	0	0	0	0	0	0	0	0	0	0
p_{20}	0	0	0	0	0	-1	1	0	0	0	0	0	0	0	0	0	0	0
p_b	0	0	0	0	0	0	1	-1	0	0	0	0	0	0	0	0	0	0
p_{31}	0	0	0	0	0	0	0	0	1	-1	0	0	0	0	0	0	0	0
p_{32}	0	0	0	0	0	0	0	0	0	1	-1	0	-1	0	-1	0	0	0
p_{33}	0	0	0	0	0	0	0	0	0	0	1	-1	0	0	0	0	0	0
p_c	0	0	0	0	0	0	0	0	0	0	0	1	-1	0	0	0	0	0
p_{40}	0	0	0	0	0	0	0	0	0	0	0	0	1	1	-1	0	0	0
p_d	0	0	0	0	0	0	0	0	0	0	0	0	0	0	0	1	-1	0
p_e	0	0	0	0	0	0	0	0	0	0	0	0	0	0	0	0	1	-1

关联矩阵中，-1 表示库所 p_i 向变迁 t_j 输送一个托肯，1 则表示变迁 t_j 向库所 p_i 输送一个托肯。例如，$c_{11} = -1$，$c_{21} = 1$，表示库所 p_0 输出一个托肯到

变迁 t_a，变迁 t_a 被激发后，再输出一个托肯到库所 p_2，即变迁 t_a 的输入库所为 p_0，输出库所为 p_2。

再根据式(3.11)得到非常规突发洪水灾害应急管理 SPN 模型的 T_不变量：

$$X_1^T = (1, 1, 1, 1, 1, 1, 1, 1, 1, 1, 1, 1, 1, 0, 0, 0, 0, 0, 0)$$
$$X_2^T = (1, 1, 1, 1, 1, 1, 1, 1, 1, 1, 0, 0, 1, 1, 0, 1, 1, 1)$$
$$X_3^T = (1, 1, 1, 1, 1, 1, 1, 1, 1, 1, 0, 0, 0, 1, 1, 1, 1)$$

T_不变量求解结果中，向量分量为 1 时，表示对应变迁被激发，0 则表示变迁未被激发。X_1^T、X_2^T、X_3^T 结果显示，直至变迁 t_{20}，三者的变迁激发结果都一样，之后则分别激发 t_{21}、t_{23}、t_{28}。从非常规突发洪水灾害应急管理 SPN 模型包含的实际意义来看，这 3 个 T_不变量结果分别表示启用蓄滞洪区应对流域洪灾后，根据蓄滞洪区的运用情况所作出的 3 种不同行动选择：一是继续运用蓄滞洪区；二是结束运用蓄滞洪区但面临退水期的溃坝危险；三是结束运用蓄滞洪区且没有发生溃坝危险。这恰好反映了图 3.20 中在蓄滞洪区问题上所呈现的一处冲突结构。

至此，可以根据关联矩阵和 T_不变量的解值判断非常规突发洪水灾害应急管理 SPN 模型的有效性。

1) 可达性判定。可达性是 SPN 模型第一位的属性要求，若 SPN 模型在一组变迁 t_0，t_1，t_2，…，t_m 的序列作用下产生相应状态标识 M_0，M_1，M_2，…，M_m，则称 M_m 是从 M_0 可达的。有定理证明，满足可达性是 SPN 模型求解 T_不变量的充要条件，为此，非常规突发洪水灾害应急管理的 SPN 模型具备可达性。

2) 活性判定。活性表示 SPN 模型中某一变迁在给定初始状态标识引入的各可达状态标识下，该变迁都具有潜在的发生权，即指模型不存在死锁现象。非常规突发洪水灾害应急管理 SPN 模型的 T_不变量结果表明所有变迁都有可能被触发，不存在无法执行的变迁和死锁现象，模型具备活性。除此，关联矩阵显现每个变迁都存在输入库所和输出库所，同样证明了模型的活性。

3) 有界性判定。判定一个 SPN 模型是否有界，即判定 $\forall M \in [M_0 >$，$\forall p \in P : M(p) \leqslant k$ 是否成立。有界性表示库所包含的托肯不会超出某个有限的正整数，即模型系统不存在资源溢出现象。由关联矩阵可以看出，每个库所至多只输入一个托肯，故可证明非常规突发洪水灾害应急管理的 SPN 模型具备有界性。

综上，非常规突发洪水灾害应急管理的 SPN 模型具备可达性、活性、有界性，通过有效性检验。

非常规突发干旱灾害应急合作响应 Petri 网模型也可以用上述类似的方法进行验证。由图 3.24 可以获得各标识与库所状态的关系，如表 3.3 所示。由表 3.3 可以知道该模型的初始标识 M_0 可以通过有限的变迁产生标识 M_7，因此是有界可达的。而且通过软件分析，该模型无死锁存在，是具备活性的。上述分析结果表明该模型描述的应急合作供水机制的工作流是正确无误的，能够完成预期的目标。

表 3.3　标识与托肯的关系

标识	p_0	p_1	p_2	p_3	p_4	p_5	p_6	p_7	p_8	p_9	p_{10}
M_0	1	0	0	0	0	0	0	0	0	1	0
M_1	0	1	0	0	0	0	0	0	0	1	0
M_2	0	0	1	1	1	0	0	0	0	1	0
M_3	0	0	0	1	1	1	0	0	0	1	0
M_4	0	0	0	0	1	1	1	0	0	1	0
M_5	0	0	0	0	0	1	1	1	0	1	0
M_6	0	0	0	0	0	0	0	0	1	1	0
M_7	0	0	0	0	0	0	0	0	0	0	1

3.3.2　应急合作管理流程的时间性能

非常规突发水灾害应急管理是"以人为本""争分夺秒""不计一切代价"地与洪水干旱抗争，在最短的时间内挽回最大灾害损失的组织运行流程管理，因此，组织运行的时间效率十分重要。仍以非常规突发洪水灾害应急合作管理为例，在上述 SPN 流程化建模时，已经假设模型的变迁延时时间服从以变迁平均实施速率 λ 为参数的指数分布，故可得 SPN 模型的同构连续时间马尔可夫链（Markov chain，MC），如图 3.25 所示。SPN 模型的每一个标识 M 则映射成 MC 的一个状态。根据同构 MC，计算每个标识的稳定状态概率，并在其基础上，进一步分析 SPN 模型的其他性能指标。初始标识为 $M_0 = (1, 0, 0, 0, 0, 0, 1, 0, 0, 0, 0, 0, 1, 0, 0, 0, 0, 0, 0, 0, 0)$，表示仅在库所 p_0、p_a、p_{20} 中各有一个托肯，为了书写方便，将其写作 $M_0 = (0, a, 20)$。

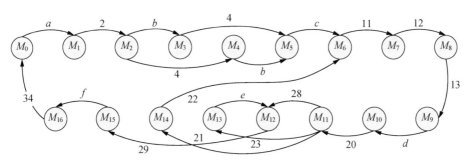

图 3.25　非常规突发洪水灾害应急合作管理 SPN 模型的同构 MC

图 3.25 的同构 MC 再次证明了非常规突发洪水灾害应急管理 SPN 模型的有

效性。首先，整个非常规突发洪水灾害应急合作管理流程的运行没有阻塞，各标识顺利传送，表示应急管理中的各项任务均能够在有限时间内顺利执行，即具有活性；其次，各标识显示包括 p_0、p_a、p_{20} 在内的许多库所始终只有一个托肯，即模型具备有界性；最后，所有标识均通过变迁相连接，不存在某种状态没有任务变迁可达，即满足可达性判定。因此，再次通过同构 MC 得出结论：非常规突发洪水灾害应急合作管理 SPN 模型是有效的。

MC 的稳定状态概率是分析 SPN 模型其他性能的基础，通过式（3.13）来计算：

$$\begin{cases} PQ = 0 \\ \sum_{i=0}^{k} P(M_i) = 1 \end{cases} \quad (3.13)$$

式中，$P = (P(M_0), P(M_1), \cdots, P(M_k))$ 是各标识的稳定状态概率；转移矩阵 $Q = [q_{ij}]$，$(0 \leqslant i, j \leqslant k)$，$q_{ij} = \begin{cases} \lambda_{ij}, & i \neq j \text{ 且 } M_i \text{ 到 } M_j \text{ 存在有向弧} \\ -\sum_{j=0}^{k} \lambda_{ij}, & \text{否则（} k \text{ 指从 } M_i \text{ 发出的弧）} \end{cases}$。

SPN 模型的性能指标有状态驻留时间、库所平均所含标记数、库所繁忙概率、变迁利用率等。然而，在非常规突发洪水灾害应急合作管理流程效率分析中，更多地关注时间效率、应急组织运作情况和应急任务完成情况，因此，选择库所繁忙概率、变迁利用率、系统平均延迟时间 3 个时间性能指标作为分析对象。

1）库所繁忙概率，由标记概率密度函数来反映，即指在稳定状态下，每个库所中所包含的托肯数量的概率。在非常规突发洪水灾害应急管理过程中，库所繁忙概率反映的就是参与应急主体处于繁忙状态的概率：

$$P[M(p) = i] = \sum_j P[M_j], \text{ 其中 } M_j \in [M_0], M_j(p) = i \quad (3.14)$$

2）变迁利用率，用来描述非常规突发洪水灾害应急管理过程中响应行动的效率：

$$U(t) = \sum_{M \in E} P[M] \quad (3.15)$$

式中，E 是使变迁 t 可实施的所有可达标识集合。

3）系统平均延迟时间，用来反映非常规突发洪灾应急合作管理系统的运行效率，可以利用 Little 规则来计算[227]：

$$T = \frac{\overline{N_i}}{R(t, p)} = \frac{\sum_j j \times P[M(p_i) = j]}{W(t, p) \times U(t) \times \lambda} \quad (3.16)$$

第 *4* 章

非常规突发水灾害应急合作管理的系统建模

4.1 非常规突发水灾害应急合作管理的建模思路

4.1.1 洪水灾害应急合作管理的建模框架

面对新时期我国非常规突发水灾害的新特点和新问题，国家防总和水利部于2003年提出防汛抗旱工作的"两个转变"，即防洪工作要从"控制洪水"向"洪水管理"转变；抗旱工作要从"单一抗旱"向生产、生活、生态"全面抗旱"转变。在这一"以人为本、人水和谐"的治水思想下，针对非常规突发洪水灾害应急管理面临的困境，系统建模需考虑以下因素。

1. 复杂多变的应急环境的要求

非常规突发洪水灾害的形成受天文、气候、水文气象等致灾因子的影响，而这些因子又具有随机性、模糊性、混沌性等诸多复杂特征，因此非常规突发洪水灾害是具有不确定性和难以预知的。由于人类对非常规突发洪水灾害的演化规律了解不够，对于未来出现怎样的事件状态、出现的可能性及其危害程度等都缺乏足够的认知，从而很难进行事先预防，传统"预测—应对"式的管理方式遇到了挑战。近年来快速发展的情景分析技术通过合理的情景设计和定性定量分析相结合的方法，能够较为深刻、全面、清晰地描述未来可能出现的状况和变动趋势。有必要将非常规突发洪水灾害所面临的"情景"作为科学研究的基本参量和科学问题构造的基本假设加以考虑，建立基于"情景依赖"的非常规突发洪水灾害应急管理方式。

2. 多主体合作的必然性

在复杂且具有高度不确定性的应急环境下，要达到高效的应急管理目标，需要多元主体共同参与，并且在应急过程中以人为主，充分发挥应急个体的专业、能力及主观能动性去应对某种突发状况。此外，为保证信息的时效性与真实性，必须实现信息共享。科层制难以实现应急环境下的高效目标。多主体合作组织中，组织成员拥有高度的自主权和合作的积极愿望；科层制"命令—服从"的管理模式被应急任务与人际关系所取代；信息在组织成员中共享，决策方案经讨论决定。这些特征完全符合应急管理所提出的条件需求，多主体合作更加适用于应急环境，更利于实现应急管理的高效目标。合作理论是现代对策论的一个新的发展领域，它与一般的决策论和对策论的不同点在于，它不是单纯选择最优策略，而是通过协力合作，共同取得更大利益。多主体与合作理论结合更是一个新的研究领域，在多主体合作系统中，各成员 Agent 之间通过交互、沟通、协调，采取联合行动完成一系列目标和任务，本质是使多个 Agent 能够通过合作更加有效地解决某个问题。其合作一般涉及以下问题：①谁与谁合作，也就是合作主体的问题；②合作主体之间是一种什么关系，即合作的组织架构；③合作主体之间如何形成合作的问题，即合作运作机制。在突发洪水灾害应急管理中，涉及的主要应急主体是国家防总，国家防总成员单位包括水利部、中国气象局、农业部、卫生和计划生育委员会、中共中央宣传部、国土资源部、住房和城乡建设部、交通运输部、信息和工业化部、商务部、中国民航局、国家新闻出版广电总局、国家安全生产监督管理总局等部委和武警部队。除了这些政府组织之外，应急主体还包括非政府组织、媒体、公众、企业、应急专家等多元化主体(图 4.1)。

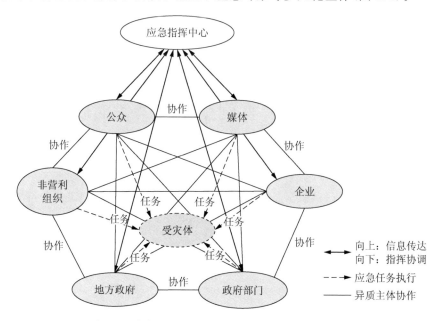

图 4.1　非常规突发洪水灾害的多主体应急合作体系

3. 政府在应急管理中的主导性作用

非常规突发洪水灾害应急管理虽然吸收了多元化应急主体的参与，但并不意味着要弱化传统政府组织的作用，恰恰相反，政府组织仍然是洪水灾害应急管理中最核心的权力主体。政府是构建和谐社会的主体，是进行非常规突发洪水灾害应急管理的主体，世界各国都把应急管理作为重要的政府职能，着力提高应对突发事件的能力。与其他应急主体相比，政府组织拥有的公共权力使其拥有更为主导的地位，承担着更重要的职能，这使得政府组织在洪水灾害应急管理的权力分割和运作格局中扮演着主导角色，发挥更核心功能，从原来的单中心转为现在的多中心的中心，其主导功能更加强化了。虽然我们在非常规突发洪水灾害应急管理中强调社会组织、公众、企业等多元主体在应急管理中的积极作用，但毋庸置疑，单纯社会组织、市场理性的作用并不足以应对非常规突发洪水灾害。非常规突发洪水灾害应急管理需要聚集大量的资源，投入巨大的成本，并且需要相配套的制度支撑，这一切都依赖于政府的作用，政府存在的前提就是作为公共利益的代表者，行使公共权力，为增进公共福利、提供公共服务、谋求公共福利最大化而采取一致性行动。非常规突发洪水灾害自然性、社会性、综合性、威胁性特征决定了其自身的公共特性，必须由政府行使公共权力，整合各方面资源，制定应急政策，履行公共职能，加强公共管理，这也正是政府公共性最本质的体现。在非常规突发洪水灾害发生后，迫切需要在时间有限、资源稀缺、信息匮乏的条件下作出及时、有效的对策选择，这都依赖于领导者适时的心理体验、认知及手里集中的权力，依赖于其对社会应急资源的调配和整合能力，以及对组织和个体间冲突与矛盾的解决能力[228]。非常规突发洪水灾害应急过程中，各应急主体之间的结合一般是松散的，它们往往只站在自己的利益角度和立场去考虑问题，只在自己行动便利的优势范围内行动，较少会顾及全局，这一切都需要政府组织集中相应的权力，统一决策、统一指挥、统一协调，发挥非常规突发状态下的集权效用。

4. 应急合作机制的建模框架设计

面对现代脆弱文明及政府提高应对突发事件应急管理能力的需求，考虑非常规突发洪水灾害的非常规性、不确定性等复杂性特征，以复杂性科学为指导，构建"情景—应对"型非常规突发洪水灾害应急合作机制的建模框架(图 4.2)[229]。考虑中国国情，研究非常规突发洪水灾害系统多主体应急合作演化，以刻画和描述非常规突发洪水灾害的动态应急决策，形成以政府为主导、多主体无缝合作的共识方案，实现和支持"情景—沟通—合作—共识/认同—行动"的动态应急管理过程。在这个应急合作模式下，应急主体包括各层级政府、企事业单位、社会团体及公众等，应急客体包括受灾区域的水、人、财、物等，应急的目的就是实现受灾区域水、人、财、物等在时间和空间上的合理调度。值得注意的是，常规水资源管理的目标是通过利益协调实现经济、社会效益为核心的社会责任最大化，而洪水灾害应急管理的目标是通过政府主导下的合作实现社会效益为主的社会责任最大化。多主体应急合作机制反映了非常规突发洪水灾害应急管理中以政府为主导的多主体之间"沟通与协调"、主体与环境"交互—协调—适应"的特征。

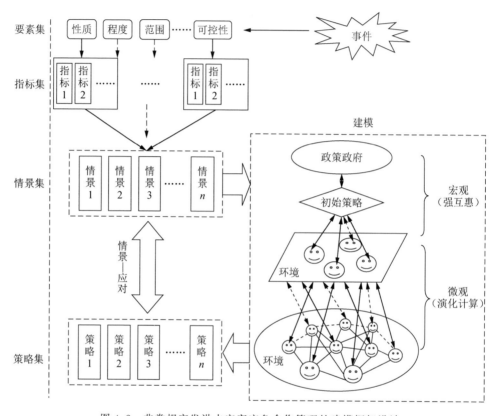

图 4.2　非常规突发洪水灾害应急合作管理的建模框架设计

非常规突发洪水灾害应急合作机制的建模框架设计如下。

1) 非常规突发洪水灾害应急合作的环境机制——政府政策安排。政府双重职能表明在应对非常规突发洪水灾害时，政府作为外生变量从宏观上对应急合作行动过程进行规制、管理和监督，设计非常规突发洪水灾害应急合作的环境机制——政府政策安排。在应急合作过程中，由于政府行政权力的强制优先性、程序特殊性、行使时限性等非常规特性，政府政策安排目标不仅要强调应急合作效率和效果，更要体现应急时效性、应急惩罚和激励安排等。

2) 非常规突发洪水灾害的多主体应急合作行为机制。在政策政府规制的环境约束下，设计医疗卫生部门、消防部门、交通部门、救援部门、通信部门、环境保护部门、水利部门、企业(如配送、运输等)等非常规突发洪水灾害应急行动主体,分析应急行动主体在角色、关系、结构等方面的特征,尤其是行为政府参与应急合作的特性。在此基础上,考察突发状态下应急主体参与应急合作的利益目标,研究多主体行为主动适应的应急合作行为规则。

基于政府主导、多主体合作的非常规突发洪水灾害应急合作的系统建模具体描述如下:非常规突发洪水灾害发生后,由于受到致灾因子及干扰事件等不确定性因素的影响,非常规突发洪水灾害将有多种可能的未来情景(包括最好情况、最差情况、最可能情况等)。根据当前某一时刻的灾情,不同的发展路径可能形成不同的未来情景,通过分析、归纳得出未来可能情景 S_i。而每种情景下的应急决策过程被划分为上下两层,即上层强互惠应急决策模型和下层多主体协同演化模型。对于下层同一级的多主体,主体之间是平等合作的关系,按照复杂自适应系统的自组织理论,各应急主体通过协商、妥协实现相互适应和演化,聚集成一个大的、高一级的应急主体。这个应急主体再与同一层级的其他主体沟通、协商聚集成更高一级的应急主体,如此聚集下去。这种自适应协同演化的方式使得微观系统达到帕累托最优。然而,非常规突发洪水灾害是一类影响国家公共安全的非常规突发事件,上层的应急决策必须具备强制性,甚至不惜一切代价保证社会的安定,仅仅依靠自适应协同是不够的。美国圣塔菲研究所提出的强互惠理论正是描述这一现象的有力手段。上层强互惠应急决策模型与下层多主体协同演化模型相结合构成整个非常规突发洪水灾害应急决策过程。考虑情景 S_i 下,应急决策后形成当前的应急可行方案集 p_i,从这些可行方案中选择一种最优方案展开应急救援。而当前时刻的应急决策又会影响到下一时刻洪水灾害灾情的发展,可能又会有不同的未来情景,如此循环,形成一个动态的应急管理过程。

1) 应急情景构建。非常规突发洪水灾害应急决策不同于一般经济管理决策,它具有时间有限、信息缺乏及致灾因子不确定等特点,应该建立多种可能的未来情景,识别出哪些是最好情景,哪些是最差情景,哪些是最可能情景,使决策者发现未来变化的某些趋势,并对其做好充分的应急准备,采取积极的行动,将负面影响最小化、正面影响最大化。情景是应急决策的基础和条件,构建合理的情景集是非常规突发洪水灾害应急管理的一个重要环节。

2) 宏观应急决策。在宏观层面,政府是进行非常规突发洪水灾害应急管理的主体,各国也都把应急管理作为重要的政府职能。在非常规突发状态下,公众、社会、国家安全等受到严重威胁,为了及时有效地应对洪水灾害,政府的地位和作用较常态有显著的区别。依据中国国情及水问题的特征,政府在非常规突发洪水灾害应急管理中扮演双重角色:一是政府作为政策制定者,规制应急管理多主体行为,称为"政策政府";二是政府作为应急主体,直接参与应急行动,为应急管理过程提供公共服务,称为"行为政府",包括不同层级的地方政府及职能部门。在应急过程中，政策政府从宏观上对应急合作行动过程进行规制、管理和监督。对于多利益主体目标冲突问题，政策政府将通过惩罚机制、激励机制等决策安排处置不积极合作主体，从而带动不合作主体参与应急行动，形成共识方案。Bowles 和 Gintis 提出的强互惠理论认为，一个带着合作倾向的强互惠者，被预先安排通过维持或提高来对其他人的合作行为作出回应，并对其他人的"搭便车"行为进行惩罚，会给自己带来成本。强互惠者存在正的外部性，在付出个人成本的时候，会给群体其他成员带来收益。在一个群体中，一小部分强互惠者就足以保持该群体内大部分利己策略和小部分利他策略的演化均衡稳定。因此，采用强互惠理论对非常规突发洪水灾害的宏观应急系统进行建模，用来解决由于利益冲突所导致的不合作问题。

3）微观应急决策。在政策政府规制的约束下，根据行政层级的不同，非常规突发洪水灾害应急参与主体可被分为不同层级、不同类别的 Agent，每一层级包括医疗卫生部门、消防部门、交通部门、救援部门、通信部门、环境保护部门、水利部门、企业（如配送、运输等）等多个应急 Agent。各 Agent 在应急合作系统中扮演着不同的角色，主体之间的结构关系错综复杂，较之常态下的功能、结构有着非常规性的特征，尤其是行为政府参与应急合作的特性，兼具政府的公有性和企业的营利性。在同一层级的应急主体合作过程中，存在一类主体，协调、管理、监督和服务整个应急合作过程，将其称为主持人或管理者。在洪水灾害应急管理过程中，这个主持人或管理者就是负责洪水灾害的直属部门 Agent，同层级其他参与主体围绕这一 Agent 通过协作来完成相应的任务。由于各 Agent 参与应急合作的利益目标不同，系统中每个主体都有着自己的行为规则，包括群决策议事、决策仲裁机制规则、规约等。当它采集来自外界的信息后，依据自己的行为规则作出行为决策。主体选择自身行为规则，每次规则应用之后，主体将根据应用的结果修改每条规则的强度或适应度，用旧的规则产生新的规则，并以新代旧，完成一次交换与突变的演化过程。主体的演化取决于其内部规则的进化。主体内部规则之间是一种"竞争"关系。这种竞争关系体现在：当一条消息进入主体时，同时激活了多条规则。具体是哪一条规则获得行动的权力则取决于该规则适应值的大小。一条规则的适应值越大，其获得支配主体行动的可能性就越大。可见，微观决策就是一个学习和适应的过程，通过环境信息的反馈和评估解的适应性和可信度，演化计算将通过选择、交叉衍生、突变等操作改进旧规则，产生新规则，从而实现主体模型的演化。由于外界环境条件不断变化，演化过程也就不能终止，最后得到的是帕累托全局满意解而不是数学最优解，以形成共识的决策方案及政策制定规则。

主体建模分三步：第一，建立主体行为系统的模型。每个主体都有自己的行为系统，当它采集来自外界的信息后，依据自己的行为规则作出行为决策。第二，确立信用确认机制。主体依据演化算法的原理进行自身行为规则的选择。信用确认的本质是向系统提供评价和比较规则的机制。当每次规则应用之后，主体将根据应用的结果修改每条规则的强度或适应度，这实际上是学习的机制。第三，提供发现规则的手段，即交换与突变，用旧的规则产生新的规则，并以新代旧。具体建模框架如图 4.3 所示。

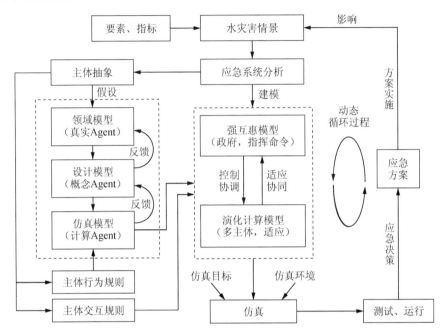

图 4.3　非常规突发洪水灾害应急管理的系统建模

4.1.2　干旱灾害应急合作响应的建模框架

依据《中华人民共和国抗旱条例》、《国家防汛抗旱应急预案》和《中华人民共和国水法》等相关法律法规，目前我国干旱灾害管理实行在各级党委领导下的行政首长负责制，主要遵循分级负责、条块结合、以属地为主的原则，优先保障城乡生活用水，统筹兼顾生产、生态用水。而综合考虑我国生态环境与经济社会可持续发展，干旱灾害响应中的水资源利用顺序是先地表后地下，先节水后调水。当前，我国干旱灾害响应是一种以政府力量为主的准行政模式，多采取"指挥部"式的组织结构。在突发干旱灾害响应中，防汛抗旱指挥部统一指挥、统一协调全社会抗旱响应行动，其中以政府抗旱成员部门 Agent，如水利、民政、交通运输等职能机构为主要参与力量，企业、公益服务组织等社会作为辅助角色，在政府社会动员机制下参与突发干旱灾害管理。显然，这种形式的优点是结构简单，纵向执行效率高；其缺点则是缺乏横向协调，容易造成横向部门之间处置效率拖沓等"应急失灵"现象，不利于调动社会 Agent 参与的积极性。

政府的主导作用和管控能力，应体现为政策指导、目标约束，以及对其他中间和基层应急过程进行监督、指导和协调。在政府合理发挥主导作用的前提下，充分发挥分布式响应的优势，使其能够独立决策和运作，改善突发干旱灾害应急响应的总体效率。因此，依据统一规划、稳定与适应相结合、适度分权、分工协作的原则，构建基于多主体合作的突发干旱灾害应急合作响应的建模框架（图 4.4）。这是一个集网络式、职能式特点的混合式组织结构，既有横向的职权分工，又有纵向的授权控制，还需要协调各异质性参与主体的抗旱响应行动。依据应急 Agent 属性的不同，将其分为政策性 Agent、职能性 Agent、营利性 Agent 及公益性 Agent 四种应急主体。借鉴合作联盟理论，构建突发旱灾应急合作联盟，联盟中主体与应急 Agent 一致，且满足个体理性和集体理性。同时保证该联盟产生剩余价值，即合作联盟产生的整体价值高于应急 Agent 的个体价值总和，故而联盟结构的形成是比较稳定的。

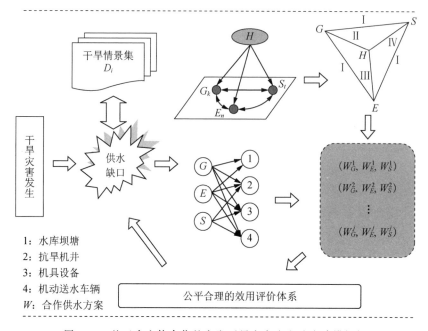

图 4.4　基于多主体合作的突发干旱灾害应急响应建模框架

如图 4.4 所示，当干旱灾害发生后，初步估计供水缺口并生成灾害情景；进而在多主体应急合作供水联盟结构下，通过分析应急主体响应行为的交互关系，并根据各自的应急水资源储备水平，制订应急供水方案 W；最后评估应急供水方案 W 的实施效果，更新缺水信息，滚动生成下期供水缺口。干旱情景集 D 是由降水、河道来水、地下水，以及人口、经济水平等多种因素构成的情景集合。

联盟结构中政策性主体 H 主要负责应急供水宏观政策制定，承担主要协调职能，与抗旱指挥部功能类似；职能性主体 G 指的是拥有应急资源、有能力采取应急供水行动的那些政府机构，可理解为抗旱成员单位，如水利部门、交通运输部门等；市场性主体 E 指以营利为目的但有能力参与应急供水的市场组织；而公益性主体 S 则是代表以社会福利最大化为目标，具备应急供水能力的公益性社会组织，如自发的各种抗旱服务组织。其中，政策性 Agent 不直接调配应急供水所需的各类资源，应急供水行动主要由职能性、市场性以及公益性 Agent 具体实施，并分别拥有图中所示应急资源。此外，该联盟中应急 Agent 之间的策略关系存在差异性，可能是讨价还价，也可能是委托代理，还可能是斗鸡型博弈，即应急 Agent 的交互具有异质性。特别地，图 4.4 中Ⅰ、Ⅱ、Ⅲ、Ⅳ表示不同的策略关系，但并不指代具体类型。

4.2　非常规突发洪水灾害应急合作管理的系统建模

4.2.1　宏观层面应急合作演化模型

为了便于研究，有基本假设如下：

第一，有限理性。假定在非常规突发洪水灾害应急过程中，政府应急合作主体是有限理性的，各政府主体具备在长期的应急合作过程中不断学习和调整自己的策略的能力，以适应环境的变化。

第二，参与者及其行为策略。非常规突发洪水灾害应急管理政府合作系统中，政府应急主体主要有中央政府和地方政府。应急合作关系主要有两类：一是中央政府与地方政府之间的合作，地方政府可以随机独立地选择积极执行和消极执行应急政策，中央政府可以随机独立地选择监督和不监督地方政府的行为结果；二是中央政府与地方政府之间的合作，地方政府基于自身最大化效用动机的考虑，会根据各行政区的实际受灾程度在非常规突发洪水灾害应急合作中选择与其他受灾区积极合作和不积极合作两种策略。假设，在第 t 次应急合作过程中，地方政府 $i(i=1,2,3)$ 以概率 $x_t(0<x_t<1)$ 选择积极执行应急政策，中央政府以概率 $y_t(0<y_t<1)$ 选择监督，则地方政府 i 消极执行应急政策的概率为 $1-x_i$，中央政府选择不监督的概率为 $1-y_t$；任意两个地方政府 i 和 j：地方政府 i 选择与地方政府 j 合作的概率为 $p_t(0<p_t<1)$，选择不合作的概率为 $1-p_t$；地方政府 j 选择与地方政府 i 合作的概率为 $q_t(0<q_t<1)$，选择不合作的概率为 $1-q_t$。

第三，得益。假设在第 t 次应急合作过程中：一是地方政府 i 和中央政府进行合作。地方政府 i 选择消极策略产生的得益为 π_i，地方政府 i 选择积极策略相比消极策略产生的额外成本为 c_i；中央政府对地方政府 i 的监督成本为 M；若中央政府检查到地方政府 i 消极执行应急政策，则对其实施一定的惩罚，惩罚力度

记为 P；若检查到地方政府 i 积极执行应急政策，则通过晋职升迁、通报表扬等方式进行奖励，提高地方政府 i 的政绩，从而给地方政府 i 带来一个不确定的隐形收益 $\varepsilon(\varepsilon > 0)$，$\varepsilon$ 是每次政策执行中的随机变量。地方政府 i 选择积极策略时的得益为 $\pi_i - c_i + \varepsilon(c_i < \pi_i)$；地方政府选择积极策略后产生的应急效益为中央政府的收益 $\pi_g(\pi_g > M)$。则中央政府和地方政府 i 各自的得益如图 4.5 所示。二是地方政府之间进行合作。$R_j(j=1, 2)$ 是洪水灾害应急管理中地方政府 j 选择不合作策略时的得益，将其设为基本得益；假定两个地方政府均选择合作策略时的得益可以描述为基本得益与某一系数的乘积，令该系数为 $\alpha(\alpha > 1)$。C 为两个地方政府均选择合作策略时所应支出的成本，将其设为基本成本，当双方合作不成功时，所付出的成本会上升，有两种情况：一是双方都选择不合作时，各自应付出 βC 的成本；二是一方选择合作，而另一方选择不合作时，成本上升会由选择合作策略的一方承担，其成本为 θC，且有 $\theta > \beta > 1$。F 为中央政府针对应急管理中不合作一方的惩罚，将其设为个别主体不合作时的基本惩罚，当应急过程中出现普遍不合作行为时，中央政府会调整对不合作个体的惩罚水平，用 $\lambda(\lambda \geqslant 1)$ 来表示调整系数。地方政府 j 各自的得益如图 4.6 所示。

<table>
<tr><td colspan="2"></td><td colspan="2" align="center">中央政府</td></tr>
<tr><td colspan="2"></td><td align="center">监督</td><td align="center">不监督</td></tr>
<tr><td rowspan="2">地方政府
(i)</td><td>积极执行</td><td align="center">$\pi_i - c_i + \varepsilon$, $\pi_g - M$</td><td align="center">$\pi_i - c_i$, π_g</td></tr>
<tr><td>消极执行</td><td align="center">$\pi_i - P$, $P - M$</td><td align="center">π_i, 0</td></tr>
</table>

图 4.5　第 t 次应急合作中央政府和地方政府得益矩阵

<table>
<tr><td colspan="2"></td><td colspan="2" align="center">地方政府（$j=2$）</td></tr>
<tr><td colspan="2"></td><td align="center">合作</td><td align="center">不合作</td></tr>
<tr><td rowspan="2">地方政府
($j=1$)</td><td>合作</td><td align="center">$\alpha R_1 - C$, $\alpha R_2 - C$</td><td align="center">$R_1 - \theta C$, $R_2 - C - F$</td></tr>
<tr><td>不合作</td><td align="center">$R_1 - \beta C - F$, $R_2 - \theta C$</td><td align="center">$R_L - \beta C - \lambda F$, $R_2 - \beta C - \lambda F$</td></tr>
</table>

图 4.6　第 t 次应急合作地方政府和地方政府得益矩阵

1. 中央政府与地方政府间的应急合作演化

通常情况下，博弈方学习模仿的速度取决于两个因素：一是模仿对象的数量的大小；二是模仿对象的成功程度，即地方政府和中央政府策略类型比例动态变化取决于各自的比例和各自策略得益超过平均得益的幅度。因此，对于上述博弈模型，地方政府和中央政府对 x_t 和 y_t 调整的复制动态方程为

$$\frac{\mathrm{d}x_t}{\mathrm{d}t} = x_t(\pi_{l1} - \pi_{lE}) = x_t(1 - x_t)(\pi_{l1} - \pi_{l2}) \tag{4.1}$$

$$\frac{\mathrm{d}y_t}{\mathrm{d}t} = y_t(\pi_{g1} - \pi_{gE}) = y_t(1 - y_t)(\pi_{g1} - \pi_{g2}) \tag{4.2}$$

式中，π_{l1}为地方政府i选择积极策略时的期望收益；π_{l2}为地方政府i选择消极策略时的期望收益；$\pi_{lE}=x_t\pi_{l1}+(1-x_t)\pi_{l2}$为地方政府$i$的期望收益；$\pi_{g1}$为中央政府选择监督策略时的期望收益；$\pi_{g2}$为中央政府选择不监督策略时的期望收益；$\pi_{gE}=y_t\pi_{g1}+(1-y_t)\pi_{g2}$为中央政府的期望收益。

式(4.1)和式(4.2)分别表示：若地方政府i选择积极策略获得的收益大于两种策略下取得的平均收益，那么，将在第$t+1$次应急合作中提高积极执行应急政策的概率，反之将在第$t+1$次应急合作中降低积极执行政策的概率；若中央政府选择监督地方政府i的收益大于两种策略下取得的平均收益，那么，将提高监督地方政府i行为的概率；反之，将在$t+1$次应急合作中降低监督地方政府i行为的概率。

分别令$\dfrac{\mathrm{d}x_t}{\mathrm{d}t}=0$，$\dfrac{\mathrm{d}y_t}{\mathrm{d}t}=0$，可得式(4.1)和式(4.2)构成的动力系统有 5 个局部均衡点：点$(0,0)$，$(0,1)$，$(1,0)$，$(1,1)$，$\left(\dfrac{P-M}{P},\dfrac{c_i}{P+\varepsilon}\right)$(图 4.7)。

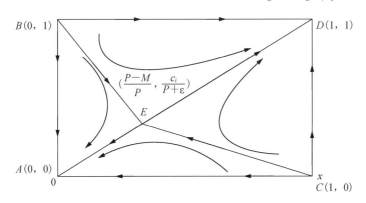

图 4.7 两类群体的动态演化过程

按照 Friedman 提出的方法，一个由微分方程系统描述的群体动态，其均衡点的稳定性可由该系统的雅克比矩阵的局部稳定性分析得到。令$F_1=\dfrac{\mathrm{d}x_t}{\mathrm{d}t}$、$F_2=\dfrac{\mathrm{d}y_t}{\mathrm{d}t}$，则由式(4.1)和式(4.2)构成的动力系统的雅可比矩阵为

$$\boldsymbol{J}=\begin{bmatrix}\partial F_1/\partial x_t & \partial F_1/\partial y_t\\\partial F_2/\partial x_t & \partial F_2/\partial y_t\end{bmatrix}$$
$$=\begin{bmatrix}(1-2x_t)[y_t(P+\varepsilon)-c_i] & x_t(1-x_t)(P+\varepsilon)\\-y_t(1-y_t)P & (1-2y_t)[-x_tP+(P-M)]\end{bmatrix}$$

其对应的行列式为

$$De(J)=\begin{vmatrix}(1-2x_t)[y_t(P+\varepsilon)-c_i] & x_t(1-x_t)(P+\varepsilon)\\-y_t(1-y_t)P & (1-2y_t)[-x_tP+(P-M)]\end{vmatrix}$$

其对应的迹为

$$Tr(J) = \frac{\partial F_1}{\partial x_t} + \frac{\partial F_2}{\partial y_t} = (1 - 2x_t)[y_t(P+\varepsilon) - c_i] + (1 - 2y_t)[-x_t P + (P-M)]$$

由常微分方程稳定性理论可知,当 J 的行列式 $De(J) > 0$,且对应的迹 $Tr(J) < 0$ 时,此时均衡点稳定。依据这一理论,分别对 5 个局部均衡点进行稳定性分析,得出当 $P < M$ 时,$(0,0)$ 为均衡点;当 $P > M$,且 $\varepsilon < c_i - P$ 时,$(0,1)$ 为均衡点;点 $(1,0)$,$(1,1)$,$(\frac{P-M}{P}, \frac{c_i}{P+\varepsilon})$ 均为不稳定平衡点。

由于 $P < M$ 情况下达到的均衡 $(0,0)$ 和 $P > M$ 且 $\varepsilon < c_i - P$ 情况下达到的均衡 $(0,1)$ 均不是系统最优演化状态——地方政府 i 不积极执行应急政策,故式(4.1)和式(4.2)构成的系统不存在演化稳定策略(evolutionarily stable strategy,ESS)。根据式(4.1)和式(4.2)构成的非常规突发洪水灾害应急管理中央政府和地方政府合作的微分动力系统[230],利用系统动力学对非常规突发洪水灾害应急系统中央政府和地方政府的应急合作演化稳定性的收敛过程进行仿真,运用 Vensim 仿真平台建立相应的 SD 模型,如图 4.8 所示。中央政府和地方政府间应急合作的 SD 模型主要由 4 个流位、2 个流率、6 个中间变量和 6 个外部变量。

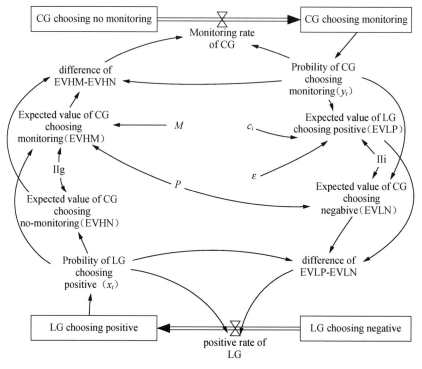

图 4.8 中央政府和地方政府间应急合作演化稳定性的 SD 模型

2. 地方政府间的应急合作演化

采用前述的分析方法，地方政府 i 和地方政府 j 的复制动态方程如下：

$$\frac{\mathrm{d}p_t}{\mathrm{d}t} = p_t(1-p_t)\{[(\alpha-1)R_1+(\theta-\beta)C-(\lambda-1)F]q_t-[(\theta-\beta)C-\lambda F]\}$$

$$(4.3)$$

$$\frac{\mathrm{d}q_t}{\mathrm{d}t} = q_t(1-q_t)\{[(\alpha-1)R_2+(\theta-\beta)C-(\lambda-1)F]p_t-[(\theta-\beta)C-\lambda F]\}$$

$$(4.4)$$

对式(4.3)、式(4.4)构成的动力系统有唯一稳定均衡点(1, 1)，且(1, 1)是系统的最优演化状态，即地方政府 i 和地方政府 j 在应急过程中均采取合作行为。在进行系统演化趋势仿真验证的同时，有必要考虑系统各参数对系统演化趋势的影响。

根据式(4.3)、式(4.4)构成的非常规突发洪水灾害地方政府应急合作演化的微分动力系统，利用系统动力学对非常规突发洪水灾害应急系统地方政府间的应急合作演化稳定性的收敛过程进行仿真，运用 Vensim 仿真平台建立相应的 SD 模型，如图 4.9 所示。地方政府应急合作的 SD 模型主要由 4 个流位、2 个流率、8 个中间变量和 8 个外部变量。其中 4 个流位分别表示地方政府 i 和地方政府 j 采取合作策略的数目和采取不合作策略的数目；2 个流率分别表示地方政府 i 和地方政府 j 采取合作策略比例的变化率。

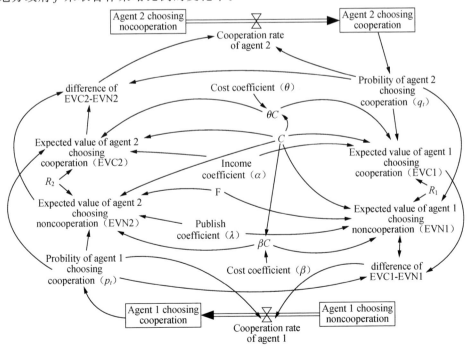

图 4.9　地方政府间应急合作演化稳定性的 SD 模型

4.2.2　微观层面应急合作演化模型

为了便于研究，有基本假设如下。

第一，应急主体效用最大化动机假设。个体效用最大化动机假设区分了经济行为人的动机、决策与实施过程和行为结果。在流域非常规突发洪水灾害应急管理过程中，人的认知能力是有限的，对信息的掌握是不完全的，决策和应急行动的时间也是有限的，以往经济社会行为主体所追求的"最大化效用"目标，实际上则是对"最大化效用"期待的强烈心理动机。也就是说，个体在追求"最大化效用"过程中，未必能够最终实现这个结果，"非最大化"结果并不能否定"最大化动机"。这是因为即使是在有限的时间、信息和能力范围内，应急主体还是理性的，还是会根据已经掌握的信息，选择其认知范围内的"最佳方案"，而绝对不会故意选择认知范围内的次优方案或最差方案。因此，在非常规突发洪水灾害应急过程中，应急主体通过合作、沟通与协调来寻求其既定状况下或认知范围内的"最大化效用"。

第二，应急主体的有限理性假设。在新古典经济学中，"经济人"的"完全理性"是其理论的基石，个体只有具备完全理性才能够找到实现自身目标的所有备选方案，预见这些方案的实施后果，通过衡量作出最优的抉择，追求个体效用最大化。然而，由于社会的复杂性、环境的不确定性、信息的不完全性及人类认识能力的有限性，要了解所有备选方案及其实施后果，实际上是不可能的。因此，西蒙提出了有限理性学说，即"考虑限制决策者信息处理能力的约束的理论"。事实上，有限理性假设是对个体最大化效用动机假设的进一步说明，有限理性学说只是修正了个体追求效用最大化的约束条件，而不是最大化行为本身。正是由于有限理性的存在才使得配置主体在实际中往往向往"最大化效用"，而非真正实现"最大化效用"。在复杂多变的流域非常规突发洪水灾害应急过程中，应急主体不具有完美的判断力和预测能力，且知识体系不共享。应急合作交互过程中，受习惯、信念等不同因素的影响形成不同的有限理性决策策略。

第三，主体异质性假设。很多学者研究了异质性对于集体行动的影响，普遍认为，同质的、抽象理性个体组成的群体难以解决"搭便车"问题，异质性个体的存在及其策略互动过程将成为解决这一难题的一个方向。由于异质性个体的存在，拥有不同策略集，因而导致不同的个体角色及其在各自策略集合的基础上进行策略互动的利益博弈，最终实现行为的稳定性，即制度的均衡状态[231]。在非常规突发洪水灾害应急管理中，各方参与的应急主体具有异质性。这种异质性主要体现在两点：一方面是接受的信息不同，另一方面是作出的反馈不同。应急主体的策略选择基于自身的知识体系及对其他参与者的预期，即通过获取外界信息，根据自身的适应性规则分析对方的策略选择，做出反馈。

第四，信息不完备或不对称假设。非常规突发洪水灾害应急管理是一个充满复杂性、紧迫性和不确定性的活动，变化是系统发展的本质特征，即使在得到完备或对称信息的情况下，也会由于变化的存在导致信息经常处于不完备或不对称状态，因而个体或群体的目标值就会由"最大化效用"转为"最大化效用动机"，同时亦将一直处于有限理性中。因此，该假设是对"最大化效用动机假设""有限理性假设"的进一步补充。该假设对非常规突发洪水灾害应急管理的系统演化有着非常重要的影响。

假设在一个跨界流域或区域内，发生非常规突发洪水灾害，有两个参与应急管理的群体 A 和 B(如淮河流域的安徽省和江苏省)。每个群体由若干个应急行动主体组成。每个应急行动主体的行为策略包括"合作"和"卸责"两种。"合作"是指当发生非常规突发洪水灾害时，受影响的应急行动主体积极响应上级决策，主动跟相关行动主体沟通、协调、相适应，共同完成洪水灾害应急任务。"卸责"是指应急行动主体在面对非常规突发洪水灾害时因害怕、恐惧心理而产生懈怠行为，或者因为洪水灾害应急是公共事件，而选择"搭便车"的自私行为，即使不努力也能共同分享其他应急行动主体劳动所带来的收益。因此，非常规突发洪水灾害应急合作实质上就是两个应急群体里具有有限理性的应急行动主体之间在非常规突发洪水灾害态势下进行应急救灾的演化均衡结果。为了便于应急合作模型的建立和求解，现做如下假定：

应急主体：应急群体 A 和 B 隶属同一流域的不同行政区域，因而是两个独立的决策群体。隶属于这两个应急群体的微观个体是具体的应急行动主体，分别用 $A_i(i=1, 2, \cdots, n)$ 和 $B_j(j=1, 2, \cdots, m)$ 表示，其中 n 和 m 分别表示两个应急群体拥有的应急行动主体的数量。

行动空间与收益函数：应急群体 A 和 B 中应急行动主体的行动空间表示为 S_{A_i} 和 S_{B_j}。S_{A_i} 和 S_{B_j} 均包含两个行动"合作"和"卸责"，分别表示为 C 和 D。与行动空间对应的收益函数表示为 $U_{A_i}(S_{A_i}, S_{-A_i})$ 和 $U_{B_j}(S_{B_j}, S_{-B_j})$，其中 S_{A_i} 和 S_{B_j} 分别表示应急行动主体 A_i 和 B_j 在当期采取的行动，S_{-A_i} 和 S_{-B_j} 分别表示应急行动主体 A_i 和 B_j 以外的其他应急行动主体在当期采取的行动。

匹配规则：在时间周期 $t(t=1, 2, \cdots, T)$ 进行每一阶段的合作。采用随机匹配模型，即应急群体 A 中的应急行动主体与应急群体 B 中的应急行动主体随机匹配进行合作。随机匹配模型符合非常规突发洪水灾害应急管理过程中主体之间的交互特征，是一种多对多的模型。

微观层主要解决微观应急行动主体之间的合作困境问题，在这里，本书运用进化博弈理论，设计强化学习、虚拟博弈、EWA 三种学习适应规则，构建有、无政府强互惠作用下微观应急行动主体之间的应急合作演化模型。利用这些应急合作模型，分析强互惠政策对应急合作效益和效率的影响，试图通过政府强互惠政策的引导，让微观应急行动主体更倾向于积极合作策略，从而保障人民生产财产安全，将灾害损失减少到最低。

1. 无政府强互惠作用下的应急合作

1）策略。假设有存在应急合作关系的两个群体 A 和 B，A 和 B 的策略空间如前所述，在每一个应急合作周期中，群体 A 和群体 B 中的应急主体随机配对进行阶段博弈。根据应急主体的学习规则，在无政府强互惠作用的情况下，设置策略如表 4.1 所示。

表 4.1　无政府强互惠作用下的策略设置

策略	强化学习规则	虚拟博弈规则	EWA 规则
无政府强互惠作用	NG-1	NG-2	NG-3

2）支付矩阵。如前所述，群体 A 和群体 B 中的应急行动主体的行动空间为 $S_{A_i}(i=1, 2, \cdots, n)$ 和 $S_{B_j}(j=1, 2, \cdots, m)$。$S_{A_i}$ 和 S_{B_j} 包含"合作"和"卸责"行动，分别表示为 C 和 D。与行动空间对应的收益函数为 $U_{A_i}(S_{A_i}, S_{-A_i})$ 和 $U_{B_j}(S_{B_j}, S_{-B_j})$，其中 S_{A_i} 和 S_{B_j} 分别表示应急行动主体 A_i 和 B_j 在当期采取的行动，S_{-A_i} 和 S_{-B_j} 分别表示主体 A_i 和 B_j 以外的其他主体在当期采取的行动。由此可以构造出阶段博弈的支付矩阵，如图 4.10 所示。

		群体 B 中的应急行动主体	
		合作 C	卸责 D
群体 A 中的应急行动主体	合作 C	(U_{ACC}, U_{BCC})	(U_{ACD}, U_{BDC})
	卸责 D	(U_{ADC}, U_{BCD})	(U_{ADD}, U_{BDD})

图 4.10　无政府强互惠作用下的博弈支付矩阵

3）情景设置。设置 5 种情景，其中无政府强互惠作用下设置 2 种情景，有政府强互惠作用下设置 3 种情景，具体如表 4.2 所示。

表 4.2　情景设置

模型分类	情景	情景内容
无政府强互惠	情景一	比较不同学习规则的平均收益
	情境二	设置不同的初始信念，比较演化稳定时主体选择行为策略的情况
有政府强互惠	情景三	当政府强互惠政策只制定奖励机制时，讨论奖励力度对应急合作演化的影响
	情景四	当政府强互惠政策只制定惩罚制度时，讨论惩罚力度对应急合作演化的影响
	情景五	当政府强互惠政策同时制定奖励机制和惩罚制度时，比较应急合作的效果

4）模型变量设置。在建模过程中，变量设置包括群体（A 和 B 中的应急行动主体）；3 种学习规则（强化学习规则、虚拟博弈规则和 EWA 规则）；不同学习规则的人数；学习的次数；两种策略（合作和卸责）；策略选择的次数；不同学习规则的累积支付；不同策略的累积支付及适应性调整过程中需要设置的中间变量等，如表 4.3 所示。

表 4.3　非常规突发洪水灾害应急合作演化的变量对照

变量名称		变量设置	
	群体	群体 A 中的应急行动主体；群体 B 中的应急行动主体	
自变量	学习适应规则	强化学习规则、虚拟博弈规则、EWA 规则	
	不同学习适应规则的人数	A-reinforcement-base-agents A-beliefs-base-agents A-EWA-base-agents	B-reinforcement-base-agents B-beliefs-base-agents B-EWA-base-agents
	学习适应的次数	A-num-reinforcement-based-games A-num-beliefs-based-games A-num-EWA-based-games	B-num-reinforcement-based-games B-num-beliefs-based-games B-num-EWA-based-games
	策略	合作、卸责	
	策略选择的次数	A-num-cooperation-games A-num-shirking-games	B-num-cooperation-games B-num-shirking-games
因变量	不同学习适应规则的累积支付	A-reinforcement-score A-beliefs-score A-EWA-score	B-reinforcement-score B-beliefs-score B-EWA-score
	不同策略的累积支付	A-cooperation-score A-shirking-score	B-cooperation-score B-shirking-score
	不同策略的选择人数	A-num-cooperation A-num-shriking	B-num-cooperation B-num-shirking
中间变量		A-probability-cooperation A-probability-shirking	B-probability-cooperation B-probability-shirking

2. 政府强互惠作用下的应急合作

通过以上分析可知，在没有政府强互惠干预的情况下，非常规突发洪水灾害应急合作过程属于自发演化过程。当流域（区域）内应急主体的个体利益与整体利益产生矛盾时，会引发不合作行为，同时利益主体中羊群效应的影响会增加卸责者、"搭便车"者的数量。这些不合作行为造成了整个系统的严重损失。为了保障流域（区域）的安全，确保洪水灾害的有效性控制，提高防灾减灾的效率和效益，必须引入强互惠机制。在非常规突发洪水灾害应急管理中，涉及不同的利益主体，需要强互惠者具有规范群体行为、惩罚卸责者的合法权力，而政府即具有强互惠者的这些天然属性，应充当强互惠者保障洪水灾害应急行动的秩序。

1）策略。仍以应急群体 A 和群体 B 为例。根据应急主体的学习适应规则，在政府强互惠作用的情况下，设置策略如表 4.4 所示。

表 4.4　政府强互惠作用下的策略设置

策略	强化学习规则	虚拟博弈规则	EWA 规则
政府强互惠作用	G-1	G-2	G-3

2）支付矩阵。如前所述，应急群体 A 和群体 B 的应急行动主体的行动空间为 $S_{A_i}(i=1, 2, \cdots, n)$ 和 $S_{B_j}(j=1, 2, \cdots, m)$。$S_{A_i}$ 和 S_{B_j} 包含"合作"和"卸责"两个行动，分别表示为 C 和 D。与行动空间对应的收益函数为 $U_{A_i}(S_{A_i}, S_{-A_i})$ 和 $U_{B_j}(S_{B_j}, S_{-B_j})$，其中 S_{A_i} 和 S_{B_j} 分别表示应急行动主体 A_i 和 B_j 在当期采取的行动，S_{-A_i} 和 S_{-B_j} 分别表示主体 A_i 和 B_j 以外的其他主体在当期采取的行动。由于政府发挥强互惠者的约束作用，对"卸责"的应急主体进行惩罚，该主体的收益减少 p；对采用"合作"策略的应急主体进行奖励，该主体的收益增加 r。由此可以构造出阶段博弈的支付矩阵，如图 4.11 所示。

群体 B 中的应急行动主体

群体 A 中的应急行动主体		合作 C	卸责 D
	合作 C	($U_{ACC}+r$, $U_{BCC}+r$)	($U_{ACD}+r$, $U_{BDC}-p$)
	卸责 D	($U_{ADC}-p$, $U_{BCD}+r$)	($U_{ADD}-p$, $U_{BDD}-p$)

图 4.11　政府强互惠作用下的博弈支付矩阵

如图 4.11 所示，在政府强互惠政策的约束和激励之下，非常规突发洪水灾害应急合作过程中，各应急主体的收益受惩罚 p 和奖励 r 影响。"卸责"策略的收益降低，而"合作"策略的收益提高，政策导向将吸引流域（区域）内更多的应急主体理性地选择"合作"行为策略，保障人民生命财产安全和减少洪水灾害损失。

■ 4.3　非常规突发干旱灾害应急合作管理的系统建模

4.3.1　应急水资源合作储备模型

1. 问题的提出

尽管自然、地理等条件的差异使得干旱灾害的成因和影响存在显著不同，但是它们都有一个共同特征，就是缺乏降水或径流减少，导致原有水资源供给能力降低，无法满足灾害期间的社会正常用水需求，从而造成一定时期内水资源供需不平衡。与传统水资源管理中供需平衡分析不同，这种供需失衡难以预料，且不会长期存在，是一种相对短期的特殊问题。基于此，从扩大供给的角度入手，尝试引入多主体合作理念，研究非常规突发干旱灾害应急水资源配置问题，为灾后水资源短缺的解决提供定量研究依据。

现实中水资源供给属于公共服务，表现为政府依赖公共基础水利设施实现水资源供需平衡，具备较高的可靠性和供水效率。然而干旱灾害发生后，由于用水需求在时间和空间上具有高度不确定性，公共供水工程体系难以灵活应对短期突发的用水需求而造成供水破坏。目前管理者主要从改善供给和需求侧管理两方面应对供水破坏，其中需求侧管理的措施有管控需求（如用水定额）、改变用水优先级（如以生活供水优先）、调整用水结构（如工业企业实施限时限量供水）等，这种需求端控制措施容易造成用水主体的冲突，不利于用水秩序的管理；而在改善供给措施方面，包括输水管道、应急水源、水窖等工程措施，存在工程建设维护成本大、财政及地理等客观条件限制，再加上缺乏有效策略动员社会资源参与应急供水，因而供水能力、效率和可靠性都有限。

从应急资源配置的角度看，灾后水资源短缺实际上就是应急水资源配置问题，即按照优先供水顺序，最大限度满足抗旱用水需求。一方面，与传统水资源配置相比，非常规突发干旱灾害应急水资源配置本质上是短期的水资源配置问题，更加强调配置的紧迫性，更侧重于增强系统抗旱减灾能力，但是由于灾害管理的可持续性要求，这种应急水资源配置又需要长期系统的水资源规划支撑，因此两者之间既有区别又有联系；另一方面，区别于市场机制下的资源配置问题，非常规突发干旱灾害应急水资源配置服从于统一的抗旱水资源规划，且需要水利设施、组织机构、行政隶属关系作为支撑，而不是基于完全市场化的契约；此外，非常规突发干旱灾害应急水资源配置与普通的应急物资分配也不尽相同。首先，由于自然条件、工程成本等条件限制，非常规突发干旱灾害发生后，受灾地水资源的净补充量是高度不确定的，通常主要依靠自然和工程蓄水来应对灾后的供水破坏，因而需要结合供、需两侧管控措施，进行系统规划；其次，水资源的特殊性使得应急水资源配置有着较强的保证率限制，并且不同用途下的保证率是不同的，存在优先级顺序。同时，非常规突发干旱灾害应急水资源配置离不开工程技术体系的有效支持，主要表现为集中供水与分散供水、工程供水与机动供水相互配合，使水资源短缺难以得到及时的补充，离不开工程体系支持。因此，要有效解决灾后水资源短缺，提高非常规突发干旱灾害应急响应效率，就要求结合两种应对措施的优点，综合运用工程措施和非工程措施，提供更加系统化的解决方案。

2. 两阶段过程假设

将非常规突发干旱灾害应急水资源配置视为一个供应链问题，并且根据非常规突发干旱灾害应急响应的过程性特点，将这种应急水资源配置分为应急水资源储备和应急水资源调配两个阶段。进而借鉴战略库存概念，提出由政府与企业预先联合储备一定水资源作为应急准备，当非常规突发干旱灾害发生后，根据用水需求的实际情况（通常是分散化的），通过优化调配已有的应急水资源储备以应对灾后出现的供水破坏，实现快速高效水资源供给。这里的企业是指那些具备潜在应急供水能力的经济组织，如现实中钢铁、石油、烟草等大型工业企业都拥有储水设施。将这样的企业作为应急供水节点纳入应急供水体系（图 4.12），可以有效分担政府应急供水的压力，而且这些企业大多处于水资源供给体系的终端（实际上，常规情况下企业同样作为用水需求点存在），相对于政府更接近可能出现需求激增的地点，因而能够灵活响应，提高应急供水效率。但是作为经济组织，企业行为普遍有着逐利倾向，在水资源这种公共产品供给问题上，容易出现"搭便车"等负外部性效应，这就意味着政府应承担起"促进者"的角色，激发企业应急供水潜力，并有效规制企业参与应急供水行动。

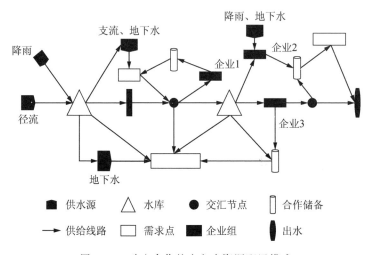

图 4.12　政企合作的应急水资源配置模式

考虑政府、企业等多个供水主体的应急水资源合作储备问题。假设存在唯一的政府，作为政策制定者和促进实施者。非常规突发干旱灾害发生后，在其管辖区域内可能有 m 个应急需求点，这些应急需求点由于自然禀赋各异，以及突发用水需求的相互独立性，相互之间不可替代，即需求点类型各不相同；存在 n 个具有一定应急供水能力的企业组织（下文简称企业），同样地，这些企业的应急供水能力不尽相同，且相互独立。假设不采取合作储备策略，非常规突发干旱灾害发生后，一旦政府有限的供水能力无法满足突发的用水需求，企业可能会面临限时、限量停水等强制措施。政府采取上述强制措施临时调整用水结构，重构用水秩序，完成应急供水目标，但是这将不可避免地影响企业正常生产，从而造成企业经济损失。为引导企业组织参与应急水资源储备，假定政府使用类似回购措施（buy-back policy），在非常规突发干旱灾害发生前，按照比例对企业储备的应急水资源提前支付部分提供应急供水补贴，即所谓的预支付策略（advance payment strategy）。这样，既可以分担政府应急供水压力，降低政府应急水资源储备成本，又能够有效地激励企业联合储备应急水资源，增强系统抗旱供水能力。此外，非常规突发干旱灾害发生后，用水需求产生的地点和量级均是不确定的，应急水资源调配需要依据不同类型用水需求的保证程度，以应急调配总成本最低为目标，通过优化配置，形成各期应急供水方案，既保证用水优先满足次序，又实现用水需求的最大覆盖。

在此基础上，为便于建模研究，做以下假设：

1）非常规突发干旱灾害事件是随机发生的，其概率符合泊松分布，有

$$P\{X=k\}=\frac{\lambda^k e^{-\lambda}}{k!}, \ k=0, \ 1, \ 2, \ 3, \ \cdots, \ \lambda>0 \ 且是常数 \tag{4.5}$$

2）突发用水需求量 x_j，其中 $j=1, \ 2, \ \cdots, \ m$，是一个连续的随机变量，满足密度函数为 $f(x)$ 的概率分布，且 x_j 独立同分布。

3）突发干旱事件发生前，企业储备的应急水资源归企业本身所有；存在具备效力的契约，当非常规突发干旱灾害发生后，约束企业履行应急供水责任。

4）在非常规突发干旱灾害应急管理周期内，应急水资源储备的数量、质量均保持稳定，因此不考虑动态更新成本，以及运输、蒸发损耗。

5）为简便建模与计算，假定相关应急供水设施已存在，且不考虑其固定成本的折旧。

3. 成本函数

（1）政府应急水资源储备成本函数

政府是应急水资源的主要供给者。政府作为应急水资源储备主体，由于应急水资源储备只有在非常规突发干旱灾害发生后才启用，因此除了付出水资源储备费用之外，还有由于应急水资源储备的占用而影响的机会成本，即这部分水资源储备本应带来的收益。这里，引入 Newsvendor Model 构建政府应急水资源储备成本函数，Newsvendor Model 适用于描述随机性需求、有限存续期、短周期产品或服务的库存问题，能够考虑现实中存在的时间约束。在灾害应急供应链管理中，Newsvendor Model 已用于研究药品、疫苗、食品及保险等应急物资和服务的订购和库存问题，且更加贴近突发灾害应急情景。需要说明的是，水资源是典型的公共产品，一般来讲水资源的所有权归政府所有，因此政府的应急水资源储备成本问题，并不需要考虑传统库存管理中的订货费用。

当不采取合作储备策略时，政府应急水资源储备成本函数 C_g 为

$$C_g=P\{k=0\}C_g^1+P\{k\geqslant 1\}C_g^2 \tag{4.6}$$

有

$$C_g^1 = \bar{a}Q + h_g Q \tag{4.7}$$

$$C_g^2 = \bar{a}Q + h_g \int_0^Q (Q - x)f(x)\mathrm{d}x + s\int_Q^\infty (x - Q)f(x)\mathrm{d}x \tag{4.8}$$

式中，C_g^1 是指非常规突发干旱灾害事件没有发生情况下的成本；C_g^2 则是非常规突发干旱灾害事件发生下的成本；$\bar{a}$ 表示平均销售水价；Q 表示政府应急水资源储备量；x 表示所有需求点 j 的总需求量；h_g 指单位可变储备成本；s 则是指由政府承担的单位缺货成本。为便于分析，本书中的 s 也可以理解为非常规突发干旱灾害发生后，由于应急水资源供需不平衡而造成的单位社会经济损失。尤其是当 $Q = \sum S_j = S$ 时，可以得到满足安全总量约束下的政府应急水资源储备成本函数。需要说明的是，由于不采取合作储备策略，故 C_g 中并不存在补贴费用。

当采取合作储备策略时，假设 φ 表示政府对企业参与应急水资源储备补贴的预付比例，P 为单位水资源的补贴价格，因此满足安全总量约束下，政府应急水资源储备成本函数 C'_g 则为

$$C'_g = P\{k=0\}[\varphi P(S-Q) + h_g Q] + P\{k \geqslant 1\}\left[\int_0^Q \varphi P(S-Q)f(x)\mathrm{d}x\right]$$

$$+ P\{k \geqslant 1\}\left[\int_Q^S \varphi P(S-Q) + (1-\varphi)P(x-Q)f(x)\mathrm{d}x\right] \tag{4.9}$$

$$+ P\{k \geqslant 1\}\int_S^\infty [P(S-Q) + (x-S)s]f(x)\mathrm{d}x$$

（2）企业应急水资源储备成本函数

由上文分析可知，企业参与应急水资源储备，不仅可以分担政府的应急水资源储备成本，提高响应速度和应急供水效率，还可以降低政府采取上述强制措施带来的风险，取得良好的社会效益。不同于政府应急水资源储备，企业应急水资源储备成本 C_e 包括订购成本、储备成本及缺货成本，其中缺货成本是指当突发用水需求超出安全储备总量时，政府采取强制措施带来的经济损失。

当企业不参与应急水资源储备时，企业 i 的应急水资源储备成本函数有

$$C_e(i) = P\{k \geqslant 1\}\left[v\int_Q^\infty (x-Q)f(x)\mathrm{d}x\right] \tag{4.10}$$

当企业参与应急水资源储备时，企业 i 的应急水资源储备成本函数如下：

$$C'_e(i) = P\{k=0\}C_e^1(i) + P\{k \geqslant 1\}C_e^2(i) \tag{4.11}$$

有

$$C_e^1(i) = aQ' + h_e Q' \tag{4.12}$$

$$C_e^2(i) = \int_0^S (aQ' + h_e Q')f(x)\mathrm{d}x + v\int_S^\infty (x-S)f(x)\mathrm{d}x \tag{4.13}$$

式中，$C_e^1(i)$ 表示非常规突发干旱灾害事件未发生情况下 i 企业的储备成本；

$C_e^2(i)$ 则表示非常规突发干旱灾害发生情况下 i 企业的储备成本；a 是指 i 企业单位用水价格；Q' 指 i 企业应急水资源储备量；h_e 是 i 企业单位可变储备成本；v 则表示 i 企业单位耗水量产值。并且有 $S=Q'+Q$，意味着为了实现应急供水的安全保障目标，政府、企业合作完成应急水资源安全储备。

4. 合作储备策略约束

（1）不确定需求下应急水资源战略储备量的确定

非常规突发干旱灾害情景下，应急供水系统通常难以完全满足激增的用水需求，这个挑战不光来自于应急供水系统的可靠性和效率，而且来自于高昂的供水成本。因此，应科学确定水资源应急储备总量。结合安全库存（safety stock）理论，认为水资源应急储备总量的确定，与应急供水周期、用水需求的不确定性及一定的供水有效性（或称供水保证率）相关。对需求点 j，有应急水资源安全储备总量函数：

$$S_j = z\sigma_d(j)\sqrt{L} \tag{4.14}$$

式中，z 是指非常规突发干旱灾害应急供水满足程度的预期设定目标，也可以理解为非常规突发干旱灾害应急水资源储备的覆盖率，$0 < z \leqslant 1$；$\sigma_d(j)$ 表示需求点 j 产生突发用水需求的变动程度，且 $\sigma > 0$；L 可以理解为应急供水周期，考虑到实际情况，L 通常为固定常数；S_j 表示需求点 j 的应急水资源安全储备总量。

（2）合作储备策略的可行边界

从风险防范的角度看，政府、企业合作储备应急水资源可以提高应急供水保证率，增强灾后应急供水能力。对于政府来讲，企业的参与分担了政府应急水资源储备成本，并且带来了公共服务效益的提高。这里的公共服务效益是指非常规突发干旱灾害发生后，采取合作储备策略时政府预期的缺货损失比政府单独储备情况下预期缺货损失的减少值；同时政府为公共服务效益提高也付出了一部分对应成本。只有当公共服务效益的提高超过为此而付出的代价时，理智的政府才会采取合作储备策略，因此有政府参与合作储备的边界：

$$G[\text{payoff}] - G[\text{cost}] \geqslant 0 \tag{4.15}$$

有

$$
\begin{aligned}
G[\text{payoff}] = {}& P\{k \geqslant 1\}\left[s\int_Q^\infty (x-Q)f(x)\mathrm{d}x\right] \\
& - P\{k \geqslant 1\}\int_S^\infty [P(S-Q)+(x-S)s]f(x)\mathrm{d}x
\end{aligned}
\tag{4.16}
$$

$$
\begin{aligned}
G[\text{cost}] = {}& P\{k=0\}[\varphi P(S-Q)+H_g+h_gQ] \\
& - P\{k=0\}[\bar{a}Q+H_g+h_gQ]
\end{aligned}
\tag{4.17}
$$

式中，$G[\text{payoff}]$ 表示政府采取合作储备策略后公共服务效益的提高；$G[\text{cost}]$ 则表示政府为公共服务效益的提高而付出的成本。

而对于企业来讲，参与应急水资源储备策略的可行性条件包括两个层面：一方面，企业参与应急水资源合作储备后可能面临的生产破坏风险应降低：

$$E[\text{risk}] = vP\{k \geqslant 1\}\left[v\int_Q^\infty (x-S)f(x)\mathrm{d}x - \int_S^\infty (x-S)f(x)\mathrm{d}x\right] \geqslant 0$$

$$(4.18)$$

其中，$E[\text{risk}]$ 可以理解为企业参与应急水资源储备后可能面临的"惩罚"（实际上是由于政府可能采取强制措施带来的损失）要小于不参与下的"惩罚"。在这样的条件下，企业会存在合作动力，参与应急水资源储备。

另一方面，企业参与应急水资源合作储备的预期收益应大于其预期成本：

$$\pi_e \geqslant C'_e \tag{4.19}$$

同样地，预期收益 π_e 由两部分组成：

$$\pi_e^1 = (v + \varphi P)Q' \tag{4.20}$$

$$\pi_e^2 = \int_0^S PQ'f(x)\mathrm{d}x \tag{4.21}$$

式中，π_e^1 是指非常规突发干旱灾害未发生下企业可以获得的收益；π_e^2 则是指非常规突发干旱灾害情景下企业可能获得的收益；C'_e 的表达式同上。因此，有

$$\pi_e = P\{k=0\}\pi_e^1 + P\{k \geqslant 1\}\pi_e^2 \tag{4.22}$$

总的来讲，满足以上条件下，企业才可能参与应急水资源储备，并且有效发挥自身应急潜力。

5. 合作储备模型构建与求解

模型构建：

$$\min C'_g \tag{4.23}$$

满足以下条件：

$$C'_g \leqslant C_g \tag{4.24}$$

$$0 \leqslant F \leqslant 1, \ 0 < \varphi \leqslant 1 \tag{4.25}$$

上述公式与式(4.15)、式(4.18)、式(4.19)组成应急水资源合作储备优化方程。式(4.15)表示采取合作储备策略后政府所获得的公共效益应大于其所付出的成本；式(4.18)可以理解为企业参与合作储备应急水资源的动因；式(4.19)说明企业参与合作储备应急水资源后，所获收益应大于其参与成本；式(4.24)则意味着采取合作储备策略后的政府应急管理成本要小于合作前的成本。

具体来说，应急水资源合作储备模型包含着两层含义：首先，非常规突发干旱灾害背景下的应急水资源储备充足与否直接影响着灾后抗旱效益，因此应急水资源储备方案规划的前提是首先考虑灾后不确定用水需求下的应急水资源储备总量。这不仅意味着政府和企业两类参与主体之间储备量的分配决策拥有一个封闭的可行解集合，还意味着非常规突发干旱灾害背景下应急水资源储备规划的强约

束性质，即对于应急水资源储备的提前规划应达到灾后不确定用水需求的基本满足目标。其次，为提高灾后抗旱应急响应效率，实现良好的抗旱效益，应急水资源储备中政府、企业的抗旱行动需要有效协调，构建稳定的政企合作联盟。这意味着合作储备策略下，不仅要满足整体抗旱效益的帕累托最优，同时还要实现政府、企业两类参与主体的理性选择。换句话说，应急水资源合作储备模型的最终解是个体理性和集体理性的有机统一。总的来讲，应急水资源合作储备模型既是一个规划问题，也蕴涵着合作博弈理论的基本思想。

非常规突发干旱灾害应急水资源合作储备模型的内涵较为复杂，因此需要选择合适的方法对其进行求解。非常规突发干旱灾害应急水资源合作储备模型是一组具有目标函数、约束条件的规划问题，模型中式(4.23)等为非线性函数，同时其约束为不等式条件，因此这一问题可以称为不等式约束的非线性规划问题。对于这种非线性规划问题的求解，目前常用 KKT 条件。KKT 条件是由 Karush 及 Kuhn、Tucker 先后独立提出的，该条件是判断该模型最优解是否为约束极值点的必要条件。因此使用 KKT 条件对模型进行求解之前，首先应分析 KKT 条件的充分性，一般来说，当该模型的拉格朗日函数关于决策变量 Q 的海森矩阵在约束可行域的切平面上是正定的，就说 KKT 条件满足最优解的充分性。

应急水资源合作储备模型中约束条件较为特殊，式(4.15)、式(4.18)、式(4.19)及式(4.24)意味着合作储备策略下不仅政企联盟的整体收益得到了提高，而且政府、企业个体的收益也优于合作前，从这个意义上讲，该模型也是一个合作博弈，并且均衡解的可行域空间为凸集。此外，可验证目标函数式(4.23)为凸函数，因此非常规突发干旱灾害应急水资源合作储备模型就是一个凸规划模型。Karush、Kuhn 及 Tucker 等均证明，在凸规划情形下，非线性规划问题的 KKT 条件不仅满足最优解的充分性，也满足必要性。在此基础上，通过构建拉格朗日函数，利用 KKT 条件，可求出应急水资源合作储备模型的最优均衡解。需要说明的是，由于 KKT 条件是一种经典的非线性规划求解算法，且本书属于应用范畴，故而并不对其进行详细阐述。

4.3.2　应急水资源调配模型

1. 初始条件的确定

现实中，非常规突发干旱灾害应急响应中最重要的工作是有效应对灾后的水资源短缺问题，而由于非常规突发干旱灾害通常持续时间长，覆盖范围广，水资源短缺发生的地点、数量等不确定性较大，因此决策者不仅要做好灾前准备工作，更要安排好灾后应急响应任务。

而应急水资源合作储备本质上是为防备突发旱灾风险而做的提前储备，目的是为灾后应急响应中的水资源调配提供扎实的物质基础。从实际情况看，非常规突发干旱灾害应急水资源合作储备主要依靠扩大化的政企联动的水利设施网络，在统一抗旱规划下进行运作，充分考虑非常规突发干旱灾害风险和灾后水资源短缺的不确定性特征，但是由于灾害形势复杂多变，政企联动的水利设施网络仍然需要科学调度已有的应急水资源储备，以有效应对灾后抗旱实时用水需求。具体来讲，灾后抗旱应急响应中水资源调配问题通常是指灾后应急供水工作，目前我国关于灾后的应急供水工作安排一般与抗旱信息通报机制密切相关，根据当期上报的相关灾害信息，动态评估非常规突发干旱灾害可能带来的未知风险，并据此作出下期应急供水方案决策。从非常规突发干旱灾害应急响应的全过程看，灾后应急供水方案的决策离不开灾前应急水资源的储备规划。因此，构建非常规突发干旱灾害应急水资源调配模型应考虑灾前应急水资源储备量变化对其的重要影响，这就意味着应急供水决策初期，应急水资源可调配量事实上是已知的，且由应急水资源储备规划决定。因此，根据前文的应急水资源合作储备模型，可以得到其灾后应急水资源调配模型的初始条件。

用 s 表示各调度期末的应急水资源储备水平，而 t 则是指应急水资源调配中的决策期。在此基础上，给定应急水资源调配的初始条件如下：

$$s_0 = Q_* + Q'_* \tag{4.26}$$

式中，Q_* 与 Q'_* 分别指根据前文中应急水资源合作储备模型得出的政府、企业两类主体的最优储备解。这就意味着在非常规突发干旱灾害应急响应过程中，前一阶段的应急水资源合作储备工作与后一阶段的应急水资源调配工作事实上是密切相关的。也就是说，应急水资源合作储备模型与应急水资源调配模型之间，通过式(4.26)确定的初始条件实现互动和相互影响，这在一定程度上有助于将灾前的统一规划与灾后的协调响应有机整合起来，从而改善抗旱应急响应的整体效率。

2. 模型构建

此外，由于灾后应急水资源调配过程中，应急供水方案的制订是一个多期滚动决策过程，因此应急供水最优方案应该是一组最优决策集合，这组最优决策集合不仅要满足序贯决策各期都为最优，还要求在整体决策效果上实现最优，这就意味着应急供水最优方案的取得要符合贝尔曼最优化原理。需要说明的是，应急供水最优方案决策中每期的供水方案只与上期的水资源储备水平和供水方案相关，满足所谓的马尔可夫性质。

对于这样的序贯决策问题，目前主要采用动态规划方法进行研究。动态规划方法由理查德·贝尔曼于1957年首先提出，并进行了系统论述。由于其在处理多维最优化问题上的独特优势，该方法随后被广泛应用于系统控制、经济、管理等领域。但是，动态规划方法的应用中也存在缺乏严格的数学结构及容易造成维数灾难两大限制，故而在动态规划方法的使用中，一般应根据具体问题的环境进行适当构造，在满足目标函数和状态变量可分性条件下，将问题的原始数学描述转换为对应的动态规划模型。

非常规突发干旱灾害应急水资源调配问题,是应急水资源储备问题的延续,并试图得到满足贝尔曼最优化原理的跨期最优应急供水方案。与传统资源调配问题不同,实践中应急水资源调配不仅依赖水利工程网络,还涉及机动送水、跨区调水等临时性措施安排。这里的应急水资源调配是非常规突发干旱灾害应急响应工作的重要组成部分,强调在尽量满足不同用途下灾后用水需求情况下,考虑平衡应急供水保证率和应急水资源调配成本,从而得到一组均衡的应急供水方案。

因此,首先建立非常规突发干旱灾害应急水资源调配中的阶段价值函数如下:

$$f(s_t, x_t) = hs_t + cx_t + G(x_t) \tag{4.27}$$

式中, f 是指 t 期的应急水资源调配成本,主要由储备成本 hs_t、供水成本 cx_t 以及惩罚成本 $G(x_t)$ 3 个部分组成;其中, h 是指应急水资源储备的单位成本, s_t 是指 t 期末应急水资源储备水平,与前文中的 s_0 含义一致,且 s_t 的主要用途是满足 t 期可能的用水缺口, $t=0$,1,2,…, n;而 x_t 作为决策变量,指应急水资源调配 t 期的应急供水量; cx_t 表示 t 期的供水成本, c 指单位供水成本,这里的供水成本是指采取一定措施,将储备的应急水资源输送到用水需求点而发生的费用。此外, $G(x_t)$ 表示当 t 期的应急供水量无法满足当期用水需求时,可能产生的潜在惩罚成本。这个惩罚成本定量化描述了由于满足不了当期用水需求而造成的不利影响,因此根据民情、政情的不同,对于这种惩罚成本的描述通常较为复杂,为便于分析,定义 $G(x_t)$ 的一般形式如下:

$$G(x_t) = \sum_i P_i \max\{d_{ti} - x_{ti}, 0\} \tag{4.28}$$

式中, $i=1$,2,3,分别表示城乡生活、农业灌溉和工业生产 3 种抗旱水资源用途; d_t 则表示 t 期不同用途下抗旱用水总需求,有 $d_t = \sum d_{ti}$; x_{ti} 主要指 t 期中针对 i 用途的应急供水量,同样有 $x_t = \sum x_{ti}$; P_i 主要是指应急水资源不同用途 i 时的惩罚系数,即单位惩罚成本,且由于不同用途 i 的优先级顺序, P_i 的取值也不同。根据我国相关抗旱政策,生活用水的优先级最高,并指出应在优先满足城乡生活用水基础上,再考虑尽量满足抗旱期间的农业、工业用水需求。式(4.28)简要描述了从用水需求满足程度与定量化惩罚成本之间的关系。

在此基础上,非常规突发干旱灾害应急水资源调配阶段的总体价值函数,可以表示为

$$F(s, t) = \sum_{t=0}^{n} f(s_t, x_t) \tag{4.29}$$

而非常规突发干旱灾害应急水资源调配过程中,根据实际应急水资源供需情况, s_t 的取值也是持续变化的。因此,定义应急水资源储备水平 s_t 为非常规突

发干旱灾害应急水资源调配模型的状态变量，并构造出相应的状态转移方程，具体如下：

$$s_t = s_{t-1} + g_t - x_t \tag{4.30}$$

由于非常规突发干旱灾害的特殊性，抗旱应急响应期间的水资源补充量通常是难以预料的。因此，定义 t 期的应急水资源补充量为 g_t，且 g_t 是一个随机变量。这里的应急水资源补充量主要是指通过降水、应急打井等途径获得的水资源补充量，并且这些水资源补充途径一般都具有较大的不确定因素。需要说明的，s_t 的取值只与上期的状态和本期的变动有关，因此满足马尔可夫性质，即无记忆性。

综上所述，构建非常规突发干旱灾害应急水资源调配模型如下：

$$\min \sum_{t=0}^{n} f(s_t, x_t) \tag{4.31}$$

$$0 \leqslant x_t \leqslant M \tag{4.32}$$

$$0 \leqslant s_t \tag{4.33}$$

$$\sum_{t}^{n} x_t \leqslant \sum d_t \tag{4.34}$$

运用随机动态规划方法，上述模型再加上式(4.26)和式(4.30)一起构成非常规突发干旱灾害应急水资源调配的跨期优化模型。其中，式(4.31)是非常规突发干旱灾害应急水资源调配模型的目标函数，即应急供水方案的最优解能够在一定约束条件下实现应急水资源调配成本最小。M 是指 t 期的最大应急供水量，因此式(4.32)、式(4.33)分别定义了决策变量 x_t 和状态变量 s_t 的变化区间；而式(4.34)代表了非常规突发干旱灾害应急水资源调配过程中的总量限制条件，即应急供水总量不能超过抗旱用水需求。需要说明的是，由于前文描述的异质性供水主体(即应急响应主体)在非常规突发干旱灾害应急水资源调配过程中面临着共同的决策环境，拥有同构的优化模型，故而并没有呈现明显差异特征。此外，预先给定初始条件意味着应急水资源调配阶段的决策过程与应急准备阶段的决策结果是密切相关的。从这个意义上说，非常规突发干旱灾害应急水资源配置模型是一个两阶段的递阶优化过程，前后两阶段的决策有着密切关系。

3. 模型求解

作为一种特殊的最优化方法，动态规划模型主要通过合适的函数构造，将复杂的多期全局优化问题转化为较为简单的多个单期优化问题，从而在保证全局最优的同时，达到简化模型求解的目的。因而，关于非常规突发干旱灾害应急水资源调配模型的求解则应重点探讨惩罚函数 $G(x_t)$ 的构造与变换。

惩罚函数 $G(x_t)$ 主要用来定量刻画非常规突发干旱灾害应急调配过程中，无法及时满足抗旱用水需求对经济社会造成的潜在不利社会影响。然而其一般形式的函数构造较为特殊，使得模型求解上存在较大困难，通常难以获得计算解，这就要求对于该模型求解，首先需要对惩罚函数 $G(x_t)$ 进行适当变化和处理。

对惩罚函数 $G(x_t)$ 的一般形式进行如下变换：

$$G(x_{ti})=\begin{cases} 0, & d_{ti}\leqslant x_{ti} \\ P_i(d_{ti}-x_{ti}), & d_{ti}^{\min}\leqslant x_{ti}<d_{ti} \\ P_i(d_{ti}-x_{ti})^2, & 0\leqslant x_{ti}<d_{ti}^{\min} \end{cases} \tag{4.35}$$

式中，$d_{ti}^{\min}$ 表示 t 期不同用途下用水缺口的惩罚上界，函数表达式如下：

$$d_{ti}^{\min}=m_{ti}d_{ti} \tag{4.36}$$

式中，m_{ti} 指不同用途下用水缺口的惩罚边界标准。采取这种设定的目的是刻画考虑用水户接受水平下的供水短缺惩罚成本。根据地区（如云南）干旱响应相关政策，在干旱灾害管理期间，应急水资源供给的原则是首先满足城乡居民生活用水，然后满足农业、工业生产用水。因此有 $P_1>P_2$，$P_1>P_3$。

可见，惩罚函数 $G(x_t)$ 的重新构造主要采取常用的二次方程形式，将原来的一般形式等价为一个阶段函数。进而通过引入 $0-1$ 变量，将这一分段函数再度进行转化：

给定 y_j 为 $0-1$ 变量，且 $j=1$，2，3，有

$$G(x_{ti})=G(x_{ti1})+G(x_{ti2})+G(x_{ti3}) \tag{4.37}$$

其中：

$$G(x_{ti1})=P_i(d_i-x_{ti})^2 \tag{4.38}$$

$$G(x_{ti2})=P_i(d_i-x_{ti}) \tag{4.39}$$

$$G(x_{ti3})=0 \tag{4.40}$$

然后取 y_1、y_2、y_3 为 0 或 1，进而有

$$d_{ti}^{\min}y_2\leqslant P_i(d_i-x_{ti})^2\leqslant d_{ti}^{\min}y_1 \tag{4.41}$$

$$(d_{ti}-d_{ti}^{\min})y_3\leqslant P_i(d_i-x_{ti})\leqslant(d_{ti}-d_{ti}^{\min})y_2 \tag{4.42}$$

因此，将上述变换代入非常规突发干旱灾害应急水资源调配模型，可得新的目标函数：

$$\sum f(s_t,x_t)=\sum\sum[hs_t+cx_t+P_i(d_i-x_{ti})^2+P_i(d_i-x_{ti})] \tag{4.43}$$

新的约束条件集则是加入式(4.41)和式(4.42)。显然，通过代入状态转移方程式(4.30)，非常规突发干旱灾害应急水资源调配模型能够分解为 n 个非线性规划模型。同理，通过拉格朗日变换，可以逐个求出非常规突发干旱灾害应急水资源调配过程中的最优应急供水方案 x_t，并组成全局最优的应急供水方案集合。

此外，由于非常规突发干旱灾害具有可变情景，即 s_0 是不确定的，因此这里求出的应急供水方案全局最优解也是随 s_0 的变化而变化，这意味着非常规突发干旱灾害应急水资源配置模型中灾前最优储备方案与灾后最优供水方案具有一致的解释意义，能够为抗旱减灾整体规划和政策制定提供扎实的理论依据。

第 5 章

非常规突发水灾害应急合作研讨与决策

■ 5.1 基于情景的非常规突发水灾害应急合作决策分析

由于非常规突发水灾害应急管理的复杂性、不确定性、紧迫性的特点，应急决策的及时性、科学性就显得非常重要了。面对未来诸多不确定性，应急决策者必须全面辨识非常规突发水灾害的关键影响因素，准确把握其变化发展趋势，制订科学合理的应急方案。情景分析技术是实现这一目标的常见方法[232]。

5.1.1 情景分析法与应急决策信息关键因素分析

所谓情景分析法（scenario analysis），是在对经济、技术或产业的重大演变提出各种关键假设的基础上，通过对未来详细且严密的推理和描述来构想未来各种可能方案。情景分析法的价值在于能使管理者发现未来变化的某些趋势，并对其做充分的准备，采取积极的行动，将负面影响最小化，正面影响最大化[233]。这里可以通过情景感知来提取水灾害现场的各种信息，它广泛应用于洪旱灾害风险分析、灾情评估等方面，大大提高了效率和精准度。情景分析的步骤包括：①明确决策焦点，这些焦点应当具备重要性和不确定性两个特点；②识别关键因素，直接影响决策的外在环境因素，如市场需求、政府管制力量等；③分析外在驱动力量，以决定关键决策因素的未来状态；④选择不确定的轴向，以作为情景内容的主体构架；⑤发展情景逻辑，选定几个重要情景，详细描绘各情景的具体内容；⑥分析情景内容，可通过角色试演的方法来检验情景的一致性。在这些步骤中，情景关键因素分析是否完善将导致对最后各个情景预测的可信性与准确性，它是情景分析中最重要的环节。

水灾害的种类很多，这里主要以暴雨型洪水为例。因为暴雨型洪水在我国发生最为频繁、影响范围最广，且带有很强的不确定性。一个即将发生的洪水事件，其发展面临很多不确定性因素，要分析未来洪水发展走势，确定流域洪水灾害可能出现哪些变化，为了应对这些未来不确定性变化，应急决策者应该有哪些理想方案可以选择。考察的时间长度为一次洪水事件的整个周期，不同的洪水事件其时间长度是不等的。

　　流域突发洪水灾害应急管理的过程极为复杂，影响因素众多。总体来讲，洪水灾害应急管理的效果取决于洪水灾情和防洪应急措施两方面(图 5.1)。洪水灾情直接反映灾害的严重程度，而防洪应急建设情况反映流域洪灾应急管理的能力。洪水灾情受致灾因子、孕灾环境、承灾体三者的影响。防洪应急措施主要涉及应急体系(应急体制、应急机制、应急法制、应急预案)、应急技术(信息技术和调度技术)和应急资源(人、资金、物资、信息等)三方面。应急技术和应急资源是应急体系得以高效运转的基本保障，三者之间相互联系、相互作用。值得注意的是，不同于洪水风险管理，在洪水灾害应急管理情景分析中，防洪应急措施主要涉及非工程类措施，而防洪工程类措施因工程浩大、建设周期长，在洪水来临前后不可能有较大的改变，且工程建设本身就对流域的环境有一定的影响，因此我们将之归类于孕灾环境。

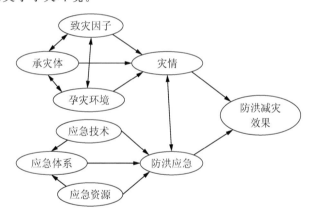

图 5.1　流域洪水灾害应急合作研讨决策信息关键因素

5.1.2　应急合作研讨决策的情景构建

　　由于水灾害具有随机性、渐发性和流动性的特点，因此，非常规突发水灾害应急管理应该是多阶段、渐进式的决策模式。统计历史典型水灾害场景的相关要素，经过合并、归纳，形成历史情景库。在历史情景库中，每一种情景下记录着情景特征和相应的可行应急措施。当水灾害再次发生时，首先利用 RS/GIS 技术感知某时刻水灾害发生地的场景，获取关键要素，然后把该要素集合与历史情景库中的要素进行比较和判别，形成此次水灾害未来可能应急情景，同时把新的应急情景归并入库(图 5.2)。

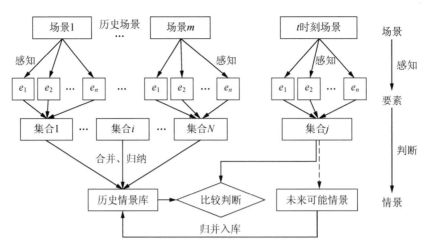

图 5.2　非常规突发水灾害应急合作研讨决策的情景构建

1. 水灾害情景分类

非常规突发水灾害应急决策过程中的情景可以从水灾害发生的不同时间阶段或水灾害应急决策的过程需求等不同角度进行分类。

（1）按水灾害发生的时间阶段分类

根据水灾害发生的不同时间阶段可以将水灾害情景划分为历史情景、现实情景和未来情景，如图 5.3 所示。

图 5.3　按水灾害发生时间阶段划分的 3 类情景

1）历史情景：根据历史统计资料"还原"得到的水灾害情景。以淮河流域的洪灾为例，从 20 世纪 50 年代迄今历史上最为典型的 10 场特大洪水或大洪水的情景可以构成历史情景集。

2）现实情景：反映当前所发生的这场非常规突发水灾害的实时情景。非常规突发水灾害事件的特殊性导致在应急决策开始前仍未能获取到足够完整的情景要素信息，且信息可能存在一定的误差，因此，现实情景的构建过程应该是一个动态调整、逐渐完善并趋向完整的过程。

3）未来情景：参与研讨的多主体选择研讨系统所提供的辅助预测模型进行计算，并根据自身过往的决策经验对未来一段时期内的水灾害变化趋势作出预测后构建出来的情景。该情景的构建主要取决于不同研讨主体的主观认识和判断，具备不同知识和专业背景的决策主体针对未来水灾变化趋势所选择使用的预测模型会有所差异，各决策主体过往应对水灾害事件的经验也是因人而异的。

以上 3 类情景将会出现在集成研讨流程的不同阶段，也是非常规突发水灾害应急合作研讨的群体层必须进行比较分析和交互研讨的基础情景集。

（2）按水灾害应急的决策需求分类

根据水灾害应急决策的过程需求可以将水灾害情景划分为水灾害基本情景、自然环境情景、灾情情景、政策预案情景及应对策略情景等。如图 5.4 所示，研讨过程中，由水灾害基本情景入手，这 5 类情景依次按顺时针方向被研讨人员进行研讨和分析。

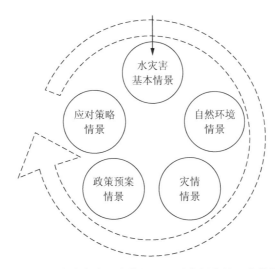

图 5.4　按水灾害应急决策的过程需求划分的 5 类情景

1）水灾害基本情景：描述当前非常规突发水灾害的基本特征情景，如洪灾所发生的具体时间、地理区域范围、主要河流、洪灾等级及灾害特征信息等。

2）自然环境情景：描述当前水灾害发生前后，气象、水文等自然条件所构成的环境情景。

3）灾情情景：根据当前水灾害发生后统计得到的具体受灾情况的数据构成灾情情景，如影响范围、受灾面积、死亡人口、受灾人口以及经济损失等信息。

4）政策预案情景：对国家防总、流域防指及各省水利厅颁布的水灾害应急预案、调度方案中的指导性原则进行抽取、分类和描绘，以构成政策预案情景提供给决策者参考。

5）应对策略情景：为了更好地实现"情景—应对"型的非常规突发水灾害事件的应急合作管理模式，需要将每一次应急合作决策最终所采用的策略及其效果进行分析和跟踪，以便对未来发生的水灾害事件提供可参考借鉴的决策经验。

每一次完整的水灾害事件从发生、应对、处理到结束都应包含以上 5 类情景。如图 5.5 所示，历史情景、现实情景和未来情景这些情景也都分别包含水灾害基本情景、自然环境情景、灾情情景、政策预案情景及应对策略情景。因此，这 5 类情景将成为应急合作的决策个体进行独立思考、提出策略观点时需要重点分析参考的重要依据。

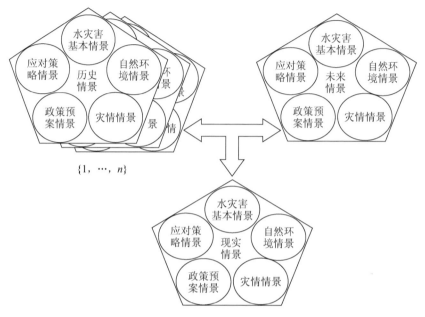

图 5.5　水灾害情景集及分类

2. 水灾害信息情景要素抽取

　　通过以上对水灾害情景的基本分析及分类，我们认为有必要进一步将水灾害情景集纳入水灾害应急合作的集成研讨过程中，使其成为应急合作决策的基础和依据。在决策个体的分析决策过程中，面对水灾害的历史情景、现实情景及未来情景，都必须对这 3 个阶段水灾害的基本情景、自然环境情景、灾情情景、政策预案情景及应对策略情景的微观细节进行研究和分析。因此，我们将这 5 类情景的基本要素进行抽取，即水灾害的基本情景要素、自然情景要素、灾情情景要素、政策情景要素及应对策略情景要素。具体每一个情景要素又对应具体的指标属性。为了帮助决策个体对历史水灾害情景进行模糊相似度检索，就必须对情景要素的指标属性值进行相似度的度量计算。

5.2　非常规突发水灾害应急合作研讨决策体系

　　非常规突发水灾害应急管理问题是一个带有不确定性，包含半结构问题和利益协调问题的多目标多属性的复杂决策问题。面对这种包括灾前预警、灾中处置、灾后重建、利益协调等一系列问题的非常规突发水灾害应急合作决策，单个个人的决策能力已经远远不能满足需要，决策过程的各个阶段必须而且也应该有行政管理者、相关专家及利益相关者的参与，各种方案生成、筛选直至最终抉择，都是由一个决策群体通过沟通、商谈共同完成的。个体决策者受"有限理性的"限制，对灾害信息的获取、相关知识的掌握、问题的考虑等都不可能是完备的，对方案的制订也会由于个人偏而好无法选择到最好的方案。基于群体决策的非常规突发水灾害应急管理比个体决策具有优越性，但是，由于非常规突发水灾害应急管理决策大多是介于完全理性和非理性之间的有限理性决策，加之群体决策成员按效用来表述自己的偏好，而效用又是因人而异的主观判断，因此非常规突发水灾害应急管理的群体决策比个体决策更为复杂。一般来说，因为多个决策者的价值观念和利益关系不尽一致，故所得结果也不尽相同，如何在这些不同的结果中找出较为合理的或大家满意的结果，是群体研讨决策要解决的问题。

非常规突发水灾害事件的多主体应急合作，需在综合集成研讨平台基础上展开决策研讨并生成应对策略方案[234-237]。其可能出现的流程为同步研讨→异步分析→同步研讨，在支持这一流程的计算机化的研讨框架体系下，基于多主体的研讨决策模型、非常规突发水灾害情景可视化决策及决策情景模型库的集成是保证。各种可供分析的可视化水灾害情景、情景预测决策模型及群体研讨知识与经验等都是应对非常规突发水灾害事件综合集成研讨的资源。研讨会议应依据非常规突发水灾害事件应急管理的时限要求及所涉及的利益相关者设定研讨人员的数目及研讨的时间期限。其意见综合的方法应基于 Web 研讨环境，研讨系统应支持同步和异步环境的研讨模式，并能共享各种水灾害决策情景、洪旱预报模型及应急政策预案等资源，进行群体研讨。研讨会议将围绕议题和决策任务，通过发言，互动交流，提出策略，进行协商，寻求最终意见的一致与共识。

区别于一般的经济管理综合集成研讨厅，本书构建基于情景的非常规突发水灾害应急合作研讨系统。整个研讨系统，从研讨决策的模型、辅助决策的可视化技术到提供预测决策服务的模型库设计，均围绕情景展开，其核心构成要素如图 5.6 所示。

1）基于情景集的应急合作研讨决策模型。研究基于政府主导的非常规突发水灾害应急合作的群体层研讨模型及个体层决策模型，在此基础上由多级动态研讨主体提出各种观点、策略，通过研讨协商，最终达成意见的共识。

2）辅助决策的可视化技术体系。构建包括研讨信息可视化和非常规突发水灾害情景可视化在内的情景可视化体系，通过对研讨信息聚类分析的研究及客户端可视化技术的实现，直观地呈现群体研讨信息之间的关系、研讨信息与水灾害情景要素之间的关系，使研讨主体可以快速获取研讨信息与群体知识；通过基于时间演化的动态专题图研究，实现历史水灾害情景的空间可视化技术，展现丰富

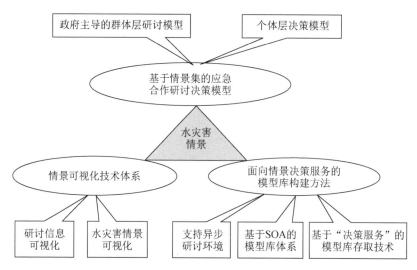

图 5.6　非常规突发水灾害应急合作研讨系统的核心要素构成

的水灾害情景，使研讨主体可以快速获取感性的灾情特征信息，从而为应对策略的提出提供支持。

3）面向情景决策服务的模型库技术。研讨系统必须具备提供情景预测决策的模型库，使参与应急合作的主体可以在异步研讨环境下调用该模型库中的辅助模型进行预测决策，对灾情发展趋势形成一定的认知。该模型库系统基于面向服务架构（service-oriented architecture，SOA）进行设计，且具有"决策服务"记忆功能的模型库存取模式，并支持分布式情景决策模型库的决策服务发布与调用。

5.2.1　应急合作研讨决策主体

在非常规突发水灾害应急合作集成的研讨决策过程中，涉及的主体很多，这些主体的行为特征、所代表的利益各不相同，因而要进行合理的应急合作研讨，必须有多利益主体的参与，在综合集成研讨厅中的决策主体有中央政府、流域管理机构、地方政府及职能部门、普通民众代表、专家。

1）中央政府。在非常规突发水灾害应急合作的研讨决策过程中，作为中央政府的代表主要有水利部、国家发展和改革委员会、国家防总。水利部作为全国水利的最高管理部门，主要任务是判断应急合作方案是否符合国家的水法及相关政策；国家发改委主要考虑地区制定的应急合作方案是否符合国家宏观经济发展规划。中央政府主要从宏观政策及地区稳定发展的角度来把握应急合作方案的运行。国家防总在水利部单设办事机构——国家防汛抗旱总指挥部办公室，在国务院的领导下，负责领导组织全国的防汛抗旱工作。

2）流域管理机构。国务院水利行政主管部门在国家确定的重要江河、湖泊设立的流域管理机构，在所管辖的范围内行使法律、行政法规规定的和国务院水利行政主管部门授予的水资源管理和监督职责。我国已按七大流域设立了流域管理机构，有长江水利委员会、黄河水利委员会、海河水利委员会、淮河水利委员会、珠江水利委员会、松辽水利委员会、太湖流域管理局。七大江河湖泊的流域机构依照法律、行政法规的规定和水利部的授权在所管辖的范围内对水资源进行管理与监督。各流域机构在非常规突发水灾害应急合作中的主要职责是进行洪旱灾害防御的统一指挥和统一调度工作并就某个问题主持研讨的全过程，并且在研讨过程中负责上传下达，并负责不同主体之间的协调。

3）地方政府及职能部门。在非常规突发水灾害应急合作过程中，各级地方政府主要考虑本地区经济发展、水文条件、环保需求等方面，提出满足自身利益的应急合作方案；而在方案制定过程中，则可能代表本地区的用水单位和个人利益与其他地区进行协调。

4）普通民众代表。随着市场经济的发展，人们的主体意识不断增强，在非常规突发水灾害应急管理的过程中，有时需要启用蓄滞洪区。对于蓄滞洪区内的人们而言，得到补偿的多少及方案的制定实施是和民众的利益密切相关的。如果民众认为补偿分配不公，极易引起纠纷，因此在方案的制订实施分配中要体现出用户参与的特征，这既是民主化进程的需要，也是建设和谐社会的需要。

5）专家。参与研讨的相关领域的多个专家是研讨系统的主体，是复杂问题求解任务的主要承担者。专家体系作用的发挥主要体现在各个专家"心智"的运用上，专家利用人类特有的顿悟、经验和创造力，成为解决问题的关键所在。同时，专家的思维在研讨过程中互相补充、相互激发，产生的群体思维优势是无可比拟的。因此，专家是整个研讨的核心。专家作为研讨的第三方，具有某个方面的专业知识，专家参与是实现非常规突发水灾害科学调度的重要保证，研讨决策过程中一系列模型的建立离不开专家的帮助和支持。

不同的利益主体在非常规突发水灾害应急合作研讨决策的过程中，呈现出非常明显的群体特征，这些特征是由其参与研讨活动的目标和价值取向决定的，非常规突发水灾害应急合作研讨中研讨决策主体具有以下特征。

1）中央政府是国家机构的最高层，在价值取向上，具有保障社会安定、保障人民生命财产安全的治水动机，致力于顾全大局，平衡各种利益关系，并进行社会资源整合，尽最大可能将水灾害带来的影响与损失减到最小。代表中央政府的国家防总（或水利部）主导下的应急合作多主体如图 5.7 所示。

2）流域机构作为水利部的派出机构，负责防治流域内的水旱灾害，承担流域防汛抗旱总指挥部的具体工作。组织、协调、监督、指导流域防汛抗旱工作，按照规定和授权对重要的水利工程实施防汛抗旱调度和应急水量调度。组织实施流域防洪论证制度。组织制订流域防御洪水方案并监督实施。指导、监督流域内蓄滞洪区的管理和运用补偿工作。按规定组织、协调水利突发公共事件的应急管理工作。流域机构主导下的应急合作多主体如图5.8所示。

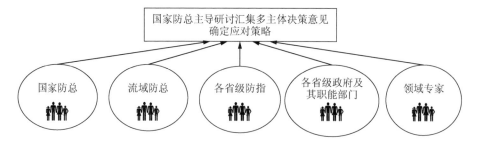

图5.7　国家防总主导下的应急合作研讨决策主体

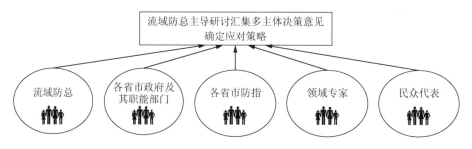

图5.8　流域防总主导下的应急合作研讨决策主体

3）与其他类型的研讨参与者相比，地方政府及职能部门在非常规突发水灾害应急合作研讨系统中，具有鲜明的个体理性，以自身的经济和社会效益为主要导向，以本地区经济发展和人民的生活需要为出发点，往往更多地考虑本地区的利益，因此在研讨决策的过程中，必须制定相关规则来规范或者抑止地方政府的这种行为。地方政府主导下的应急合作多主体如图5.9所示。

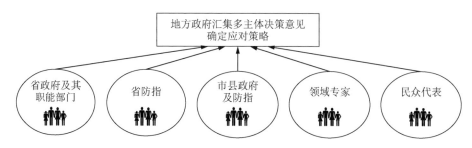

图5.9　地方政府主导下的应急合作研讨决策主体

4）普通民众的价值取向比较简单，主要是考虑自身利益，目标单一。这里的普通民众指受非常规突发水灾害影响而需要进行转移和撤退的人民群众，主要是指由于水灾害而不得不利益受损的人民群众。在研讨的过程中，有必要让这部分普通民众参与进来，他们是非常规突发水灾害的利益直接相关者，他们参与制订水量调度方案，对于维护社会稳定、保障人民群众的切身利益有着积极的作用和意义。

5）专家的专业知识和经验可以保障水量调度的科学化，在非常规突发水灾害的应急合作中具有不可或缺的重要地位。研讨专家是拥有丰富的与研讨决策问题相关的知识的群体。他们在研讨过程中占主体地位，运用经验、知识与创造力等计算机所不具备的能力，承担解决复杂决策问题的主要任务。研讨专家中一部分比较权威的人组成研讨高层，拥有较高的权限，参与研讨任务目标制定。

一般情况下，数量众多的决策主体很难实现对某一问题的决策，但在综合集成研讨环境的支持下，可以实现广义的协调和磋商决策。另外，每一次决策不可能也不需要上述各方主体全面参与，哪些部门或人员参与，根据任务性质来确定，或通过建立灵活的委托机制来履行代理决策，以解决许多人不能或无法参与决策的问题。

5.2.2　应急响应行动及合作研讨决策流程

1. 动态多层次主体的应急响应行动

非常规突发水灾害的应急响应行动中，各主体所遵循的基本原则如下[205]：第一，进入汛期，各级防汛抗旱指挥机构应实行值班制度，全程跟踪雨情、水情、工情、灾情，并根据不同情况启动相关应急程序。第二，国务院和国家防总或流域防汛指挥机构负责关系重大的水利工程调度；其他水利工程的调度由所属地方人民政府和防汛抗旱指挥机构负责，必要时，视情况由上一级防汛抗旱指挥机构直接调度。防总各成员单位应按照指挥部的统一部署和职责分工开展工作并及时报告有关工作情况。第三，洪涝、干旱等灾害发生后，由地方人民政府和防汛抗旱指挥机构负责组织实施抗洪抢险、排涝、减灾和抗灾救灾等方面的工作。第四，水灾害发生后，由当地防汛抗旱指挥机构向同级人民政府和上级防汛抗旱指挥机构报告情况。造成人员伤亡的突发事件，可越级上报，并同时报上级防汛抗旱指挥机构。任何个人发现堤防、水库发生险情时，应立即向有关部门报告。第五，对跨区域发生的水灾害，或者突发事件将影响到邻近行政区域的，在报告同级人民政府和上级防汛抗旱指挥机构的同时，应及时向受影响地区的防汛抗旱指挥机构通报情况。第六，因水灾害而衍生的疾病流行、水陆交通事故等次生灾害，当地防汛抗旱指挥机构应组织有关部门全力抢救和处置，采取有效措施切断灾害扩大的传播链，防止次生衍生灾害的蔓延，并及时向同级人民政府和上级防汛抗旱指挥机构报告。

目前，国家按非常规突发水灾害灾情的严重程度和范围，应急响应行动分为4级，不同等级的应急响应中，动态多层级主体的职责和行动如下[205]。

(1) Ⅰ级应急响应

出现下列情况之一者，为Ⅰ级响应：①某个流域发生特大洪水；②多个流域同时发生大洪水；③大江大河干流重要河段堤防发生决口；④重点大型水库发生垮坝；⑤多个省（自治区、直辖市）发生特大干旱；⑥多座大型以上城市发生极度干旱。

各主体在Ⅰ级响应中的行动如下。

1）国家防总总指挥主持会商，防总成员参加。视情启动国务院批准的防御特大洪水方案，作出防汛抗旱应急工作部署，加强工作指导，并将情况上报党中央、国务院。国家防总密切监视汛情、旱情和工情的发展变化，做好汛情、旱情预测预报，做好重点工程调度，并在 24 小时内派专家组赴一线加强技术指导。国家防总增加值班人员，加强值班。为灾区及时提供资金帮助。国家防总办公室为灾区紧急调拨防汛抗旱物资；铁路、交通、民航部门为防汛抗旱物资运输提供运输保障。民政部门及时救助受灾群众。卫生部门根据需要，及时派出医疗卫生专业防治队伍赴灾区协助开展医疗救治和疾病预防控制工作。国家防总其他成员单位按照职责分工，做好有关工作。

2）相关流域防汛指挥机构按照权限调度水利、防洪工程，为国家防总提供调度参谋意见，派出工作组、专家组，支援地方抗洪抢险、抗旱。

3）相关省（自治区、直辖市）的流域防汛指挥机构，省（自治区、直辖市）的防汛抗旱指挥机构启动Ⅰ级响应，可依法宣布本地区进入紧急防汛期，按照《防洪法》的相关规定，行使权力。同时，增加值班人员，加强值班，动员部署防汛抗旱工作；按照权限调度水利、防洪工程；根据预案转移危险地区群众，组织强化巡堤查险和堤防防守，及时控制险情，或组织强化抗旱工作。受灾地区的各级防汛抗旱指挥机构负责人、成员单位负责人，应按照职责到分管的区域组织指挥防汛抗旱工作，或驻点具体帮助重灾区做好防汛抗旱工作。各省（自治区、直辖市）的防汛抗旱指挥机构应将工作情况上报当地人民政府和国家防总。相关省（自治区、直辖市）的防汛抗旱指挥机构成员单位全力配合做好防汛抗旱和抗灾救灾工作。

(2) Ⅱ级应急响应

出现下列情况之一者，为Ⅱ级响应：①一个流域发生大洪水；②大江大河干流一般河段及主要支流堤防发生决口；③数省（自治区、直辖市）多个市（地）发生严重洪涝灾害；④一般大中型水库发生垮坝；⑤数省（自治区、直辖市）多个市（地）发生严重干旱或一省（自治区、直辖市）发生特大干旱；⑥多个大城市发生严重干旱，或大中城市发生极度干旱。

各主体在Ⅱ级响应中的行动如下。

1）国家防总副总指挥主持会商，作出相应工作部署，加强防汛抗旱工作指导，在 2 小时内将情况上报国务院并通报国家防总成员单位。国家防总加强值班，密切监视汛情、旱情和工情的发展变化，做好汛情旱情预测预报，做好重点工程的调度，并在 24 小时内派出由防总成员单位组成的工作组、专家组赴一线指导防汛抗旱。民政部门及时救助灾民。卫生部门派出医疗队赴一线帮助医疗救护。国家防总其他成员单位按照职责分工，做好有关工作。

2）相关流域防汛指挥机构密切监视汛情、旱情发展变化，做好洪水预测预报，派出工作组、专家组，支援地方抗洪抢险、抗旱；按照权限调度水利、防洪工程；为国家防总提供调度参谋意见。

3）相关省（自治区、直辖市）防汛抗旱指挥机构可根据情况，依法宣布本地区进入紧急防汛期，行使相关权力。同时，增加值班人员，加强值班。防汛抗旱指挥机构具体安排防汛抗旱工作，按照权限调度水利、防洪工程，根据预案组织加强防守巡查，及时控制险情，或组织加强抗旱工作。受灾地区的各级防汛抗旱指挥机构负责人、成员单位负责人，应按照职责到分管的区域组织指挥防汛抗旱工作。相关省级防汛抗旱指挥机构应将工作情况上报当地人民政府主要领导和国家防总。相关省（自治区、直辖市）的防汛抗旱指挥机构成员单位全力配合做好防汛抗旱和抗灾救灾工作。

（3）Ⅲ级应急响应

出现下列情况之一者，为Ⅲ级响应：①数省（自治区、直辖市）同时发生洪涝灾害；②一省（自治区、直辖市）发生较大洪水；③大江大河干流堤防出现重大险情；④大中型水库出现严重险情或小型水库发生垮坝；⑤数省（自治区、直辖市）同时发生中度以上的干旱灾害；⑥多座大型以上城市同时发生中度干旱；⑦一座大型城市发生严重干旱。

各主体在Ⅲ级响应中的行动如下。

1）国家防总秘书长主持会商，作出相应工作安排，密切监视汛情、旱情发展变化，加强防汛抗旱工作的指导，在 2 小时内将情况上报国务院并通报国家防总成员单位。国家防总办公室在 24 小时内派出工作组、专家组，指导地方防汛抗旱。

2）相关流域防汛指挥机构加强汛（旱）情监视，加强洪水预测预报，做好相关工程调度，派出工作组、专家组到一线协助防汛抗旱。

3）相关省（自治区、直辖市）的防汛抗旱指挥机构具体安排防汛抗旱工作；按照权限调度水利、防洪工程；根据预案组织防汛抢险或组织抗旱，派出工作组、专家组到一线具体帮助防汛抗旱工作，并将防汛抗旱的工作情况上报当地人民政府分管领导和国家防总。省级防汛指挥机构在省级电视台发布汛情通报；民政部门及时救助灾民。卫生部门组织医疗队赴一线开展卫生防疫工作。其他部门按照职责分工，开展工作。

（4）Ⅳ级应急响应

出现下列情况之一者，为Ⅳ级响应：①数省（自治区、直辖市）同时发生一般洪水；②数省(自治区、直辖市)同时发生轻度干旱；③大江大河干流堤防出现险情；④大中型水库出现险情；⑤多座大型以上城市同时因旱影响正常供水。

各主体在Ⅳ级响应中的行动如下。

1)国家防总办公室常务副主任主持会商，作出相应工作安排，加强对汛情的监视和对防汛工作的指导，并将情况上报国务院并通报国家防总成员单位。

2)相关流域防汛指挥机构加强汛情、旱情监视，做好洪水预测预报，并将情况及时报国家防总办公室。

3)相关省(自治区、直辖市)的防汛抗旱指挥机构具体安排防汛抗旱工作，按照权限调度水利、防洪工程，按照预案采取相应防守措施或组织抗旱，派出专家组赴一线指导防汛抗旱工作，并将防汛抗旱的工作情况上报当地人民政府和国家防总办公室。

2. 应急合作研讨决策的基本流程

非常规突发水灾害应急合作的研讨决策流程是指多主体研讨进行的方式和步骤，由政府决策者作为研讨会议主持人对研讨流程进行有效的控制，可以提高研讨效率，优化研讨的结果。符合综合集成研讨思想的基本研讨决策流程应包括以下几个方面：①确定参与研讨的多主体的身份、角色权重及其权限，研讨参与者包括研讨主持人和多利益主体、领域专家及民众代表；②主持人设定研讨任务并对会议流程进行初始化设定；③主持人对研讨进程进行控制与监控；④主持人对研讨任务的变更进行统一管理；⑤主持人引导研讨人员进行发言和互动；⑥迭代循环式研讨与多主体意见表决；⑦研讨决策方案的集结与最终发布。

非常规突发水灾害应急管理的研讨是一个复杂的过程，需要一个完整的决策流程。各主体对水灾害情景的分析是应急合作研讨的基础。在对非常规突发水灾害的基本情景进行分析、感知之后，就可以进入到应急合作研讨的决策流程，如图5.10所示。

根据决策过程的研究成果，非常规突发水灾害应急管理研讨任务的决策应该遵循"情景—沟通—合作—共识—行动—情景"这样的循环决策过程。如果将这个过程细化，就可以把群体研讨的过程划分为决策情景认知阶段、情景要素体系研讨阶段、备选策略集设计阶段、多主体交互研讨阶段和群体策略集结阶段5个主要阶段。

(1)决策情景认知阶段

在当前水灾害情景分析基础上提出应对策略是较为明确的非常规突发水灾害应急合作研讨的决策目标，因此，对灾情情景的认知必须建立在决策研讨开始前，参与研讨的多主体应在较短时间内对当前的水灾害情景概貌有一个较为全面的了解并对灾情情景快速形成一定的感知。因此，这就需要在研讨会议正式开始之前，由主持人或系统管理员将当前非常规突发水灾害最新的情景要素指标值录入系统，通过研讨系统可视化技术构建当前非常规突发水灾害的现实情景。

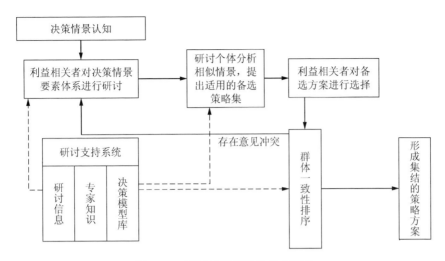

图 5.10　研讨系统运行的基本流程

（2）情景要素体系研讨阶段

非常规突发水灾害应急管理的决策任务可以划分为多利益相关主体对情景要素体系的研讨、应对策略方案的设计及多利益主体对策略方案的研讨和选择。当然，不同的决策任务对应不同阶段的研讨目标，群体的研讨也体现了决策的民主化目标。在情景要素体系研讨阶段，各决策主体根据对水灾害现实情景的了解和分析及各自过往的经验，投票选择对本次应急决策而言最为关键的一系列情景要素集并为其设置重要性权重，其中主要包括自然情景要素和灾情情景要素等。主持人通过研讨系统的统计分析工具对应急决策情景要素体系进行汇总、分析，确定并发布本次非常规突发水灾害应急合作研讨所依赖的情景要素体系及其关键属性。

（3）备选策略集设计阶段

每个参与研讨的主体的专业背景、个人的经验和知识及综合集成公众意见的能力都是有区别的，另外政府主导者对各种利益主体权重的考虑也是不一样的，某一领域的专家也并非是“全知全能”的，这也是让多个主体来提出应对策略方案的原因，不同决策个体所提出的应对策略方案既要满足科学性的要求又要满足多利益主体的主观满意标准，因此应急合作策略既是多利益主体同地研讨和异地研讨意见的集成，也是研讨群体智慧的结晶。图 5.11 表示了备选策略的研讨决策流程。

在本阶段，各决策主体应分别将水灾害现实情景与历史情景进行相似度匹配计算，检索满足一定相似度区间的水灾害情景集，并着重研究各次历史情景中的所采用的策略及措施的实施效果，为提出应对策略集做好准备。此外，在提出应对策略集之前，各决策主体还需以国家防总、流域及各地方的防洪方案、应急预案为依据，进行政策预案情景的分析参照，作为提出应急策略集的原则性指导。

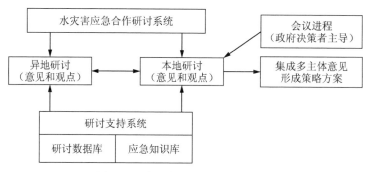

图 5.11　备选策略的研讨决策流程

（4）多主体交互研讨阶段

在应对策略的研讨过程中，应主要考虑各利益主体的满意度问题，就是说应对策略方案要能够使大多数利益相关主体的代表满意，要兼顾工程安全、社会安全、人民生命财产不受损失的目标。在政府决策者的引导下，各利益主体可以在研讨系统中畅所欲言，献计献策。各利益主体之间对已提出的策略集进行交互式研讨。此过程支持同步研讨，即某决策个体提出的某个策略或观点会实时群发给其他决策个体，而其他决策个体可以选择是否将决策个体提出的该条策略纳入到自己的决策预案中；反之，也可以不接受该策略或表达对决策个体所提观点的反对或质询。

（5）群体策略集结阶段

这是研讨过程的最后一个阶段，也是形成最终方案的阶段。多利益主体在上一阶段交互研讨的基础上各自所认可的策略方案肯定不是完全相同的，也未必都能反映出多利益主体的合理要求，因此，必须由政府决策者通过群体一致性排序来确定最终的方案，方案的选择要综合考虑社会经济、生态环境、工程设施等多个方面的平衡，要基于群体最大满意度的原则。研讨的最终结果是选择群体满意度最高的策略方案作为最终的管理方案发布并执行。

5.2.3　应急合作研讨决策系统体系架构

在非常规突发水灾害应急合作研讨决策系统中，除了参与研讨的主体——人之外，还应该有一些信息和数据来作为人决策时的参考和依据，这些信息和数据通常和计算机技术结合起来。研讨系统综合采用地理信息平台、多媒体技术、数据库与知识库（汇集以往的和现有的知识、研讨中得到的知识、各种相关数据与信息，专业和经验知识等及数据库管理系统）、模型库系统（含预测决策模型、参数、算法等）、多通道人机交互等接入终端与服务器。这样就建立起一个研讨者位于不同地方的分布式研讨系统[238]。具体地说，在非常规突发水灾害应急管理的研讨系统当中，所有参与研讨的群体都要有一个决策支持系统来为其决策提供支持，决策支持系统一般包括数据库、模型库、专家知识库等。当然，不同的决策支持系统可能会包括不同的内容,对于地方政府和流域管理机构、普通民众代表来说,他们决策支持系统中的数据和信息是流域范围内各地区的人口情况、社会经济情况、流域的历史水文资料等;对于决策参考来说,系统资料库中必须包含国家在防御水灾害方面的有关政策预案。

非常规突发水灾害应急合作研讨决策系统是多层的分布式系统,由 3 个逻辑层构成,即业务处理层、信息资源管理层和网络数据服务层,如图 5.12 所示。

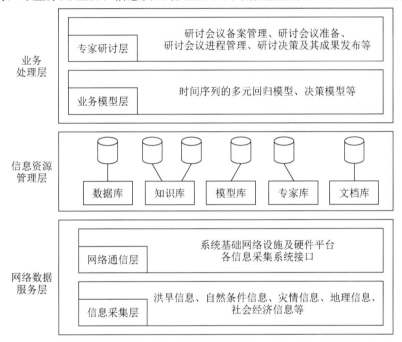

图 5.12　非常规突发水灾害应急合作研讨决策系统总体架构

业务处理层作为整个研讨的支持系统,是研讨系统的核心,功能包括研讨会议备案管理、研讨会议准备、研讨会议进程管理、研讨决策及其成果发布、专家信息管理、研讨信息管理等。研讨信息管理具体包括上行消息管理和下行消息管理,上行消息管理指对来自客户端的研讨信息的接收,下行消息管理指向研讨参与者广播发送研讨信息。

信息资源管理层是平台的后台运行部分,主要包括数据库、知识库、模型库、专家库、文档库等。

网络数据服务层提供系统运行的支持平台,主要包括网络通信层和信息采集层。此部分不负责数据的业务逻辑,研讨系统的业务逻辑由信息资源服务层完全管理。

1. 系统核心功能结构

非常规突发水灾害应急合作研讨决策系统的核心功能可分为两部分——决策支持子系统和群体研讨子系统,结构如图 5.13 所示。

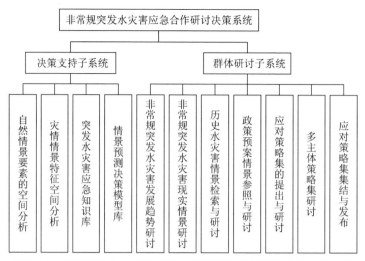

图 5.13　非常规突发水灾害应急合作研讨决策系统的核心功能结构

决策支持子系统一方面以水灾害发生的自然情景和灾情情景为基础，将这些情景的要素信息采用可视化技术进行处理和展示，为参与决策的个体进行灾情分析、判断及提出应对策略提供了决策的依据，如不同洪灾场景下的洪水等级及灾情信息，决定了当前应采取哪些具体的防洪调度措施等；另一方面提供非常规突发水灾害应急知识库和模型库，为参与决策的个体提供群体专家关于水灾害和应急的知识、经验，利用模型库中的预测模型为决策个体进行灾情发展趋势的预测和研讨提供辅助支持功能。该子系统主要包括自然情景（包括气候、降水等要素）的空间查询与分析、灾情情景的特征专题图展示与分析、基于非常规突发水灾害应急知识库的专家知识检索及辅助预测水灾害趋势发展的模型仿真等功能模块。

群体研讨子系统则以水灾害应急合作的多主体决策研讨为核心功能，借助上述辅助研讨功能的支持，提供主持人和参与应急合作的多利益主体在综合集成研讨的虚拟环境中对水灾害情景进行分析、检索和比较，在政策预案的标准和约束范围内提出代表各方利益观点的应对策略，并进行群体交互式研讨，最终由政府决策者集结、发布最终的应对策略预案。该子系统主要包括非常规突发水灾害发展趋势研讨、非常规突发水灾害现实情景研讨、历史水灾害情景检索与研讨、政策预案情景参照与研讨、应对策略集的提出与研讨、多主体策略集研讨、应对策略集集结与发布。

2. 基于 RIA 的系统技术架构

非常规突发水灾害应急合作综合集成研讨系统采用目前业内的前沿技术丰富互联网应用程序（rich internet applications，RIA）的典型实现技术之一——Flex设计主要人机对话部件，提供基于富客户端的研讨决策功能；同时，以 Arcgis为可视化研讨的集成平台，系统中与水灾害情景相关的情景推理、要素分析等功

能均可以通过 Flex 技术在 GIS 平台上进行动态呈现。应急合作研讨决策系统的
技术架构如图 5.14所示。

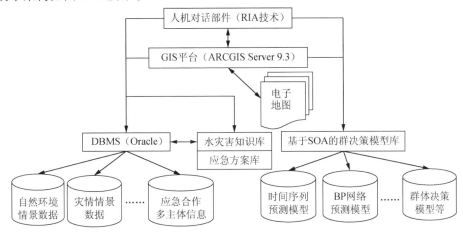

图 5.14　非常规突发水灾害应急合作研讨决策系统技术架构

3. 基于云服务的系统网络拓扑

非常规突发水灾害应急合作研讨决策系统所运行的网络架构采用了服务计算
的核心思想，通过网络把多个成本相对较低的计算实体整合成一个计算资源池，
对各种资源进行统一管理和调度，并借助面向服务的模式向决策群体提供按需服
务的决策功能。其云服务的网络拓扑结构如图 5.15 所示。

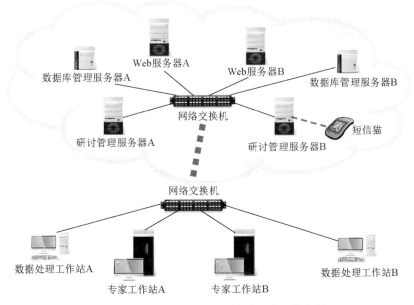

图 5.15　基于云服务的研讨决策系统网络拓扑

▪5.3　非常规突发水灾害应急合作决策研讨模型

5.3.1　基于网络的综合集成群思考模式

随着互联网技术的发展，基于网络的综合集成研讨厅系统建设对于解决复杂决策问题提供了开放的平台支持，不同的群体可以在分布的终端通过多种形式登录研讨厅系统获取决策研讨任务，经过个人独立思考、共享信息和专家知识、群体商讨、达成共识几个阶段实现群体决策。群体思考模式如图 5.16 所示。

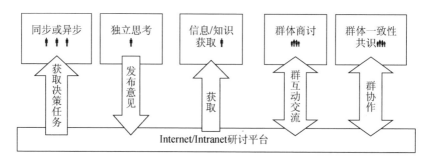

图 5.16　综合集成研讨厅群体思考模式

该模式由 5 个阶段组成[239]。

第一阶段：获取决策任务阶段。研讨系统主持人发起研讨通知，并确定研讨对象范围，研讨对象在收到研讨提示后，选择合适的方式(台式电脑、笔记本电脑、智能手机)等登录研讨厅任务系统，获取决策任务，并了解决策要求及规则。

第二阶段：个人独立思考，发布个人思考意见阶段。这一阶段，每位研讨参与者根据自己的经验、了解的情况，围绕任务独立进行思考，并将自己的想法通过研讨厅讨论模板记录并发布。这样的形式也可以看做是决策者的一次不受群体思维影响的独立发言。

第三阶段：决策群体获取信息与知识阶段。研讨厅后台管理系统通过对专家发布的文档进行处理，依据专家思维和认知状态，在 Internet 上搜索并整理与之相匹配的信息，从而获得与问题相关的来自于决策群体的信息与知识，以此刺激决策人员的思维。

第四阶段：决策群体研讨(合作思考)阶段。在该阶段，按照综合集成研讨厅的模式对决策发言进行实时分析和处理，同时，通过聚类分析、知识挖掘等技术，使 Internet 中的决策专家群体的知识得到浮现，形成广义决策群体的虚拟在线研讨。决策个体所反映的信息，通过信息的行为学意义构造成逻辑关系明晰的超文本信息链接集合，为群体所共享。从而最大限度地开阔决策人员视野，激发并促进决策思维的创新。

第五阶段：知识涌现阶段。随着群体共享信息的不断增长，以及信息间逻辑关系的不断建立和演化，出现决策群体的协作，进而实现创新性思维及知识的涌现。同时，通过知识的结构化处理，实现决策知识库的更新，对决策的思维及认知状态的进化和变迁起到进一步的促进作用。

上述一致性规则将在第四阶段和第五阶段得到应用。在群体过程协助下，决策人员在研讨会议过程中会得到结构化的和一般任务的协作过程协助支持，保证决策群体成员能平等参与决策，不受权威思想的左右；同时，会议内容的管理由内容协助完成，内容协助的任务包括分析研讨数据的内容，汇总群体产生的相关问题，展现相关主题要点等。

5.3.2　应急合作研讨知识获取

独立思考阶段，研讨者将自己对水灾害防御问题的想法、意见、思路、个人要求等，以及在历次群体思考阶段(群体研讨)中产生的新认识，甚至是研讨者个人从各种渠道获得的与本人想法及认识一致的资料，通过整理并以研讨厅支持的文本格式进行发布。

1. 决策参与者样本特征提取及文本过滤

定义 1　样本：决策参与者在独立思考阶段发布的反映其思维、认识状态、意愿的文本。决策参与者可以指定多个样本，构成样本集，记作：

$$D = \{C_1, C_2, \cdots, C_k\} \tag{5.1}$$

定义 2　样本特征：样本中反映主题内容的一系列概念词汇，通常指文本中出现频率较高的实词，即

$$T = \{T_i \mid T_i \in C, \text{且} P_i \geqslant \theta\} \tag{5.2}$$

式中，T_i 表示文本 C 中出现的实词；P_i 表示其出现频率；θ 为其频率阈值。

定义 3　样本公共特征：在决策参与者指定的多个样本共同拥有的样本特征。设决策参与者示例样本集为 $D = \{C_1, C_2, \cdots, C_k\}$，则样本公共特征的定义为

$$T_p = \left\{ T_{pi} \,\middle|\, T_{pi} \in \bigcap_{j=1}^{k} C_j, \; i=1, 2, \cdots, n \right\} \tag{5.3}$$

通常，选取决策参与者样本集中词汇最多的文本作为提取公共特征的基本样本 C_b，从中依次选取词汇 T_{pj}，若 T_{pj} 也同时存在于样本集中其他元素，即

$$T_{pj} \in \bigcap_{j=1}^{k} C_j \tag{5.4}$$

则

$$T_{pj} \in T_p$$

具体提取过程如下[239]。

步骤 1：对样本进行预处理，借助切词工具将概念词汇分离出来，去除其中虚词及无意义的高频词，形成候选特征词汇。

步骤 2：统计每个样本中特征词汇的数量，其中数量最大者确定为提取特征词汇的基样本 C_b。

步骤 3：以基样本所含概念词汇为基准，分析概念词汇 $T_{p_j}(j=1, 2, \cdots, k)$ 在其他文本样本中的包含度，并利用式(5.3)确定其是否属于样本公共特征向量 T_p。

步骤 4：反复执行步骤 3，遍历整个基样本 C_b，获得反映专家意愿的样本公共特征向量 $T_p=\{T_{p1}, T_{p2}, \cdots, T_{pn}\}$，算法结束。

来源于网络文本的研讨厅支持文本源是系统查询的对象，可直接利用研讨厅的搜索功能进行搜索，并分析搜索返回的文本页面，提取页面中的地址将其写入数据库。接下来是将所有的地址指向的页面下载到本地，作为文本过滤的对象。文本过滤的过程即是利用样本公共特征与文本特征进行匹配的过程[239]。设待过滤文档的特征向量为 $T_D=\{T_{D1}, T_{D2}, \cdots, T_{Dm}\}$、样本公共特征向量为 $T_p=\{T_{p1}, T_{p2}, \cdots, T_{pn}\}$，则两者的匹配度可计算如下：

$$\text{Sim}=\frac{g}{n} \tag{5.5}$$

式中，Sim 为待过滤文本与样本公共特征向量的匹配度，且 $0\leqslant\text{Sim}\leqslant1$；$n$ 为样本公共特征向量的维数；g 为文本特征向量中与样本公共特征向量相符合的分量数。

经过匹配计算后，决策参与者可以得到所有文本与其需要意愿的相关度评估 Sim，因而可以通过设定相关度阈值 θ 进行文本的取舍，对于满足相关度要求的文本，则可以保存下来成为设计知识抽取的信息源[239]。

2. 基于意群的研讨知识抽取

文本过滤处理显著地提高了信息聚合度，有效地增强了信息资源围绕特定主题的关联度，然而决策所需的信息及知识仍然分散在非结构化的独立文本之中，因而，需要对过滤生成的文本信息资源进行分解提取，使之成为能直接支持创造性思维过程的知识，这就需要进行知识抽取处理。

文本信息抽取不仅仅是对语料素材中词汇概念的提取，更重要的是对其所表达的语义内涵的提取。研讨者发布的文本信息较为分散，通常对同一个问题的描述、评价会分散在多个句子、段落甚至多篇文档中，因此在知识抽取时不能沿用一般的以句子为单元的方法，而要选择以语义表达为核心的语段(句子组)为基本单元[239]。这里应用意群(semantic group)的概念来构建并获取水灾害应急管理决策过程中决策参与者发言知识的提取方法。

定义 4 意群是指以若干概念词汇的语义关联关系为核心的语料片段。在基于网络的综合集成研讨厅环境中，它通常是围绕某一研讨主题进行描述的句集、段落或文档集。用"意象概念—特征属性"组来表示意群，即

$$\text{semGroup} = \langle S, F \rangle \tag{5.6}$$

式中，semGroup 表示意群；S 表示意群所包含的意象概念语汇集；F 表示意群中描述水量调度的特征属性集。基于意群的水量调度知识抽取过程包含意群的匹配检索、语义关联模式提取及水量调度特征属性重构等环节[239]。

（1）意群匹配与检索

意群匹配与检索的基本依据是意群索引模式 $\langle S_{in}, F_{in} \rangle_{index}$，它由索引意象概念 S_{in} 及其关联特征属性集 F_{in} 构成，其中索引意象概念 S_{in} 由专家预先指定；特征属性集 F_{in} 则由与意象概念 S_{in} 的关联强度大于设定关联阈值 θ_{in} 的特征属性构成。

意群的匹配与检索核心是对研讨厅所支持的各种文档与意群索引模式之间相符的程度作出评估。为突出索引意象概念的核心作用，我们提出意群与索引模式相匹配的首要且必须满足的条件：该意群一定包含索引意象概念 S_{in}，还应保证索引模式中特征属性元素在该意群中的出现率达到设定匹配阈值 θ_{match}。这种匹配与评估可通过计算意群索引模式 $\langle S_{in}, F_{in} \rangle_{index}$ 与文本资源的匹配度 D_{match} 实现，即有

$$D_{match} = \begin{cases} 0, & \text{不包含索引意象概念 } S_{in} \\ f_{pres}, & \text{包含索引意象概念 } S_{in} \end{cases} \tag{5.7}$$

式中，f_{pres} 表示意群中索引特征属性的出现率，且有

$$f_{pres} = \frac{\text{出现在被检索意群中的 } F_{in} \text{元素数}}{\text{索引属性集 } F_{in} \text{的元素总数}} \tag{5.8}$$

易知，$0 \leqslant f_{pres} \leqslant 1$ 成立。按照式(5.7)计算出文档与给定意群索引模式的匹配度 D_{match} 后，与匹配阈值 θ_{match} 进行比较。

若 $D_{match} > \theta_{match}$，则表明该文档与当前索引模式内容相符，可以作为独立意群处理；反之，若 $D_{match} < \theta_{match}$，即可判明该文档与当前索引模式内容不相符。

（2）语义关联关系提取

由意群索引模式匹配检索所获得的文档信息，即可看做围绕该索引模式形成的意群，并可从中提取出相应的语义关联关系。首先，以已有的意象概念集和特征属性集为基础，分别提取出意群所包含的意象概念 $\{c_1, c_2, \cdots, c_k, S_{in}\}$（其中 S_{in} 为索引意象概念）和水量调度特征属性 $\{a_1, a_2, \cdots, a_m\}$。由于意群是围绕着特定语义关联而形成的，故可假定：同时出现在同一意群中的意象概念与特征属性之间存在较紧密的关联关系。由此，可以得到反映意群中意象概念的不同特征属性之间关联状况的联结矢量 $\boldsymbol{P}_{cG}$，且有

$$\boldsymbol{P}_{cG} = (r_1^c, r_2^c, r_3^c, \cdots, r_m^c) \tag{5.9}$$

式中，$r_j^c (j=1, 2, \cdots, m)$ 表示意象概念 c 与意群中第 j 个特征属性间的关联值，且有

$$r_j^c = \begin{cases} 1, & \text{当前意群中同时包含意象概念 } c \text{ 和特征属性 } a_j \text{ 时} \\ f_{\text{pres}}, & \text{当意象概念 } c \text{ 与属性 } a_j \text{ 不同时出现在当前意群中时} \end{cases} \quad (5.10)$$

防御水灾害研讨中知识抽取的最终目标是从研讨人发布的文档中提取出与问题相关的信息，并进行结构化重组，因而需要从模式匹配所得的文档资源中进一步提取出与防御水灾害相关的信息。

我们以启用蓄滞洪区为例，以获取来自于研讨厅的特殊专家的知识为目标，通过建立描述启用蓄滞洪区（整体或局部）的一系列特征属性构成的信息二元组来表示知识抽取对象实体的逻辑结构，其定义为

$$\text{struE} = \langle P_d \mid P_a \rangle \quad (5.11)$$

式中，struE 表示用于知识抽取的水量调度问题结构实体；P_d 表示实体结构中的中间节点集合，是所有特征属性的语义交汇点，也是知识抽取过程的触发标志；P_a 表示实体结构中水资源特征属性集合，表现为多个叶节点的集合。

在确定了对象实体 $\text{struE} = \langle P_d, P_a \rangle$ 与目标文档的匹配度之后，属性信息的抽取主要是提取出相匹配属性的名称及属性值等信息。对于 struE 中出现在目标文档中的属性元素 $a_j (j=1, 2, \cdots, m, m \leqslant k)$，按对应的属性模式在目标意群中查找属性值 v_j，并用 $\langle a_j, v_j \rangle$ 元组对对象实体中相对应的叶结点进行实例化。基本过程如下。

1）专家对抽取对象进行明确定义。

2）以对象实体 struE 中的中间结构信息为触发标志，从研讨厅文本集中检索到相关的文档资源。

3）以对象实体 struE 二元结构为基础进行模式匹配，即通过部件匹配（P_d-match）和属性匹配（P_a-match），从目标文本中找出与特定部件相关的意群资源。

4）以对象实体的逻辑结构为基础，从意群中抽取出蓄滞洪区启用的特征属性及特征值。

5.3.3 应急合作研讨多层决策模型

1. 决策主体权力与权重的确定

在非常规突发水灾害应急合作综合研讨中，决策群体在信息技术的支持下，围绕着某一阶段、某一时期具体决策任务，通过发言用语言来交流信息，发表意见，提出观点，表明立场或态度，并为各种观点或意见的成立与否进行辩论，寻求一致或妥协，最终作出选择[240]。

　　在综合研讨过程中，如何将研讨者的定性观点、定性表述定量化表示出来，围绕决策任务形成一个共识？目前，已经有一些学者研究了群体决策中群体成员权力量化的问题，并提出几种权力指数的概念。也有学者从决策者对决策结果的影响、决策者的决策能力等角度讨论了确定权重的思想和算法。在决策分析领域，也有一些从集结群体偏好的角度研究群体成员权重的理论和技术。这些成果对研究群体研讨信息权重的计算方法有借鉴意义。

　　参与研讨的群体成员的权重是其权力大小的数量表示。权力即是影响他人行为的潜在的能力。水资源运行调度决策中，不同决策方（水行政管理者、领域专家、普通民众）不同决策成员的权力是不同的，不同决策任务下多方决策参与人员的权力也是不同的。如决定是否破堤进洪，国务院的决策权力最大，普通民众的决策权力不存在；如决定是否启用蓄滞洪区，国家防总决策权最大等。

　　权力依来源分为法定权力、奖励权力、强制权力、专长权力和模范权力 5 种[240]。可以认为，在决策过程中，法定权和专长权将起决定作用，而其他几种权力没有明显作用，因此在执行特定的决策任务 Ω 时，某个成员 ∂ 的权重 $P(\partial, \Omega)$ 是法定权和专长权的函数：

$$P(\partial, \Omega) = F[L(\partial, \Omega), E(\partial, \Omega)] \tag{5.12}$$

式中，$L(\partial, \Omega)$ 为在面临决策任务 Ω 时，成员 ∂ 因担任特定职务而被赋予的法定权力；$E(\partial, \Omega)$ 为在面临决策任务 Ω 时，成员 ∂ 因具备相应的专长而具备的专长权。某个人的法定权和专长权都与他所参与执行的决策任务有关系。

　　某个人的法定权来自于他所任职务在正式的管理层级中的地位，以及赋予这个职务的职权范围。因此，某人法定权的大小与他的职位在组织中的位置，以及所面临的决策任务与他的职权范围的紧密程度有关。当面临一个特定的决策任务时，某人的职务越高，他的法定权越大；他的职权范围与这个任务联系越紧密，他的法定权越大。法定权越大，则在群体研讨时，他的权重越大。因此，在面临的决策任务 Ω，某个人 ∂ 法定权的权重 $L(\partial, \Omega)$ 可表示为

$$L(\partial, \Omega) = l^{h(\partial)r(\partial, \Omega)} \tag{5.13}$$

式中，$h(\partial)$ 为不小于 1 的整数，称为职位等级系数，即 ∂ 所任职务在组织中的等级，最低层次的职位为 1，高一层次的职位为 2，以此类推，直到组织高层的职位。

　　$r(\partial, \Omega)$ 的取值范围为 $[0, 1]$，称为职位关联度，表示决策任务 Ω 是否属于 ∂ 所任职务被赋予的职权范围，或依据职权他应该对特定的决策任务负何种程度的责任，应作出何种程度的贡献等。当 ∂ 的职权要求他对特定的决策任务负全部责任时，职位关联度最高，$r(\partial, \Omega) = 1$；当 ∂ 的职权不要求他对决策任务负任何责任，也无须为完成任务做任何工作时，职位关联度最低，$r(\partial, \Omega) = 0$。

　　专长权来源于个人在执行特定任务时所具有的知识和技能。专长权是一种个

人权力，与个人在组织中所担任的职务无关，与群体成员的知识包括（技能）与决策任务所需要的专业素质的贴近程度，以及他在与决策任务有关的专业领域中的地位有关系。面临特定的决策任务时，决策群体成员的专长与这个任务所需要的专业素质越贴近，在相关专业领域的地位越高，则专长权越大，其相应的权重越高；反之，则专长权越小，相应的权重越低。因此，在面临的决策任务 Ω，某个人 ∂ 专长权的权重 $E(\partial,\Omega)$ 可表示为

$$E(\partial,\Omega)=e^{h'(\partial)r'(\partial,\Omega)} \tag{5.14}$$

式中，$h'(\partial)$ 为不小于 1 的整数，称为专长等级系数，即 ∂ 的专业地位的等级，最低层为 1，高一层为 2，以此类推。$r'(\partial,\Omega)$ 取值范围为 $[0,1]$，称为专长关联度，表示 ∂ 的专业领域与决策任务所需知识之间的联系程度，即决策任务 Ω 是否是属于 ∂ 所专长的领域。当 ∂ 所专长的领域覆盖了决策任务所需要的知识时，关联度最高，$r'(\partial,\Omega)=1$；当 ∂ 所专长的领域与决策任务所需要的知识完全无关时，关联度最低，$r'(\partial,\Omega)=0$。

下面用权力指标来确定不同主体在非常规突发水灾害应急管理中决策权力的大小。

（1）水行政管理部门主导的群体研讨

为简单起见，我们以图 5.17 所示的层次关系来表示水行政管理部门决策权力级差，水行政管理部门包括国务院、国家防总、水行政主管部门（水利部）及其委托机构（流域机构），以及流域内省份及县级以上地方政府及水行政管理部门，可以概化为两层决策主体。水行政管理部门主导的决策以法定权占主导地位，专长权起从属作用。

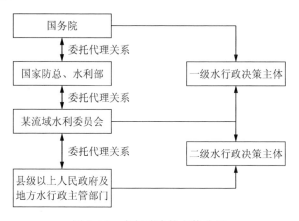

图 5.17　水行政决策主体分层

当面临一次决策任务时，一般情况下，国务院拥有最高决策权，其次是水利部，再次是流域水利委员会，然后到县级以上人民政府及地方水行政主管部门。但

在实际运作上，国务院把应急调度的权限下放给水利部，水利部将管理调度权限委托给流域水利委员会，让其具体负责水灾害日常管理与调度。这样，相对地方来说，流域水利委员会具有较高的决策主导权。根据法定权的定义，可以建立相关组织可能面临的决策任务与这个组织所有决策权力的关联关系（表 5.1）。表 5.1只是简单地从组织的角度来概化流域管理主体在面临水灾害应急决策时的权力系数，对于具体的决策任务而言，是由具体的人来进行决策，因此，组织中不同职位的人在决策时其决策权关联程度和决策关联度也会有所不同。当面临一个决策任务时，根据参与决策的群体成员所任职位确定关联程度的高低，然后确定职位关联度的值。如果某成员身兼数职，则以他所任职务中关联最高的为准。

表 5.1 决策权关联程度等级及决策关联度[240]

决策主体	决策权关联程度	意义	决策关联度
一级决策主体	高	该组织对任务的决策或执行负完全责任	1.0
	较高		0.75
二级决策主体	中等	该组织对任务的决策或执行负一定程度的责任	0.5
	较低		0.25
	完全不相关	该组织对任务的决策或执行完全无关	0

各级水行政管理部门的人员在参与流域水灾害应急决策研讨时，他们的发言权重可以通过职位度来确定。建立职位度表的方法可以采用德尔菲法、名义小组等方法建立。

引入组织职位权力基数 $l(l>1)$，l 表明组织因职位等级而导致的权力集中程度。通过分析相邻两层职位的权重之比加以说明。在如图 5.17 所示的四层两级结构的水行政管理体系中，令较高层职位的职位等级系数、职位关联度分别为 h_0、r_0，其直接下属的职位等级系数、职位关联度分别为 h_i、$r_i(i=1,2,\cdots,n$，n 为直接下属的数量），则上下级之间权重之比 (k) 为

$$k=\frac{l^{h_0 r_0}}{\sum_{i=1}^{n} l^{h_i r_i}} \tag{5.15}$$

对 k 求 l 的导数得

$$\frac{\mathrm{d}k}{\mathrm{d}l}=\frac{\sum_{i=1}^{n}(h_0 r_0-h_i r_i)l^{h_0 r_0+h_i r_i-1}}{\left(\sum_{i=1}^{n} l^{h_i r_i}\right)^2} \tag{5.16}$$

由职位等级系数、职位关联度的定义可知，对于所有 $i\in\{1,2,\cdots,n\}$，均有 $h_0 r_0>h_i r_i$，因此

$$\frac{\mathrm{d}k}{\mathrm{d}l} > 0 \tag{5.17}$$

由式(5.17)可知,上下级权重之比 k 为组织权力基数 l 的增函数。这意味着随着 l 的增加,上下级之间法定权权力比例越大,即上下级权重差距越大,权力越集中于上级;反之,若 l 减小,则法定权越分散,下级获得的权重相对增加。

面临应急决策任务时,任何一个水行政主管部门的人员都可以进入研讨厅发表意见,进行应急方案的选择。这里,个人发表意见对最终决策方案选择的影响力,可以由个人所在组织的等级数、个人职位等级数和个人专业与决策问题的关联度来确定。这样,可把式(5.13)可以转换为

$$L(\partial, \Omega) = l^{h(\partial)r(\partial,\Omega)} l^{g(\partial)r'(\partial,\Omega)} \tag{5.18}$$

式中, $h(\partial)$ 和 $r(\partial,\Omega)$ 的含义与式(5.13)中含义相同; $g(\partial)$ 为不小于1的整数,称为个人所在组织等级系数,即 ∂ 所在组织的等级,最低层次的职位为1,高一层次的职位为2,以此类推,直到组织高层的职位。 $r'(\partial,\Omega)$ 的取值范围为 $[0,1]$,称为组织关联度,表示决策任务 Ω 是否属于 ∂ 所组织被赋予的职责范围,或依据职责组织应该对特定的决策任务负何种程度的责任,应作出何种程度的贡献等。

在进行研讨的过程,每个成员都按照用户入口进行登录,登录后研讨厅系统自动将入口用户信息发送给用户管理系统,根据用户的身份性质分配权重。当用户留言时,系统对留言信息进行附值,这样,不同身份的研讨者发言的重要性不同,系统按照发言的重要性进行排序,并显示在研讨厅界面上,为后来研讨者提供一定的参考。

(2) 专家主导的群体研讨

这里的"专家"主要是指决策"领域专家"这一类主体,不是依据水资源产权归属来划分的一类主体,而是居于其拥有的专业知识和技能来确定的一类专家主体。

专家主导的群体研讨主要是确定专家权重。按照为专家赋权时考虑的因素,可将专家权重分为先验权重、后验权重。专家通过综合集成研讨厅参与非常规突发水灾害应急管理决策,往往具有随机性(随时随地均可能有专家登录研讨厅进行同步或异步研讨、留言、上传数据和计算结果、投票等)、开放性(何时何地有何专家登录参与决策研讨不受任何限制),研讨厅管理中心不知道每位专家的背景情况,很难确定专家发言的影响力,因此,确定专家权重很难根据现有的一种方法来进行。专家是具有某种专业特长、有某方面专业见地的人员,专家的先验权重可由专长权来确定,后验权重则可根据研讨过程中发言的影响力来确定。

专长权由专家的专业领域地位[由专业等级系数 $h'(\partial)$ 确定]、专业领域与决策任务所需知识之间的关联程度[由专长关联度 $r'(\partial,\Omega)$ 确定]决定。专业领

域地位越高,其专业等级系数越大,专家专业领域与决策任务越接近,关联度越大,专家的决策权重越大;反之,专业领域地位越低,其专业等级系数越小,专家专业领域与决策任务越偏离,关联度越小,专家的决策权重越小。表 5.2 按照专业技术职务来确定专家的专长等级系数。

表 5.2　领域专家成员专长等级系数

成员	概况	专长等级系数 $h'(\partial)$
A	专业技术职务为高级正职	6
B	专业技术职务为高级副职	5
C	专业技术职务为中级正职	4
D	专业技术职务为中级副职	3
E	专业技术职务为初级	2
F	未定专业技术等级	1

确定专长关联度的方法如下。

1) 确定决策研讨任务的类型。由研讨厅管理人员或决策任务发起方确定。

2) 建立各类决策任务的所需知识集合。由于具体决策研讨任务类型有限,而且这些任务必然集中于与决策任务有密切关系的专业领域,在发起一次决策研讨时,建立各种类型决策任务的知识集合是很必要和可能的。知识是被组织为有意义模式和可重复过程的信息。因此,关于某个领域的知识可以被视为一些"知识点"的集合,一个知识点反映一个模式或一个过程;而这些知识点可用关键词来表示[240]。因此,某种类型决策任务所需要的知识可用表达概念的关键词的集合来表示,记作 $T_i=\{\omega_1^i,\omega_2^i,\cdots,\omega_{n_i}^i\}$,$T_i$ 为组织的第 i 类决策任务的所需知识的概念(关键词)集合,$\omega_j^i(j=1,2,\cdots,n_i)$ 为描述该类任务知识领域的关键词,n_i 为 T_i 的关键词数量。

3) 建立群体成员的专长数据库。群体成员的专长表现为以下几种形式:①公开发表的学术成果;②研究报告;③组织内公文;④主持的研究课题或项目;⑤参与研究的课题或项目;⑥工作业绩;⑦社会任职情况等。将群体成员的每一篇文章或所参与的每一项工作的有关数据(如文章的标题、摘要、全文;项目标题、研究的关键内容;工作的任务、业绩等)作为一项记录以适当的方式存入专长数据库。

4) 根据决策任务的概念(关键词)集合与群体成员专长数据间的匹配程度计算专长关联度。设决策任务 Ω_i 所需知识的概念(关键词)集合为 $T_i=\{\omega_1^i,\omega_2^i,\cdots,\omega_{n_i}^i\}$。计算某成员 ∂^j 专长关联度的过程如下:

在专家等级系数和专长关联度确定后,即可根据式(5.19)确定计算出专家的专长权权重。专长权权重确定出来,自动赋值给登录的专家。随着发言的进行,又要确定发言信息的权重：

$$r'(\partial^j,\ \Omega_i)=\frac{s}{n_i} \tag{5.19}$$

专家主导的群体研讨的目的主要是开发出尽可能多的备选方案，并深入分析这些方案的利弊，专家的观点应该得到充分注意。因此，在这类研讨中起主要作用的是参与者的专长，以及他因而被组织和研讨群体认可的程度；研究表明平等参与能够给这类以创造性为目的的群体研讨带来积极影响，因此，在专家主导群体研讨中，参与者的权重不宜差距过大[240]。上述流程如图 5.18 所示。

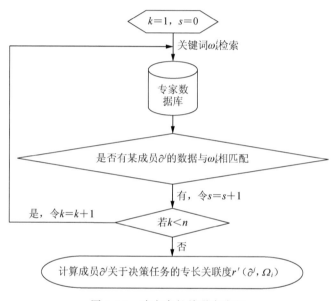

图 5.18　确定专长关联度流程

（3）普通民众主导的群体研讨

普通民众是一个庞大而开放的决策群体，他们的研讨多从自身利益出发，每个人的研讨意见均只代表自身，他们的决策权力大小是均衡的，不能用法定权和专长权等权力指标来标示他们的决策权重，我们这里用发言关注度来衡量他们的决策主导权。普通民众是一个庞大的决策群体，这个群体在研讨中的发言可以构成一个树结构，如图 5.19 所示。以研讨任务发起为根节点，发言为其他节点；节点之间的有向弧为语义关系。随着研讨的进行，不断有新的发言作为"研讨树"中已有节点的子节点增加进来，使得它不断增长。

可以假定，对特定的"思想"研讨的成熟程度与群体通过发言所表现的对它的关注程度，即有多少针对这个思想的发言及这些发言的"影响力"，成正相关关系。关注程度是群体对特定"思想"δ 通过发言所表现的关注程度的高低。为了计算关注水平，先定义"关注权重"。

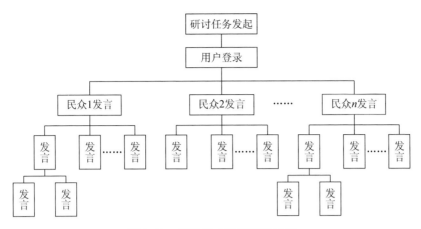

图 5.19　普通民众发言"研讨树"

设某个发言人的"思想"δ 受关注的关注权重 $W^f(\delta)$ 为它在"研讨树"中所有子孙节点的发言人的权重之和，即

$$W^f(\delta) = P(\bar{\delta}, \Omega) + \sum_{s \in R(\delta)} W^f(s) \tag{5.20}$$

式中，$P(\bar{\delta}, \Omega)$ 为 δ 的发言人的权重；$R(\delta)$ 为"研讨树"中 δ 的子节点的集合；$W^f(s)$ 为发言 s 的关注权重，其计算方法与 $W^f(\delta)$ 相同。当 s 为叶节点时，其关注权重为

$$W^f(s) = P(\bar{s}, \Omega) \tag{5.21}$$

$W^f(\delta)$ 的取值范围为 $(0, \infty)$。对同一个群体和同一个任务而言，$W^f(\delta)$ 越大，表明群体针对 δ 的发言数量越多，意味着对 δ 的关注程度越高，反之则关注程度越低。

随着发言的逐步深化，某些研讨人的"思想"影响力会得到凸显。若用"共识权重"表示群体特定"思想"的影响力。"思想"δ 的共识权重 $W^c(\delta)$ 为

$$W^c(\delta) = P(\bar{\delta}, \Omega) + \sum_{s \in \hat{R}(\delta)} W^c(s) - \sum_{s \in \bar{R}(\delta)} W^c(\delta) \tag{5.22}$$

式中，$P(\bar{\delta}, \Omega)$ 为 δ 发言人的权重；$\hat{R}(\delta)$ 为"研讨树"中与 δ 的语义关系为"支持"的子节点的集合；$\bar{R}(\delta)$ 为与 δ 的语义关系为"反对"子节点的集合；$W^c(s)$ 为 δ 的某个子节点 s 的共识权重，$W^c(s)$ 的计算方法与 $W^c(\delta)$ 相同。当 s 为叶节点时，$\hat{R}(\delta) = \bar{R}(\delta) = \varnothing$，因此：

$$W^c(s) = P(\bar{s}, \Omega) \tag{5.23}$$

式中，$P(\bar{s}, \Omega)$ 为 s 的发言人的权重。

$W^c(\delta)$ 的取值范围为 $(-\infty, \infty)$。对确定的 δ，当关注权重 $W^f(\delta)$ 一定时，$|W^c(\delta)|$ 越大，表明群体意见越一致；反之，则表明群体意见分歧严重。

共识水平是群体对特定"思想"意见一致程度的高低，也体现群体中矛盾双方通过发言所表现出来的力量对比。群体有关特定"思想"δ的共识水平$C(\delta)$可用下式计算：

$$C(\delta)=\frac{W^c(\delta)}{W^f(\delta)}\qquad(5.24)$$

式中，$W^c(\delta)$为共识权重；$W^f(\delta)$为关注权重。

由定义可知，$W^c(\delta)\leqslant W^f(\delta)$，因此$C(\delta)\in[-1,1]$。当$|C(\delta)|\to1$时，表明群体共识程度较高；当$|C(\delta)|\to0$时，表明群体共识程度较低。当$C(\delta)=1$时，表明群体当前的态度是一致支持$\delta$；当$C(\delta)=0$时，表明群体当前对$\delta$存在严重分歧。这里根据某一时刻$C(\delta)$的值，将该时刻群体对$\delta$的共识分为5类：①一致支持，当$C_0\leqslant C(\delta)\leqslant1$；②有分歧的支持，当$C_1\leqslant C(\delta)<C_0$；③严重分歧，当$|C(\delta)|<C_1$；④有分歧的反对，当$-C_0\leqslant C(\delta)<-C_1$；⑤一致反对，当$-1\leqslant C(\delta)\leqslant-C_0$。其中，$0<C_1<C_0<1$。

2. 应急合作群体层名义小组研讨决策模型

（1）应急合作研讨的群体层决策目标

由于水灾害应急管理中人的动机和行为及决策问题的复杂性，很多问题无法用数学模型来描述；同时，决策过程本身的复杂性及影响决策过程的环境因素的不确定性和信息的不完备性，使得决策过程无法直接用定量的数学模型来描述。

非常规突发水灾害应急合作研讨提出群体层决策的目标是使参与研讨的多主体对各自选择方案的评价意见达到共识，这个决策的过程包括候选方案的提出、方案评价与选择及方案的最终确定与发布。

研讨的会议，依据非常规突发水灾害事件应急管理时限要求及所涉及的利益相关者而组织和选择研讨会议室的数目。意见综合方法是基于Web的研讨环境下实现的，研讨系统中设置若干的每个（虚拟的）研讨室，研讨室共享防洪调度模型、洪旱预报模型、流域机构管理方法等资源进行群体研讨。研讨室围绕议题和决策任务，通过发言交流信息，设计方案，进行辩论和协商，寻求一致或妥协。

非常规突发水灾害事件不同于常规事件，由于突发事件的特殊边界性、次生衍生性和时限性，其综合集成的研讨系统会议必须在政策政府指挥下展开。拟设计为，首先召开利益相关者代表参加的专家会议，从定性讨论开始，采集和存储意见、数据、信息和知识，研讨协商议题各抒己见，在时间压力下，得到一些定性的方案，进入异步分析阶段。在异步分析阶段，根据定性的假设和对问题初始的概括描述，建立定量模型。相对于同步阶段，异步阶段时间压力相对较小些，专家有较充分的时间进行定量分析，其中可能修改原始假设，调用模型资源分析演算，人机结合以人为主，达到定性与定量相结合的综合集成，再提交到下一个"同步阶段"集体讨论。在重新汇聚的研讨中，对原始的或者已经过个别修改的假设下的各种分析结果进行总体综合分析与论证，可能再次运算定量模型，力求实现从定性到定量的综合集成[241-242]。需要说明的是，突发事件的协商过程由于时间紧迫性要尽量减少反复协商的可能。

（2）名义小组法及其优点

在群决策的方法研究上，传统的方法主要有互动群体法、脑力激荡法、德尔菲法及名义小组法（nominal group technique，NGT）等，这些方法在一定程度上都能很好地解决群决策问题，各方法及其效果比较如表 5.3 所示。

表 5.3　常见的群决策方法及其效果比较

效果标准/决策方法	互动群体法	脑力激荡法	德尔菲法	名义小组法
观点的数量	低	中等	高	高
观点的质量	低	中等	高	高
社会压力	高	低	低	中等
财务成本	低	低	低	低
决策速度	中等	中等	低	中等
任务导向	低	高	高	高
潜在的人际冲突	高	低	低	中等
成就感	从高到低	高	中等	高
对决策结果的承诺	高	不适用	低	中等
群体凝聚力	高	高	低	中等

其中，德尔菲法和名义小组法至今仍在很多领域得到应用。具体来说，用德尔菲法可以获得一个收敛的调查结果，该结果能反映这个专家群体对所调查问题的共同观点。但该方法有两个缺点，一是寻找一个有效的专家群往往很困难，这些专家不仅要具备相关的知识，还必须能够认真填写问卷，否则调查结果就没有意义；二是对于某些难以取得共识的问题，采用多轮问卷反馈这种形式不易收到理想的效果，容易导致从众倾向[243]。

名义小组法又称名义团体技术、名目团体技术、名义群体技术、名义小组法。在决策问题提出之后，名义小组法的具体步骤如下。

1）成员集合成一个群体，但在进行任何讨论之前，每个成员独立地表达他对问题的观点。

2）每个成员将自己的想法提交给群体。然后向与会群体说明各自的想法，直到各主体的观点都表达完为止。在所有的观点都记录下来之前不进行讨论。

3）群体开始进行研讨，以便把每个主体想法搞清楚，并作出评价。

4）各主体独立地把候选方案排序，最后决策是综合群体排序的结果。

该方法的主要优点在于使群体成员进行研讨时不限制每个成员个体的独立思考，使每个成员都获得均等的参与机会，避免了群体成员的"先入为主"——根据成员的地位、身份等来考虑观点，而是在不知道这些信息的前提下对观点的内容进行讨论，做到决策真正民主化，而传统的会议方式往往做不到这一点[243]。

（3）基于政府主导的群体层名义小组决策模型

基本的名义小组法虽然可以使每个决策个体有表达独立观点的机会，但它的缺点是效率较低，缺乏适当的分析手段，且存在群决策过程中的一些常见问题，如与会成员不愿意当面对别人提出的观点进行评议等。因此，在非常规突发水灾害应急合作的综合决策研讨中，我们需要对基本的名义小组法进行以下两个方面的改进和完善。

1）在政府决策者的主导下进行应急合作协商。基于综合集成研讨厅的非常规突发水灾害应急合作应该在研讨会议主持人（政府决策者）的主导下进行各阶段的决策和研讨活动。参与非常规突发水灾害应急合作研讨的主体有代表中央政府的国家防总、各流域防指、各省水利厅、各级地方政府、领域专家及用水代表等。根据每次非常规突发水灾害事件所发生的范围、性质的不同，参与应急决策研讨的主体也有所差异。如发生在省际边界范围的一般性水灾害事件，需由流域防指主导协商解决；如发生性质严重的省际边界重大水灾害冲突事件，则直接由国家防总来主导解决；而发生在某省境内且矛盾冲突较小的非常规突发水灾害事件，则可以由当地政府或水利管理部门直接协调解决。因此，每次非常规突发水灾害的应急合作过程中，都必定需要有承担主导地位的决策者来引导整个应急合作协商的全过程。根据每次水灾害事件的不同特征，作为主导来参与应急合作的决策者也是动态变化的，对应到非常规突发水灾害应急合作综合集成研讨厅中的主导型角色，即每次研讨会议的主持人。在主持人的引导下，参与应急合作研讨的主体不仅可以表达自己的独立观点，也可以对各方的观点进行同步或异步的评议和质询。

2）提供基于水灾害情景匹配与政策预案情景应对的辅助决策技术。由于基本的名义小组法缺乏较为有效的分析手段，因此，面向当前非常规突发水灾害事件的应急决策，我们提供了基于水灾害情景匹配与政策预案情景参照的辅助决策技术。通过可视化研讨技术，将当前水灾害现场的现实情景直观地呈现给决策群体中的每一个个体。决策个体在动态环境中根据其先前的经验，对当前的情景作出评估，并根据水灾害的现实情景与历史情景之间的相似度度量，以及对国家、流域及地方颁布的防汛抗旱应急预案为应对原则提出各自的应急策略。在主持人的引导和控制下，合作群体之间进行充分的交流、评议，并最终形成符合应急合作主体决策偏好的应急预案。

改进后的名义小组研讨模型应用于非常规突发水灾害应急合作研讨系统的群体层，如图 5.20 所示。

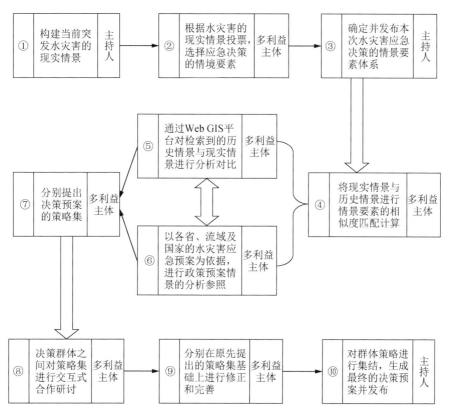

图 5.20　非常规突发水灾害应急合作群体层名义小组研讨决策模型

具体的群决策研讨步骤如下：

① 在研讨会议正式开始之前，由主持人将当前非常规突发水灾害最新的情景指标值录入系统，由此构建出当前非常规突发水灾害的现实情景。

② 各决策主体根据对水灾害现实情景的了解和分析，以及各自先前的经验，投票选择对本次应急决策而言最为关键的一系列情景要素，其中包括自然情景要素和灾情情景要素等。

③ 主持人通过研讨系统的统计分析工具对多主体应急决策情景要素进行汇总分析，确定并发布本次非常规突发水灾害应急决策的情景要素体系。

④ 各决策主体分别将水灾害的现实情景与历史情景进行情景要素的相似度匹配计算，检索满足自定义相似度区间的历史水灾害情景集。

⑤ 各决策主体分别通过 Web GIS 平台对检索到的历史情景与现实情景进行情景要素的分析对比，着重研究各次历史情景中的所采用的策略方案及策略实施

效果，并为提出决策预案的策略集做好准备。

⑥ 各决策主体分别以各省、流域及国家的水灾害应急预案为依据进行政策预案情景的分析参照，作为下一步提出决策预案策略集的原则性指导。

⑦ 各决策主体分别提出决策预案的策略集，并可以在研讨系统的发言功能区表达自己的观点或阐述自己的论据；若在此过程中，系统采集到最新的灾情情景要素信息，则可据此重新进行水灾害情景的相似度匹配计算，即回溯到第四个步骤。

⑧ 决策群体之间对策略集进行交互式研讨。此过程支持同步研讨，即某决策个体 A 提出的某个策略或观点会实时群发给其他决策个体，而其他决策个体可以选择是否将决策个体 A 提出的该条策略纳入自己的决策预案中；反之，也可以不接受该策略或表达对决策个体 A 所提观点的反对或质询。

⑨ 经过充分的研讨后，各决策主体可以在原先各自提出的策略集基础上进行修正和完善。

⑩ 主持人对决策群体所提出的策略集进行集结，生成最终应急决策预案并发布。

3. 应急合作个体层 RPD 研讨决策模型

（1）RPD 的基本思想

基于认知主导决策（recognition-primed decision，RPD）模型是一种以认知为主的决策模型，是建立在学习之上的决策行为，具有较强的环境适应性。采用 RPD 研讨决策模型是因为现实决策问题具有时间紧迫、信息不确定、概念模糊、决策环境动态演化和目标不良等特点，决策分析的传统方法难以应用。通过对决策环境的相似性感知和匹配作出决策的思路是具有启发性的[244]。

（2）基于水灾害情景集的应急合作个体层 RPD 决策模型

根据 RPD 的思想，在群体层研讨模型基础上，建立个体层 RPD 决策模型。如果研讨个体感知到某个历史水灾情景与当前的现实情景是相似情景，则决策模型将对该情景进行识别和匹配，并运用以往经验知识生成一个策略方案，如果该策略方案基本满足本次应急决策的要求，则可以付之实施，否则将重新选择或者定义新的策略方案直至基本满意。

水灾害情景的识别过程产生 3 个结果，其中，目标是决策试图达到的防灾减灾的目标，线索是识别、检索水灾害情景所依赖的情景要素，策略方案则是根据经验知识生成或完善的策略序列。决策模型根据目标、期望、线索判断选择的行动方案是否满足当前态势。在此基础上，通过模糊相似度度量算法对水灾害历史情景集进行检索，检索到与现实情景相似度匹配的历史情景后，可进行情景要素的分析对比，着重研究各次历史情景中的所采用的策略方案及其实施效果，为当前提出应对策略集做好准备，如图 5.21 所示。

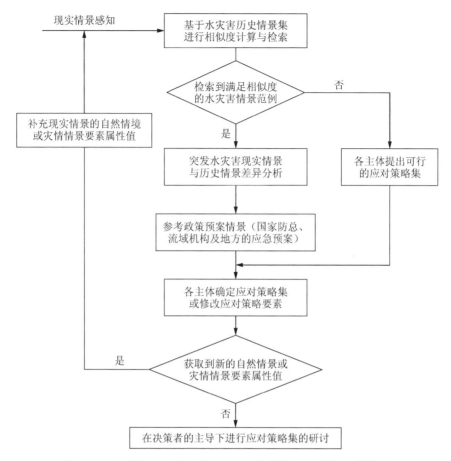

图 5.21　非常规突发水灾害应急合作个体层 RPD 研讨决策模型

（3）水灾害情景集的模糊相似度度量算法

传统的范例相似度度量方法要求对范例属性有精确的描述，基于经典粗糙集的相关算法亦是如此（需要确定可辨识关系）。而在现实中，尤其是在非结构化的决策环境中，大量的事件属性信息无法精确描述。由于不能很好地解决范例中模糊属性的相似性度量问题，限制了研讨系统在判断、评估、决策和推理方法的进一步应用。因此，有必要对这类无法精确描述的模糊概念进行有效的处理。相似粗糙集考察的是范例属性之间的相似度，这一特征使我们在描述范例时保留模糊属性成为可能：只需定义针对模糊模型的属性相似度度量算法，就可将模糊属性和精确属性纳入统一的相似度度量框架中来。本系统借鉴已有的模糊属性相似度度量方法，采用集成的范例属性相似度计算方法，以期提高范例间相似度函数的精确程度，改善范例检索的效果和效率[244]。

5.4 非常规突发水灾害应急合作研讨技术

5.4.1 知识库推理技术

1. 非常规突发水灾害量级知识库需求

作为整个非常规突发水灾害应急合作研讨平台的子系统，非常规突发水灾害量级知识库在充分吸收整个应急合作研讨平台的技术和特色基础上，根据自身的特点和业务功能，形成以下需求分析的内容。

非常规突发水灾害量级知识库子系统需要将知识库作为一种定制的系统进行设计，知识库总体设计和推理机的设计都需要建立在流域的水灾害数据的基础上。

根据知识的表示清晰明确、符合人的思维习惯、易于理解、可读性好的原则，非常规突发水灾害量级知识库系统设计为基于事实和规则的知识库系统。为了知识的修改、扩充方便，在事实库和规则库的基础上，又添加了水灾害量化阈值库，作为存储水灾害级别信息的模块。阈值中包含级别属性、对应级别水灾害的重现期等信息，为将来要修改重现期等指标值提供了很大的便利。同时，为存储每次推理的结果，避免研讨专家进行重复性操作，建立了推理结果库。

非常规突发水灾害量级知识库系统为方便用户对知识库的管理和维护，水灾害量化阈值库、事实库和规则库都必须有基本的查看、添加、删除和修改等功能，推理结果库中为了防止推理的结果改变而引起推理结果正确与否的混乱，并且不需要添加功能，因此只保留了结果的查询及删除功能。

2. 基于数据驱动控制的知识库推理机设计

推理(或称问题求解)是知识库系统不可缺少的功能，问题求解方式和知识的表示与组织之间关系密切。

(1) 推理机的基本概念

推理机是知识库系统问题求解过程必不可少的机制，其功能是根据一定的推理策略从知识库中选择有关知识，对用户提供的事实进行推理，直到得出相应的结论为止。严格地定义，推理机中只应包含与领域知识无关的问题求解控制策略、知识搜索技术及冲突技术解决技术。知识库和推理机的分离也是设计实现知识库系统的基本原则之一。早期专家系统、知识库系统组建时的许多工作集中在推理方法的设计和实现上。目前多数专家系统语言都提供推理机，并提供各种冲突解决策略以满足不同的应用需求。这样，知识库系统开发人员不必考虑具体的知识搜索技术和冲突技术，只需给出高效控制策略和适当的冲突解决技术。

控制策略决定了对知识进行选择的方法，对问题求解的效率和效果有重要影响，常用的控制策略有数据驱动控制（又称正向推理）、目标驱动控制（又称反向推理）和混合控制（又称双项推理）。数据驱动控制适合于解空间很大的问题，其主要缺点是盲目推理，求解了许多与总目标无关的子目标；目标驱动控制适合于解空间较小的问题，其不足在于子目标选择盲目，不允许用户主动提供信息来指导推理过程；混合控制则综合了两者的优点。

（2）推理机策略选择

推理策略可以分为正向推理、反向推理和双项推理 3 种形式，本系统中由于水灾害量化级别已经给定，即从给定的事实出发，找到所有能够推断出来的结论，即水灾害量化级别，故采用正向推理策略。

正向推理也称为数据驱动控制，是根据初始的事实，运用知识库中的知识，由系统逐步推出目标的一个推理过程。

基于规则的正向推理是按照在已确定存在规则知识的前提下，采用事实驱动方式进行的推理。系统将所推理地源数据信息与规则库中的规则的条件事实进行匹配，若匹配成功，得出推理结果。

基于规则的推理机在进行匹配操作时，会出现以下可能的结果：只有一条规则匹配成功，这是最为理想的情形，余下的事情只需验证这条规则的前提是否成立，若成立，则这条规则最终被“激活”；没有一条规则匹配成功，造成这种情形的原因有多种，可能是由于在前面执行问题求解过程时选择的路径不对，因而需要重新回溯，也有可能是因为知识库中的知识不全没有包含目前这一种情形等原因。

（3）推理机算法设计

基于上述推理策略和非常规突发水灾害量级知识库系统为定制系统的特性，为非常规突发水灾害量级知识库系统设计了特定的推理机求解算法。此求解算法封装为一个独立的类-Arithmetic(Data，Rule)，其中 Data 和 Rule 为类接口。当进行推理时，即调用此算法进行求解。以下为算法详细求解过程。

1）判断规则所属测量站点和源数据所属测量站点是否匹配。在此过程中，需判断规则和源数据之间的所属站点是否一致（Rule. region？＝Data. region）：

① 源数据中所有数据都与规则中站点不一致，即 each Data. region≠Rule. region，则需要重新选择。

② 源数据中有个别数据站点不一致，即 some Data. region≠Rule. region，则抛弃这些不一致数据，进入下一过程。

③ 源数据中所有数据都与规则中站点一致，即 each Data. region＝Rule. region，进入下一过程。

2）拆分规则中条件事实（condition）字段值并做匹配比较。把规则中条件事实的一级、二级和三级阀值拆分，然后判断条件事实字段值与源数据字段值是否匹配(如条件事实阀值字段为 A，源数据字段为 B，则 A? ＝ B)：不匹配，即 A ≠B，需要停止推理，重新进行选择；匹配，即 A＝ B，需进入字段数值比较过程。

3) 字段数值比较。条件事实中水灾害级别字段分为一级(firstLevel)、二级(secondLevel)、三级(thirdLevel)3 个级别，源数据字段 B 分别与这 3 个级别的字段 A 作比较，比较结果：

① 源数据字段 B 中数值大于一级字段 A 数值，即 Data. B＞Rule. condition. firstLevel. A，则调用规则中结论事实相对应字段值，得出结论：此站点××年水灾害级别为一级突发水灾害，重现期为××年。

② 源数据字段 B 中数值小于三级字段 A 数值，即 Data. B＜Rule. condition. thirdLevel . A，则调用规则中结论事实相对应字段值，得出结论：此站点××年份水灾害级别未达到三级突发水灾害级别，重现期小于××年。

③ 源数据字段 B 中数值小于一级字段 A 数值大于二级字段 A 数值，即 Rule. condition. thirdLevel . A ＞Data. B＞Rule. condition. secondLevel . A，则调用规则中结论事实相对应字段值，得出结论：此站点××年份水灾害级别为二级突发水灾害，重现期为××年。

④ 源数据字段 B 中数值小于二级字段 A 数值小于三级字段 A 数值，即 Rule. condition. secondLevel. A ＞Data. B＞Rule. condition. thirdLevel . A，则调用规则中结论事实相对应字段值，得出结论：此站点××年份水灾害级别为三级突发水灾害，重现期为××年。

4) 推理结束。用户查看推理结果，决定是否保存推理结果，结束一次推理过程。

(4) 推理机流程

在上文推理算法的基础上，完善整个知识推理的流程。详细推理流程如图 5.22 所示。

1) 选择规则及对应的源数据。用户根据需要推理的测量站点(region)选择规则(Rule)和源数据(Data)，规则所属测量站点和源数据所属测量站点需一致，即 Rule. region＝Data. region。

2) 进入主推理过程，即推理机算法求解过程。

3) 结束推理。

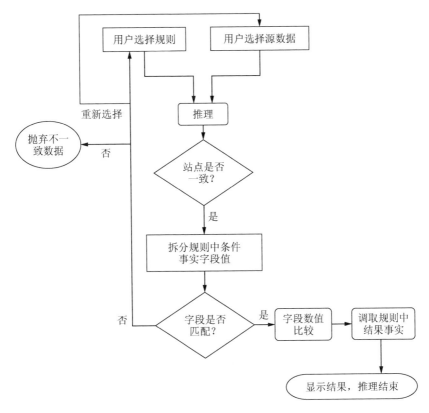

图 5.22　推理机流程

5.4.2　情景可视化技术

非常规突发水灾害应急合作研讨的目的是在较短的时间阶段内通过多方合作主体对当前灾情的分析、决策和研讨，形成一致的应对当前非常规突发水灾害的预案策略集。在此过程中，参与合作研讨的各主体需要对当前的灾情有较为全面直观的了解，快速获取感性的灾情信息，"看"到灾情的特征，形成对水灾害情景的认知，在此基础上才能提出适用的策略、观点。

首先，构建由研讨信息可视化和水灾害情景可视化所组成的情景可视化体系；其次，将通过对研讨信息聚类分析的研究及富客户端可视化技术的实现，直观地呈现研讨信息之间的关系、研讨信息与水灾害情景要素之间的关系，使参与研讨的主体快速获取群体知识，更好地实现人机交互与知识共享；最后，通过动态专题图等技术的研究实现水灾害情景的空间可视化，展现丰富的水灾害情景，从而为个体层应对策略的提出提供支持。

1. 情景可视化体系构建

非常规突发水灾害应急合作的可视化研讨体系中，研讨信息的可视化和水灾害情景的可视化构成了应急合作多主体群决策过程中的非常重要的两个方面，且水灾害情景本身具有更大的动态性和复杂性。非常规突发水灾害应急合作的可视化研讨体系组成如图 5.23 所示。

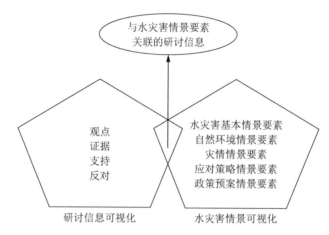

图 5.23　非常规突发水灾害应急合作的可视化体系构成

（1）研讨信息可视化

在非常规突发水灾害应急合作的研讨中，多主体成员所发表的信息有两种模式：一是观点（主张）＋证据的模式，二是评论＋证据的模式。第一种模式中，可视化要凸显发言人、发言时间、发言内容等研讨信息的属性；而第二种模式的可视化中，除了上述研讨信息属性外，还要显示本次评论所针对的发言对象，以及支持、反对等语义关系。多主体所提出的每一个观点或者发表的每一条评论，都可以作为一条可视化元信息[245]。随着研讨的进展逐渐深入和群体成员意见的交互，参与主体将会发表大量的元信息，如果不经有效的可视化技术进行分析、处理，这些本应成为"知识""经验"的元信息就会变成杂乱无章的文本垃圾。因此，研讨信息可视化的实现目标主要有以下两点。

1）实现当前研讨会议下大量元信息间的语义可视化。不仅强调有效组织和显示多主体研讨过程中发表的各种元信息，形象直观地表现各元信息之间的语义关系，克服由于元信息量庞大造成的群体捕捉、记忆信息能力限制，而且需要表现研讨过程的动态性，从而形成随研讨元信息数量不断发散的多层次动态网络拓扑结构。此外，元信息间的语义可视化可以帮助合作研讨的主体准确获取研讨中的交互信息和研讨成果，提高研讨流程和发言信息的可追溯性，从而改善研讨效果，辅助决策。

2）实现与水灾害情景要素等研讨主题关联的研讨信息可视化。由于非常规突发水灾害应急合作研讨系统的研讨活动以"水灾害情景"的分析推理为基础，因此，有必要将研讨会议中的大量研讨信息进行关键词聚类分析和过滤筛选等处理，向研讨主体直接提供与"水灾害情景"要素属性相关的研讨信息及关键词的集合，构成"研讨主题—聚类关键词—研讨信息"三级研讨聚类信息的可视化拓扑网络，从而为研讨主体和决策者提供水灾害应急情景要素（含自然环境情景要素、灾害情景要素等）研讨及最终确定的依据来源。

（2）水灾害情景可视化

在非常规突发水灾害应急合作的决策过程中，参与决策的个体需要对当前整个灾情情景有一个较为全面的了解，即对现实灾情情景形成一定的认知。因此，需要研讨系统提供具有丰富表现力和交互性能的地理空间决策平台。该平台可以为参与决策的群体提供基于时间演化的灾害情景可视化动态分析及水灾害专题图等功能，从而为水灾害应急合作的多主体决策提供空间可视化的决策依据。

通过基于动态演化的水灾害专题图系统实现对业务数据库中的数据访问，并将结果与空间数据库结合，在地图中加以渲染并展示。用户使用系统中的"水灾害专题图"功能，可对不同的风险要素指标进行分析，生成以不同情景要素为主题的专题图。利用时间序列演化的方式来实现非常规突发水灾害专题图的动态变化，这种动态专题图使灾害风险要素的指标数据及风险等级信息基于年份序列形成更加明显的纵向对比，帮助用户观察并预测到一些潜在的趋势信息，以支持专家的决策，同时也增强了专家用户使用的体验性。

2. 研讨信息聚类可视化技术

信息表示形式是影响决策过程的首要因素。研讨人员感知和处理可视化图形的能力很强，可视化将有助于研讨人员理解半结构化复杂问题特征，缩短个体对决策问题认知的时间，促进群体成员相互学习从而达成共识；可视化可以激发研讨成员联想，提高群体研讨的整体创造性；可视化提供了一种有效的信息共享模式和信息统计功能，提高了群体沟通的有效性，有助于消除群体对问题的分歧。因此，群体研讨信息的可视化从大量的研讨数据中提取并显示有用信息，变不可见为可见，丰富了认知手段和群体发现信息的途径，其研究重点是设计和选择适当的显示方式以便群体成员了解大量的研讨数据及其之间的关系[245]。在非常规突发水灾害应急合作的研讨主题和研讨任务下，对研讨中的发言信息进行有效的分词及关键词聚类处理后，通过一系列的推理导出与水灾害情景研讨有关的要素和结论。流程如图 5.24 所示。

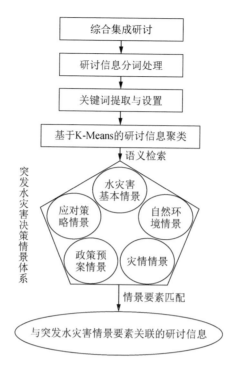

图 5.24 与水灾害情景要素关联的研讨信息聚类可视化技术

3. 水灾害情景可视化技术

系统需要采用情景可视化技术设计出具有表现力丰富、交互能力强等特点的水灾害情景空间分析功能，其中包含动态专题图等，从而为研讨主体提供一个具有水灾害情景集查询分析功能的可视化决策平台。

水灾害情景可视化技术的应用具有以下需求：①需提供各类情景要素的空间查询功能；②需提供对历史情景及现实情景的情景要素横向、纵向分析比较功能；③需借助 RIA 技术的特性设计出有良好表现力和互动性的体验效果，以帮助参与研讨的主体快速获取更为感性直观的灾情情景。

Flex 作为 RIA 的典型实现技术之一，其在界面呈现方面具有极高的用户体验性和交互性，可用于在客户端完成与用户的交互，以及为用户呈现地图和数据等信息。因此，本书采用 Flex 作为非常规突发水灾害应急合作技术平台的表现层技术与 ArcGIS 相结合，将众多的气候、降水特征信息查询、专题图以及决策模拟的结果结合丰富的客户端效果加以展示。表现层的 Flex 平台通过基于 REST 技术的方式访问 ArcGIS Server 服务器，获取地图资源。然后通过加入的第三方组件 ArcGIS API For Flex 对地图资源进行操作。表现通过 BlazeDS 技术完成与数据层的交互。系统架构图如图 5.25 所示。

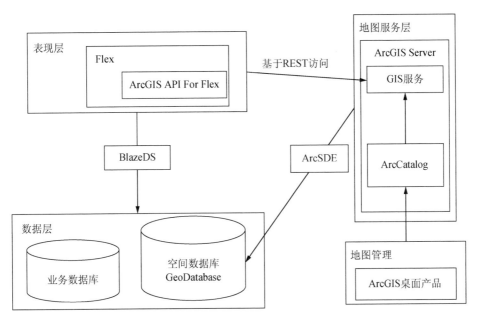

图 5.25   集成式空间情景可视化架构

研讨系统中设计了两种类型的数据库,一种是业务数据库,另一种是空间数据库。业务数据库存放与水灾害情景、地理空间信息、综合集成研讨及多主体角色控制相关的关系型数据表;而空间数据库的数据是由 ArcGIS 通过 ArcSDE 进行管理,发布至数据库平台。电子地图与空间数据库进行绑定后系统就可以使用 SQL 语句对空间数据库的数据表要素类或者地理信息进行操作,同时也可以更新地图。

专题图系统在业务上需要同时使用上述两种数据库的数据。专题图所需要的历史情景数据都存储于业务数据库中,而数据显示的区域位置则与空间数据库相关联。使用空间数据库进行查询可以直接把地图中的要素和业务数据相结合。要实现业务数据在地图中相关区域显示的效果,主要有两种方法:一是通过查询图层,遍历要素类获取关键字段,再将这些字段与其他条件结合在业务数据表中进行查询得出结果,最终反映到该要素类上;二是根据条件动态地把业务数据中的查询结果更新到空间数据库表中,地图数据也随之更新,然后通过 ArcGIS API For Flex 中的类方法对地图进行操作,最终显示结果。

动态专题图功能的操作流程如图 5.26 所示。

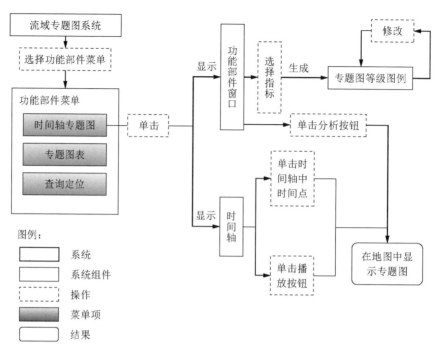

图 5.26　动态专题图功能操作流程

5.4.3　模型库设计技术

参与研讨的各主体在研讨系统中无法直接依靠业务数据库中的业务数据进行情景预测，而是依靠情景决策模型库中的模型对水灾害情景进行预测或决策，因而研讨系统的情景决策功能是以模型驱动的。研讨系统中的模型库可以为水灾害趋势预测的求解提供决策支持，因此水灾害情境预测模型库在很大程度上决定了研讨系统的辅助决策性能。建立模型库系统的目的是便于异步研讨环境下各决策主体查询、调用及管理研讨系统中的各种预测决策模型。本书基于 SOA 研究异步决策环境下模型库系统中的模型动态集成技术。为了最大程度地提高模型的复用效率，将设计基于"决策服务"记忆功能的模型库存取模式，构建支持异步调用的分布式模型库系统，实现决策服务的跨平台发布与调用等功能。

1. 异步决策环境下的群体决策模型库应用场景构建

目前，在众多群决策或专家集成研讨的实际过程中，经常存在异步研讨环境下的决策群体需要对共同的决策问题采用多种来源的预测模型进行训练、预测及分析研讨的情形，因此，研讨厅模型库的应用场景是一个不断变化的环境，无法构建于一个静态的框架下。群体决策模型库的构建将传统的静态或相对静态的集中式模型库系统转向一个基于分布式动态模型库的外部场景构建。如图 5.27 所示，支持异步决策的情景决策模型库应用场景的构建具体包含以下 3 层内涵。

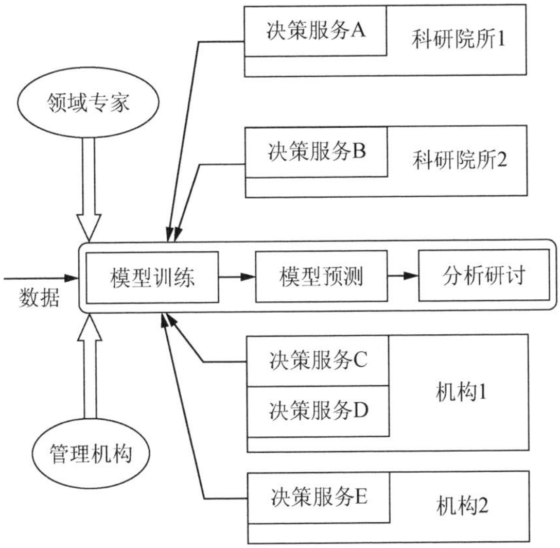

图 5.27 支持异步研讨的群体决策模型库应用场景

1）情景决策模型库采用异地分布式的架构进行建设，即在参与研究决策的各方建立分布式模型库，各方专家按照本书提出的模型库内部体系的标准进行本地模型库系统的建设。

2）情景决策模型库的管理采用"分布—集中"的模式进行控制，即各方既有的决策服务和动态新增的决策服务必须统一在研讨厅服务器端进行注册，在群决策支持系统的模型字典中对各决策服务的基本信息进行维护和管理。

3）参与群体决策的领域专家和管理机构的决策者在研讨系统中不仅可以使用系统已有的决策服务，还可以选择来自异地模型库中的动态扩充进来的决策服务进行模型训练、预测、分析及研讨。

2. 基于决策服务的模型库存取模式

在异步研讨环境下，决策群体对待选方案作出综合意见集成之前，必然需要对所面临的决策问题进行一系列的预测与分析，如对水灾害未来情景的发展趋势进行预测分析。如果在模型库系统中可以记忆群体中某一方调用决策服务的过程和成果，重现其模型训练、模型预测分析的历史场景，便可使其他决策群体能够迅速对异步决策环境下模型的业务内涵、适用情景、使用效果有更加直观的了解，进而可以提高模型的易用性和使用效率。如图 5.28 所示，"决策服务"记忆功能所涉及的典型要素包括模型的使用者、模型训练，以及模型预测的操作过程和结果等内容。通过对以上要素的抽取将决策服务的情景属性存储到模型库系统。反之，则可以将决策服务的情景属性进行还原，并重现历史服务场景。

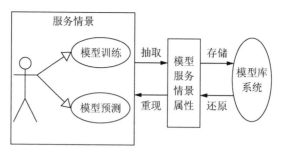

图 5.28　决策服务记忆与还原示意

设计基于决策服务的情景决策模型库系统，重点应考虑异步决策环境下模型的决策服务所包含的一系列过程性的状态属性，主要涉及以下几类信息。

1）决策群体采用样本数据对模型进行训练，在训练过程中所设置的变量个数、输入的变量值、训练所产生的各种过程信息，如各种参数检验值。

2）决策群体对模型训练完毕，最终生成有效的模型配置信息，如模型各自变量的权重系数等。

3）决策群体选择训练完毕的模型进行实际预测所得到的输出结果，如因变量的预测值。

4）决策群体每次调用模型进行训练或预测的历史调用信息，如决策服务的调用者、模型训练、运行的历史时间及调用者对每次所使用模型的整体满意度。此类信息可以作为其他决策群体进行模型调用的参照信息。

通过对以上决策服务的过程属性分析，研讨系统的模型库包含了结构化数据和半结构化数据，这就决定了模型库的存储不可能由单一的关系型数据库管理系统（relational database management system，RDBMS）来完成，而是需要 RDBMS 和可扩展标记语言（extensible markup language，XML）数据文档混合存储的方式才能完成。XML 提供了一套跨平台、跨程序语言的数据描述方式，其内容结构可以随着数据的动态扩充而任意扩展。

这里，提出情景决策模型库系统由模型构件、模型字典和模型运行属性文档三部分组成，如图 5.29 所示。其中，模型构件是模型的基本算法经过组件化封装得到的程序，是模型计算的核心。设计构件所采用的程序语言必须是面向对象的高级程序语言（如 Java）。模型字典存储了模型自身的基本属性，是可以被结构化描述的关系型数据，因此可以直接存储在 RDBMS 中，通过数据库编程接口（如 JDBC，java database connectivity）向决策服务提供模型的基本信息。模型运行属性文档则是将模型训练、模型预测的动态过程属性在 XML 数据文档中进行描述，不同模型的模型运行属性文档的结构也是有差异的。该文档最终被存储到 RDBMS 中二维关系表的 Clob（character large object）类型的字段中。通过 XML

解析器(如 DOM4J，document object model for java)可对其进行存取操作。

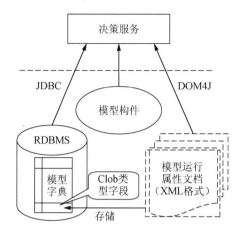

图 5.29　基于决策服务的模型库存取模式

　　显然，以上 3 个部分构成了决策服务记忆功能所需的核心内容，尤其是模型运行属性文档。当决策群体需要某一模型的决策服务情景重现时，可以有选择地通过模型库将这 3 个部分模型属性进行抽取，并最终通过 UI 部件进行呈现，由此给当前的决策群体提供了模型使用的范例参考，提高了模型的可用性。

3. Web 决策服务的主从模型库访问控制技术

　　SOA 本身并没有确切地定义服务具体如何实现，而 Web Services 技术则提供了具体的指导原则。因此，在模型库的原型系统实现过程中，采用了 Web Services 对决策服务进行封装，决策服务通过服务描述语言(web services description language，WSDL)描述其提供的功能方法，并采用广泛使用的通用协议(如 HTTP、SOAP)和 XML 格式进行数据交互。

　　在决策服务发布技术中，采用 Axis(apache extensible interaction system)2.0 作为主模型库的决策服务发布容器。Axis 提供了一个 Apache-Axis Web 应用，将它发布到 J2EE 应用服务器中，J2EE 应用服务器充当 Apache-Axis Web 应用的容器，而 Apache-Axis Web 应用又充当 Web Services 的容器。

　　在群决策过程中，除了研讨系统所在服务上的主模型库之外，部分需要使用的模型可能在远端异步决策环境下(如 .NET 平台)的从模型库中，如图 5.30 所示。.NET 平台直接内建了对 Web Services 的支持，其中包括基于 RPC 的请求处理与响应。在此过程中，服务所传输的数据经过 XML 序列化/反序列化进行传输。

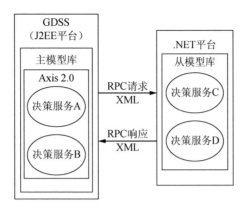

图 5.30　主从模型库之间决策服务的交互

　　主从模型库中的模型构件必须按 Web Services 的技术标准将业务方法进行封装，对外发布成决策服务，提供给研讨系统的用户进行调用。异步研讨环境下，主从模型库系统只要按以上标准来设计并发布各自决策服务中方法即可。此外，方法中的参数需采用对象数组的类型（如 Object[]），因为对象数组可以被其他高级编程语言（如 Object Pascal、C♯等）兼容。

第 6 章

淮河流域非常规突发洪水
灾害应急管理应用研究

■ 6.1 淮河流域非常规突发洪水灾害应急管理现状分析

6.1.1 淮河流域非常规突发洪水灾害概况

淮河流域地处中国东部,介于长江流域和黄河流域之间。淮河流域发源于河南省桐柏山,经河南、安徽、江苏三省,在三江营入长江。洪河口以上为上游,长 360km,落差 178m;洪河口到洪泽湖(中渡)为中游,长 490km,落差 16m;洪泽湖以下至三江营为下游,长 150km,落差 6m。上游以山区、丘陵为主,地势陡峭;中下游以平原为主,地势平坦。淮河作为我国南北方分界线,特殊地理位置使得它成了我国南北(江南多雨区和华北少雨区)气候过渡带,年雨量时空分布不均。

淮河流域地处我国东部,跨河南、安徽、江苏和山东四省,是南北气候、高低纬度和海陆相 3 种过渡带的重叠地区,水旱灾害频繁。特别是 1194 年黄河南决夺淮以后,洪涝灾害加剧。据统计,在黄河夺淮(1194 年)以前的 1379 年中流域共发生洪涝灾害 175 次,平均每 8 年发生 1 次。1194~1855 年黄河夺淮期间,共发生较大洪水灾害 119 次(不含黄河决溢水灾 149 次),平均 5.6 年发生 1 次。1856~1948 年的 93 年中,共发生洪涝灾害 85 次,平均 1.1 年发生 1 次洪涝灾害[246]。

新中国成立以来,虽然淮河经过系统治理,非常规突发水灾造成的损失显著减少,特别是 1991 年以来的治淮 19 项骨干工程的实施,使流域洪涝灾情得到有效控制[246]。2003 年、2007 年发生的流域性突发洪水,虽然洪水比 1991 年大,但洪涝成灾面积和经济损失与 1991 年相比,2003 年减少 15% 以上,2007 年减少约 50%。

由于孕灾的气候特征、特定的地理特征及不对称的水系分布等自然条件难以改变,淮河出现水灾的概率仍然较大,如 1954 年、1991 年、2003 年和 2007 年流域性大洪水和 1957 年、1968 年、1969 年、1974 年、1975 年、1982 年、1983 年区域性大洪水等，水灾损失仍然较重[246]。根据对 1949～2003 年及 2007 年淮河流域洪灾成灾面积资料的统计，累计成灾面积为 9186 万 hm²，超过 400 万 hm² 的突发洪灾有 4 次，平均约 15 年发生 1 次，其中有 3 次集中在 20 世纪 50 年代末至 60 年代初，1963 年突发洪灾成灾面积高达 675 万 hm²，超过多年平均水平的 4 倍。20 世纪不同年代平均成灾面积先降后升，50～60 年代为 200 万 hm²，70 年代为 100 万 hm²，80～90 年代为 150 万 hm²。

　　表 6.1 列举了 20 世纪以来淮河流域的主要大洪水。淮河流域非常规突发洪水灾害发生较为频繁，且具有跨界、复杂性等特征，因此选择淮河流域作为实例研究对象，具有一定的典型性。

表 6.1　淮河流域主要非常规突发洪水事件

发生时间	河流	代表站	洪峰流量/(m³/s)	洪水特性
1921 年 6～11 月	淮河	蚌埠	15 100	洪水过程长达 5 个月，120 天洪量 1866 年以来第一位
1931 年 7～8 月	全流域	鲇鱼山河段	6 500（调查）	五河以下水位高于 1954 年，蒋坝水位为 1855 年以来最高
1943 年 8 月	沙颍河	漯河	3 760	沙河和北汝河上游为稀遇洪水
1954 年 7 月	淮河	蚌埠	11 600	中渡 30 天洪量重现期为 54 年，淮北大堤决口
1968 年 7 月	淮河上游	淮滨	16 600	淮滨 15 天洪量重现期超 50 年
1975 年 8 月	洪河	石漫滩出库	30 500	石漫滩水库垮坝
	汝河	板桥出库	78 800	板桥水库垮坝
	沙河	官寨	14 700	
1991 年 7 月	全流域	吴家渡	7 840	中渡 30 天洪量重现期为 15 年
2003 年 7 月	全流域	吴家渡	8 470	中渡 30 天洪量重现期为 26 年
2007 年 7 月	全流域	润河集	7 400	水位（27.82m）为历史最大

6.1.2　淮河流域非常规突发洪水灾害应急管理现状

　　目前，我国已经建立起了由中央政府直接指挥、统一部署，地方各级政府分级管理，各部门分工负责，军队积极参与，以地方为主、中央为辅的非常规突发水灾害事件应急管理体制。淮河流域应急管理体制具体表现为国家防总及淮委各部门在分别落实救灾责任的同时进一步加强综合协调；地方政府（江苏省、安徽省、河南省）落实本级政府抗灾救灾的职责。可以看出，从灾害预警预测、灾害应急处置到灾后重建工作各个阶段都需要淮委、江苏省、安徽省、河南省积极参与应急管理。

　　尽管在 2003 年、2007 年淮河流域非常规突发洪水灾害应急处置工作取得了良好的成绩，但在实际应急管理过程中普遍存在地方政府采取背离合作行为的潜在因素：地方政府之间没有领导与被领导的关系，其合作或者是靠利益驱动，或者来自上级政府的安排、命令、鼓励等措施，主要来自外部的推动力量；各地方政府的认知结构、偏好等异质性的存在决定了他们在应急管理中的角色、决策与行动选择会不同，主体理性行为引发集体非理性，相互推诿、卸责、"搭便车"等现象广泛存在；加之非常规突发洪水灾害应急管理的高度不确定性和时间紧迫性等特点，易导致地方政府偏离最优合作路径，应急管理效率易受到影响，非常规突发洪水灾害应急管理易陷入"集体行动的困境"。

　　因此，现阶段淮河流域水灾害应急管理需求应重点放在淮河流域非常规突发洪水灾害应急管理方面，着力解决如何积极应对洪水灾害、如何促进应急管理中各利益主体团结合作、如何快速作出科学应对洪水灾害的有效应急方案等问题。

■ 6.2　淮河流域非常规突发洪水灾害应急合作管理

6.2.1　淮河流域非常规突发洪水灾害应急合作管理机制

　　淮河流域非常规突发洪水灾害应急管理系统也具有多主体的特征：不仅需要水利、电力、交通等部门的协调处理，还需要医疗卫生和公共安全部门的通力协作。应急管理的工作原则之一就是"快速反应，协同应对"，这要求江苏省、安徽省、河南省务必密切合作，各尽其责，积极接受淮委的统筹安排。

　　淮河流域突发洪水往往由大范围连续性暴雨致使干支流洪水遭遇而形成。针对淮河流域暴雨洪水的特性，依据 2008 年水利部水文局提出的《流域性洪水定义及量化指标研究》及淮河流域防洪实际情况，以淮河干流王家坝、润河集、正阳关、蚌埠和蒋坝 5 个站为观测站研究淮河流域非常规突发洪水灾害应急合作机制（图 6.1）。根据暴雨场景，选取面雨量、洪峰水位、7d/15d/30d 的洪量和承灾体易损性等指标，将淮河流域百年来的 10 场历史典型大洪水分为不同情景的突发洪水：一级突发洪水、二级突发洪水、三级突发洪水。不同情景下的突发洪水，应急管理的重点和方式将略有不同。

　　淮河流域非常规突发洪水灾害应急合作系统主要由国家防总及淮委、江苏省、安徽省、河南省构成。非常规突发洪水灾害应急管理的主要过程如下：水灾害应急政策制定→水灾害应急政策执行→水灾害应急效果反馈→修改或制定新的水灾害应急政策……在淮河流域非常规突发洪水灾害应急决策过程中，最高层应急主体有国家防总和淮委防汛抗旱办公室（以下简称"淮委防办"），它们在整个应急决策中扮演着强互惠主义者，制订应急总体方案、监督应急主体行为，通过惩罚、激励机制等决策安排促进下一层级主体（河南省、安徽省、江苏省）之间的合作。河南、安徽、江苏三省在上一级强互惠者的统一领导下，相互适应、演化，达到三省合作的帕累托最优。而各省又是下一层级主体的强互惠者，如安徽省政府是下一层级主体安徽省水利厅、安徽省气象局、安徽省财政厅、安徽省交通运输厅、安徽省公安厅、安徽省卫生厅、安徽省民政厅、企事业单位等的强互惠者，各主体在安徽省政府的强互惠作用下相互适应、协调、演化，达到合作的帕累托最满意……层层进行下去。整个应急过程可分为为 n 个阶段（t_1，…，t_i，…，t_n），每个决策阶段 t_i，根据雨情、水情和灾情，重新进行应急决策，形成渐进式的动态应急合作机制。

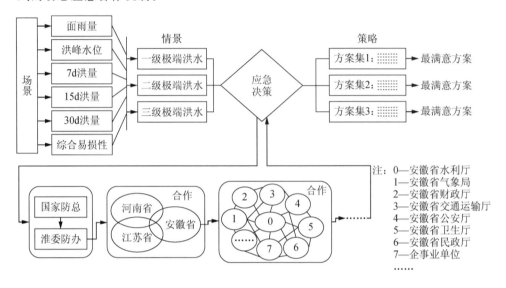

图 6.1　淮河流域非常规突发洪水灾害应急合作机制

6.2.2　淮河流域非常规突发洪水灾害应急合作仿真分析

1. 宏观层面的非常规突发洪水灾害应急合作分析

结合前述第 4 章宏观层面非常规突发水灾害应急合作的理论内容，重点考察淮河流域非常规突发洪水灾害应急管理过程中中央与地方、地方政府之间的应急合作行动。

（1）淮委与地方政府之间的应急合作

淮委和地方政府之间应急合作模型见第 4.2 节。假设仿真软件初始设置 Initial time＝0，Final time＝500，Time step＝0.25，则 $P<M$ 以及 $P>M$，且 $\varepsilon<c_i-P$ 两种情况下系统演化趋势仿真结果如图 6.2 和图 6.3 所示。

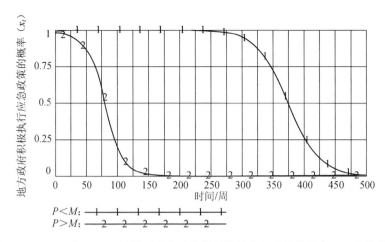

图 6.2　$P{<}M$ 和 $P{>}M$ 情况下地方政府积极执行应急政策的概率(x_t)收敛趋势

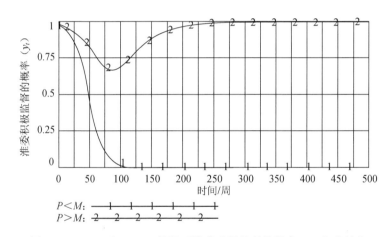

图 6.3　$P{<}M$ 和 $P{>}M$ 情况下淮委选择监督的概率(y_t)收敛趋势

1）$P{<}M$ 时，x_t 演化为 0，y_t 演化为 0，表明当淮委的监督成本太高而对地方政府的消极执行应急政策行为处罚又太轻时，淮委逐渐趋向于不监督，而地方政府则选择消极执行应急政策。

2）$P{>}M$，且 $\varepsilon{<}c_i{-}P$ 时，x_t 演化为 0，y_t 演化为 1，表明如果淮委对地方政府消极执行政策行为处罚力度加大至大于监督成本，虽然能够提高淮委对地方政府监督的积极性，但由于地方政府积极执行应急政策得到的隐形收益较低而由此带来的额外成本较高，通过长期反复博弈，学习和模仿，尽管有限理性的中央政府选择监督，有限理性的地方政府却最终都趋向于消极执行应急政策这一策略。

（2）江苏省与安徽省之间的应急合作

地方政府之间应急合作的 SD 模型见第 4.2 节，这里仅以江苏、安徽两省间应急合作为例，河南、安徽两省间及江苏、河南两省间应急同理分析。假设初始变量值 Initial time＝0，Final time＝350，Time step＝0.25，$R_1＝R_2＝9$，$C＝5$，$\theta＝1.5$，$\alpha＝1.5$，$\beta＝1.2$，$F＝2$，在模拟系统演化过程中，选取其中一个变量，改变其数值，研究其变化对系统演化结果的影响，具体模拟结果如图 6.4 和图 6.5 所示。由图 6.4 和图 6.5 可知，在保持其他变量不变的前提下，分别改变 $R_j(j＝1，2)$、α、β 的数值，江苏省和安徽省选择合作的比例 p_t、q_t 收敛趋势

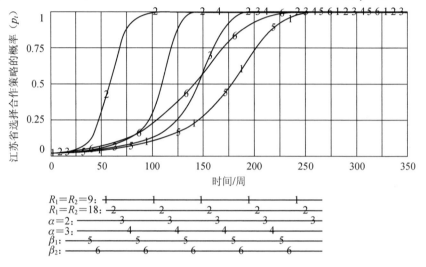

图 6.4 R_i、α、β 变化时江苏省选择合作策略概率（p_t）收敛趋势比较

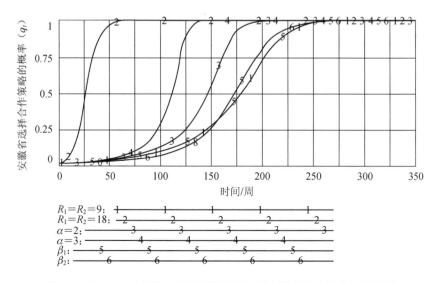

图 6.5 R_i、α、β 变化时安徽省选择合作策略概率（q_t）收敛趋势比较

发生变化。具体来说，当 $R_j=9$ 调整为 $R_j=18$ 时，如图 6.4 所示，p_t 的收敛趋势曲线由曲线 1 变为曲线 2，江苏省在 $R_j=18$ 情况下经过约 100 周时间收敛至 $p_t=1$，其收敛时间远远小于 $R_j=9$ 情况下的 250 周左右；如图 6.5 所示，p_t 的收敛趋势曲线由曲线 1 变为曲线 2，江苏省在 $R_j=18$ 情况下经过 53 周左右时间收敛至 $p_t=1$，其收敛时间远远小于 $R_j=9$ 情况下的约 250 周。因此，提高江苏省和安徽省在执行应急政策中的基本得益有利于提高系统演化速度，更早地达到进化稳定策略(1，1)，即在淮河非常规突发洪水灾害应急管理中，增加应急主体中江苏省、安徽省及河南省的基本得益如各种形式的表彰、奖励及晋升等有利于促进更早、更快地选择有利于达成彼此合作的策略。

同理，当 $\alpha=2$ 改变至 $\alpha=3$，$\beta_1=1.2$ 改变至 $\beta_2=1.4$ 时，在图 6.4 中，p_t 的收敛趋势曲线分别由曲线 3 变为曲线 4、曲线 5 变为曲线 6；在图 6.5 中，q_t 的收敛趋势曲线分别由曲线 3 变为曲线 4、曲线 5 变为曲线 6；p_t、q_t 收敛至 $q_t=1$、$q_t=1$ 的时间缩短。αR 表示江苏省和安徽省均选择合作策略时的得益，在各个博弈方基本得益 R 不变的情况下，α 增加可以使系统更快地演化到进化稳定策略，这说明在淮河非常规突发洪水灾害应急管理过程中，制定一定的激励政策，使江苏省和安徽省确信如果互相合作将能获得比不合作时更多的奖励将有效促进它们在应急管理中的合作；βC 表示江苏省和安徽省均选择不合作时各自应付出的成本，通过一定的教育等使江苏省和安徽省确信不合作将带来更大的成本，或是通过一些惩罚措施来增加不合作的成本，将有利于它们在应急管理过程中的合作。

由图 6.6 和图 6.7 可知，在保持其他变量不变的前提下，分别改变 F、θ、λ 的数值，江苏省和安徽省选择合作的比例 p_t、q_t 收敛趋势发生变化，且 F、λ 的数值变化对 p_t、q_t 收敛速度的影响同 R_j、α、β 相似，即增大 F、λ 的数值都有利于 p_t、q_t 收敛速度的增加，或者说收敛至 $q_t=1$、$q_t=1$ 的时间缩短。

与 R_j、α、β、F、λ 不同的是，调整 $\theta_1=1.3$ 为 $\theta_2=1.5$ 时，在图 6.6 和图 6.7 中，p_t、q_t 的收敛趋势曲线都由曲线 3 变为曲线 4，江苏省和安徽省在 $\theta_2=1.5$ 情况下经过约 265 周时间收敛至 $P_t=1$、$q_t=1$，其收敛时间远远大于 $\theta_1=1.3$ 情况下的 175 周左右，因此，当地方政府 $j(j=1，2)$ 选择合作，而地方政府 $k(k=1，2$，且 $j\neq k)$ 选择不合作时，由地方政府 j 承担的成本增大将不利于提高 p_t、q_t 的收敛速度，即在非常规突发洪水灾害应急政策执行中，通过适当的方式补偿地方政府 j 承担的由地方政府 k 不合作带来的额外成本，有利于提高合作秩序达成的速度。

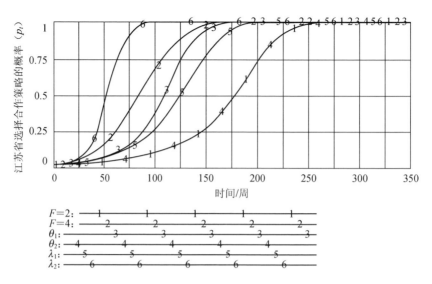

图 6.6　F、θ、λ 变化时江苏省选择合作策略概率（p_t）收敛趋势比较

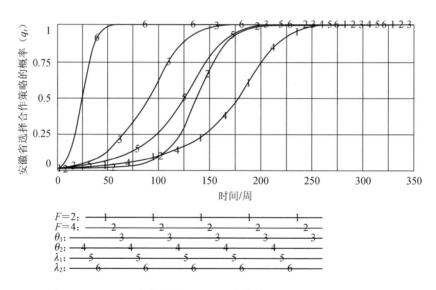

图 6.7　F、θ、λ 变化时安徽省选择合作策略概率（q_t）收敛趋势比较

2. 微观层面的非常规突发洪水灾害应急合作分析

依据第 4.2 节微观层面水灾害应急合作机制理论，借助 Netlogo 平台探讨基于微观利益主体决策的非常规突发洪水灾害应急合作。

（1）仿真环境设置

仿真过程以 Netlogo 为平台，构建二维的 Turtle 世界。Netlogo 的基本假设：空间是被划分的网格，即 Turtle 的活动范围。每个 Turtle 自主行动，系统随时间的推移不断更新。Netlogo 定义了 3 类主体：瓦片（patch）、海龟（turtle）、观察者（observer）。在洪水灾害发生的区域内，隶属不同组织的应急主体相遇后，开始应急合作过程。海龟的位置由坐标 (x, y) 确定，不同的组织由形状（shape）区分，不同的信念规则由颜色（color）区分。具体而言，shape＝"default"表示 A 的应急行动主体，shape＝"arrow"表示 B 的应急行动主体。蓝色表示以强化学习规则为信念的主体，绿色表示以虚拟博弈规则为信念的主体，红色则表示以 EWA 规则为信念的主体，Turtle 属性值的变化通过监控器跟踪观察。

仿真初值的设置具体包括应急群体 A 和 B 中不同学习适应规则的人数，A-reinforcement，A-beliefs，A-EWA，B-reinforcement，B-beliefs，B-EWA；群体 A 和 B 中应急行动主体"合作"和"卸责"两种策略的历史收益，A-initial-cooperation-score，A-initial-shirking-score，B-initial-cooperation-score，B-initial-shirking-score。如图 6.8 所示，第一组控件包括 6 个滑动条：A-reinforcement-base-agents，A-beliefs-base-agents，A-EWA-base-agents，B-reinforcement-base-agents，B-beliefs-base-agents，B-EWA-base-agents，用来设置 A、B 群体中各种不同学习适应规则下的人数，区间为[0，300]。第二组控件包括 8 个监控器，A-cooperation-payoff，A-shirking-payoff，B-cooperation-payoff，B-shirking-payoff，A-num-cooperation，A-num-shirking，B-num-cooperation，B-num-shirking。用于读取 A、B 群体中不同策略的平均支付及选择的人数。

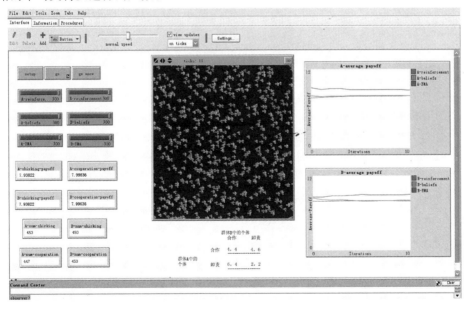

图 6.8　Netlogo 仿真界面

（2）无政府强互惠作用下的应急合作

情景一　比较不同学习适应规则的平均收益。两组参数设置一致，3 种学习适应规则的人数分别为 300（每组总人数为 900），图线输出如图 6.9 所示。平均收益变化曲线中，由上至下依次表示强化学习规则、虚拟博弈规则和 EWA 规则。以强化学习规则为参照对象，比较平均收敛值发现：虚拟博弈规则的平均收益比其高出 3.35%，而 EWA 规则的平均收益高出 14.15%。仿真结果表明：外界信息的获取和自身的学习能力对演化博弈过程有较大的影响，获取信息和分析信息能力越强的学习适应规则在洪水灾害应急合作演化过程中获得效用也越高。

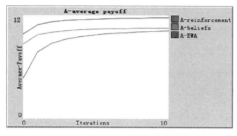 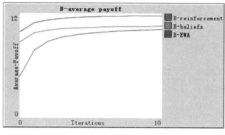

（a）群体A的平均收益曲线　　　　　　（b）群体B的平均收益曲线

图 6.9　情景—学习适应规则平均收益变化曲线

情景二　设置不同的初始信念，即在博弈开始前，应急行动主体已经形成了对策略选择的预先判断，用选择策略人数的百分比表示（即 $t=0$ 时，不同策略选择的人数百分比 initial-percentage）。在博弈开始前，当原本选择"合作"策略的人数多于选择"卸责"策略的人数时，初始信念认为"合作"策略更有效；反之，当原本选择"合作"策略的人数少于选择"卸责"策略的人数时，初始信念认为"卸责"策略更有效。

不同初始信念下非常规突发洪水灾害应急合作过程中选择"合作"策略人数变化百分比曲线如图 6.10 所示。用阶段性博弈选择"合作"策略人数的百分比来描述合作行为的发展情况，即选择"合作"的人数越多，表明该阶段的应急合作较好；反之，选择"卸责"行为的人数越多，表明该阶段的应急合作越差。"Initial-cooperation＝50%"曲线为参照对象，表示博弈开始前选择"合作"的人数初始比例为 50%，该曲线位于图线系列的中间位置，策略选择人数百分比收敛于 46%。"Initial-cooperation＝60%"和"Initial-cooperation＝80%"的曲线位于参照曲线上方，即初始情况为群体中 60% 的决策者和 80% 的决策者认为选择"合作"行为更有效时，收敛值分别为 57% 和 66%。"合作"策略选择人数百分比依次递增，说明选择"合作"策略的人数多于选择"卸责"策略的人数，且选择"合作"的初始人数比例越高，博弈过程中选择"合作"策略的人就越多，应急合作效果越好。"Initial-cooperation＝50%"曲线以下分别为"Initial-cooperation＝40%"和"Initial-cooperation＝20％"曲线，即初始情况为群体中 40％的决策者和 20％的决策者认为选择"合作"行为更有效时，收敛值分别为 37％和 28％，"合作"策略选择人数百分比依次递减，说明选择"合作"策略的人数少于选择"卸责"策略的人数，且选择"合作"的初始人数比例越低，博弈过程中选择"合作"策略的人就越少，应急合作效果越差。

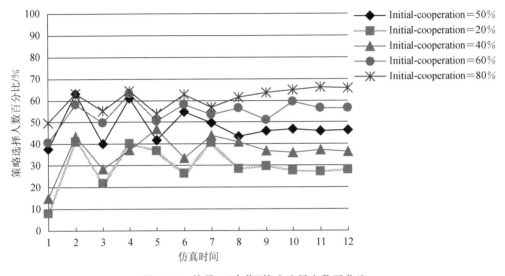

图 6.10　情景二"合作"策略选择人数百分比

在情景二中，博弈开始前，群体 A 和群体 B 未进行信息交流，彼此不了解对方的历史收益和策略倾向，只有当洪水灾害应急合作开始后，信息的交流范围才从群体内部扩散到群体之间。初始信念值对非常规突发洪水灾害应急合作的演化有着重要影响。当选择"合作"策略的初始人数多于选择"卸责"策略的初始人数时，即群体中更多的决策者认为采用"合作"策略更为有效时，则博弈过程中决策者更倾向于采取"合作"策略，应急合作程度高；反之，当选择"卸责"策略的初始人数多于选择"合作"策略的初始人数时，即群体中更多的决策者认为采用"卸责"策略更为有效时，决策者更倾向于采取"卸责"策略，应急合作程度低。

（3）政府强互惠作用下的应急合作

讨论政府强互惠政策通过改变博弈支付矩阵影响应急合作演化过程。p 为强互惠政策的惩罚力度，r 为强互惠政策的奖励力度，分别调整 r、p 的大小，分析当只有奖励政策、只有惩罚制度和奖惩机制并存情况下的仿真结果。

情景三　当政府强互惠政策只制定奖励机制时，讨论奖励力度对应急合作演化的影响。

1）以 A 组为参照对象，A 组的支付矩阵不改变，其他初值设置一致，每组

人数为 900，B 组取 $r=4$，$p=0$ 时，结果如图 6.11(a) 所示。当 $t>13$ 时选择
"合作"策略人数的百分比收敛于 49%，说明选择"合作"策略的人数与选择"卸
责"策略的人数相当。而 B 组制定了奖励机制，对选择"合作"策略的个体予以奖
励。通过图线可以看出，"合作"策略选择人数百分比最终收敛值为 100%，所有
的决策个体都选择"合作"策略，说明政府强互惠政策可以提高应急合作程度并维
持应急合作秩序，且相较于改变决策个体的初始信念、增加博弈过程中信息量的
方法更为有效。

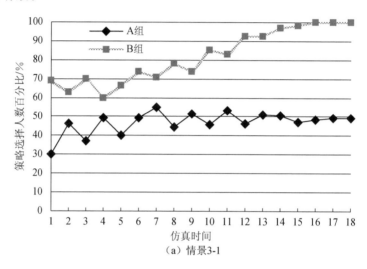

（a）情景3-1

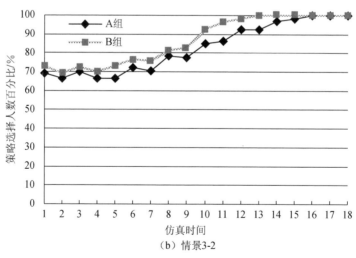

（b）情景3-2

图 6.11　情景三"合作"策略选择人数百分比

2）A 组依然设置 $r=4$，$p=0$；每组人数为 900，B 组取 $r=8$，$p=0$ 时，结

果如图 6.11(b)所示。A 组为参照对象($r=4$，$p=0$)，当 $t>16$ 时选择"合作"策略人数的百分比收敛于 100%；而 B 组($r=8$，$p=0$)，当 $t>13$ 时，选择"合作"策略人数的百分比收敛于 100%，曲线位于 A 组的左侧，收敛速度大于 A 组。说明当政府强互惠政策只制定奖励制度时，奖励的力度越大，选择"合作"策略人数的百分比就越早收敛于 100%值，应急合作效果越好。

情景四　当政府强互惠只制定惩罚制度时，讨论惩罚力度对应急合作的影响。

1) 以 A 组为参照对象，A 组设定为只制定奖励机制的情况以作比较，取 $r=4$，$p=0$；每组人数为 300，B 组取 $r=0$，$p=4$ 时，结果如图 6.12(a)所示。A 组为参照对象，即只有奖励政策激励情况下的合作演化过程，支付矩阵同情境三，当 $t>15$ 时选择"合作"策略人数的百分比收敛于 100%。而 B 组的决策者只受惩罚制度约束，即对选择"卸责"策略的个体加以惩戒。通过图线可以看出，"合作"策略选择人数百分比在 $t>12$ 时收敛值为 100%，曲线位于 A 组的左侧，收敛速度大于 A 组。说明政府强互惠制定惩罚制度可以促进洪水灾害应急合作，且相较于奖励机制来说更为有效。

2) A、B 两组同为只有惩罚制度约束的情况，每组人数为 900，A 组取 $r=0$，$p=4$，B 组取 $r=0$，$p=8$ 时，结果如图 6.12(b)所示。A 组为参照对象($r=0$，$p=4$)，当 $t>12$ 时选择"合作"策略人数的百分比收敛于 100%；而 B 组($r=0$，$p=8$)，当 $t>10$ 时，百分比曲线收敛于 100%，曲线位于 A 组的左侧，收敛速度大于 A 组。说明当政府强互惠政策只制定惩罚制度时，惩罚的力度越大，选择"合作"策略人数的百分比就越早收敛于 100%，应急合作效率也越明显。

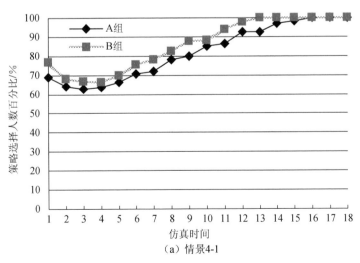

(a) 情景4-1

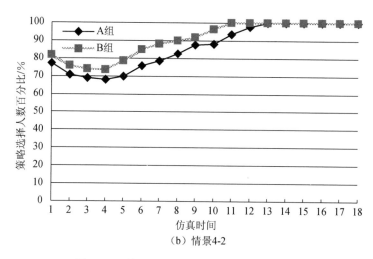

（b）情景4-2

图 6.12　情景四"合作"策略选择人数百分比

情景五　政府强互惠政策同时制定奖励机制和惩罚制度时，比较洪水灾害应急合作的效果。A、B 两组参数设置一致，每组人数为 900，取 $r=4$，$p=4$，得到"合作"策略选择人数变化表，作出"合作"策略选择人数百分比曲线，与单独制定奖励机制（$r=4$，$p=0$）、惩罚制度（$r=0$，$p=4$）时的百分比曲线比较，如图 6.13 所示。曲线 s_3 表示政府强互惠政策同时制定奖励机制和惩罚制度时的情况，曲线 s_2 表示只有惩罚制度情况下的洪水灾害应急合作演化过程，曲线 s_1 表示只有奖励机制时的情况。图线从左向右依次为曲线 s_3、曲线 s_2、曲线 s_1，当 $t>7$ 时，曲线 s_3 收敛于 100% 值；当 $t>12$ 时，曲线 s_2 收敛于 100% 值；当 $t>$

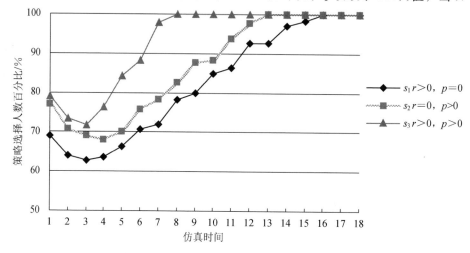

图 6.13　情景五"合作"策略选择人数百分比

15 时，曲线 s_1 收敛于 100％值。"合作"策略选择人数百分比曲线收敛速度从大到小依次为曲线 s_3、曲线 s_2、曲线 s_1，说明当政府强互惠政策同时制定奖励机制和惩罚制度时，应急合作效果优于单独制定惩罚制度或奖励机制时的效果。

6.3　淮河流域非常规突发洪水灾害应急合作行动的研讨决策体系

以 2007 年淮河流域非常规突发洪水灾害事件为应用背景，通过对 2007 年淮河流域非常规突发洪水灾害应急管理合作的研讨决策过程进行应用，完成对非常规突发水灾害应急管理决策理论与方法检验，并对该研讨决策体系应用效果进行了评价，从而为国内灾害应急管理提供方法和技术上的借鉴与参考。

6.3.1　研讨决策参与主体分析

1. 参与研讨的多主体

淮河流域突发洪灾应急研讨系统中，主要参与主体及职责和任务描述如下。

（1）中央政府代表

中央政府层级主要从宏观政策及地区稳定发展的角度来把握应急管理方案的运行。在淮河流域突发洪灾应急合作的研讨过程中，作为中央政府的代表主要有水利部、国家防总。

（2）淮河流域管理机构代表

淮河流域管理机构主要是指淮委。淮委负责防治流域内的水旱灾害，承担流域防汛抗旱总指挥部的具体工作。组织、协调、监督、指导流域防汛抗旱工作，按照规定和授权对重要的水工程实施防汛抗旱调度和应急水量调度，制订流域防御洪水方案并监督实施，指导、监督流域内蓄滞洪区的管理和运用补偿工作，按规定组织、协调水利突发公共事件的应急管理工作。淮委在洪灾应急合作的研讨过程中的主要职责是进行流域洪水防御的统一指挥和调度主持研讨的全过程，负责研讨过程中的协调问题。

（3）地方政府及职能部门

在淮河流域突发洪灾应急合作的研讨过程中，河南省、安徽省、江苏省负责本行政区域内的抗洪抢险和行蓄洪区运用准备、人员转移安置及救灾等工作。河南省负责所辖水库调度运用，负责陈族湾、大港口等圩区滞洪的有关工作。安徽省负责所辖水库，蒙洼、城西湖、城东湖、荆山湖等行蓄洪区，茨淮新河、怀洪新河（安徽部分）等分洪河道，临淮岗洪水控制工程运用，负责临王段、正南淮堤、颍右圈堤、黄苏段、颍左沘右圈堤等堤防弃守的有关工作。江苏省负责入江水道、入海水道、淮沭河、苏北灌溉总渠及废黄河、怀洪新河（江苏部分）等工程运用，负责洪泽湖周边圩区滞洪和入海水道北侧、废黄河南侧夹道地区泄洪利用的有关工作。煤矿、油气、铁路、公路、电力、通信等部门负责所属设施的防洪安全[247]。

（4）专家

参与研讨的相关领域专家也是研讨系统中不可或缺的角色，是复杂问题求解任务的主要承担者。在淮河流域突发洪水灾害应急合作研讨过程中，专家应包括水利部、民政部、财政部、交通运输部、农业部等部门的专家，还应包括应急管理、风险管理等领域的专家。

2. 研讨主题

在淮河流域突发洪水发生发展的过程中，参照《防洪法》《淮河流域防洪规划》《淮河防御洪水方案》等，国家防总与淮河防汛总指挥部（以下简称"淮河防总"）、流域内有关省防指及淮河防总与流域内有关省防指关于突发洪水防御的应急合作展开研讨，主要包括以下几个主题。

（1）行蓄洪区运用

该研讨主题由淮委主持，参加人员包括国家防总，淮河防总，河南省、安徽省及江苏省防指，蒙洼蓄洪区、城西湖蓄洪区，以及城东湖、瓦埠湖及其他行蓄洪区的普通民众代表，研讨内容包括：①蒙洼蓄洪区、城西湖蓄洪区的运用由淮河防总商有关省份提出意见，报国家防总决定；②城东湖、瓦埠湖及其他行蓄洪区的运用由有关省份商淮河防总决定。

（2）破堤进洪

该研讨主题由淮委主持，参加人员包括国务院，国家防总，淮河防总，河南省、安徽省及江苏省防指。研讨内容包括：①弃守正南淮堤、颍右圈堤、黄苏段、颍左沘右圈堤，以及利用入海水道北侧、废黄河南侧的夹道地区泄洪；②临王段、陈族湾、大港口等一般堤防保护区破堤进洪。

（3）洪泽湖的调度运用

该研讨主题由淮委主持，参加人员包括国家防总，淮河防总，河南省、安徽省及江苏省防指。研讨内容包括：①蒋坝水位低于 14.5m，洪泽湖的调度运用由江苏省负责，遇特殊情况，由淮河防总调度；②蒋坝水位达到或超过 14.5m，洪泽湖的调度运用由淮河防总商有关省份提出意见，报国家防总决定。

（4）重点大型水库为淮河干流洪水错峰的调度

该研讨由淮委主持，参加人员包括淮河防总，河南省、安徽省及江苏省防指。

（5）怀洪新河、茨淮新河分洪运用

该研讨主题由淮委主持，参加人员包括淮河防总及安徽省和江苏省防指。

（6）救灾

该研讨主题由各省人民政府主持，参加人员包括淮河防总，河南省、安徽省及江苏省人民政府及防指，其他相关职能部门。研讨内容包括河南、安徽、江苏省各级人民政府协同有关部门做好受灾人员安置、生活供给、卫生防疫、物资供应、治安管理、征用补偿、恢复生产和重建家园等工作，尽快修复各类水毁工程设施。同时，协同有关部门按规定进行灾情调查统计，并及时上报。

（7）制订淮河洪水调度方案

该研讨主题由淮委主持，参加人员包括国家防总，淮河防总，河南省、安徽省及江苏省防指。研讨内容包括淮河防总根据国务院批复的淮河洪水防御方案，会同河南、安徽、江苏省人民政府制订淮河洪水调度方案，报国家防总批准。

（8）各级应急响应的启动

该研讨主题由淮委主持，参加人员包括国家防总，淮河防总，河南省、安徽省及江苏省防指。研讨内容包括从责任制落实到预案制订，从队伍组织到工程调度，从应急响应到上下游协调，从群众转移安置到行蓄洪区使用调度等方面。

6.3.2　应急合作研讨决策过程

根据第 5 章非常规突发水灾害应急管理合作研讨决策内容，本节将重点围绕 2007 年淮河流域非常规突发洪水灾害事件应急合作展开其研讨决策分析及制定，主要包括决策信息获取、多主体研讨决策及决策方案形成。

1. 基于情景的突发洪灾应急合作决策信息获取

（1）突发洪灾情景分析

参加研讨的各主体代表利用系统的可视化情景功能对本次洪灾的基本概况有一个较为全面的了解，这也是后续各主体进行研讨决策的基础。洪水灾害基础数据来源于文献[246，248-250]及淮委。

本次突发洪水发生的范围为淮河流域全流域，代表站位润河集，洪峰流量 7520m³/s，洪峰水位为历史最大。受冷暖空气的共同作用影响，2007 年 7 月淮河流域梅雨期降雨量为常年的 2～3 倍，导致淮河出现多次洪水过程，淮河干流全线超过警戒水位，部分河段及支流超过保证水位。淮河干流王家坝站最高水位大于 2003 年，与 1954 年持平，为有实测资料以来仅次于 1954 年的流域性大洪水。受降雨影响，淮河干流王家坝站 6 月 30 日 8 时开始起涨，至 7 月 3 日 20 时超过警戒水位，5 日 20 时润河集站达到警戒水位。

1）雨情。淮河流域 2007 年梅雨期为 6 月 19 日～7 月 26 日，历时 37 天，较常年多 14 天。其间，共出现 6 次大范围降雨过程，流域平均降雨量 437mm，淮河水系达 465mm。降雨具有历时长、覆盖范围广、总量大，高强度暴雨频发，时空分布有利于形成大洪水等特点。6 月 19～22 日、26～28 日的降雨解除了前期的较为严重的旱情，在流域内未形成洪水，但使绝大部分地区土壤含水量达到饱和。6 月 29 日～7 月 9 日淮河水系绝大部分地区降雨超过 200mm，致使干流王家坝站出现 2 次洪峰，润河集以下河段出现 1 次大的洪水过程，大部分支流均出现较大洪水。7 月 13~14 日流域降水，造成淮河王家坝站第 3 次洪峰。7 月 18~20 日、21~25 日降雨使淮河王家坝出现第 4 次洪峰。淮河水系最大 30 天(6 月 26 日~7 月 25 日)降雨量绝大部分地区超过 300mm，淮南山区、洪汝河、中游沿淮、洪泽湖周边及北部支流的中下游地区超过 500mm，沿淮上、中、下游均出现了 600mm 以上的暴雨中心，石山口水库上游涩港店站达到 919mm；100mm、200mm、300mm 和 400mm 以上雨区覆盖面积为 19 万 km²、18.4 万 km²、15.1 万 km² 和 12.4 万 km²，分别占淮河水系面积的 100%、97%、79%、65%。

2) 水情。受降雨影响，淮河干流出现复式洪峰。其中，淮河干流王家坝以上河段出现 4 次洪峰。由于支流洪水汇入及受行蓄洪区运用等影响，王家坝至临淮岗河段出现 3 次洪峰，临淮岗至淮南河段出现 2 次洪峰，淮南以下河段出现 1 次洪峰。淮河水情总体呈现出干支流洪水并发、洪水组合恶劣、涨势猛、水位高、干流中游高水位持续时间长及洪水量级大等特点。淮河干流及入江水道全线超过警戒水位，超警时间为 20~30 天。其中，王家坝至润河集河段超保证水位，润河集至汪集河段创历史新高。王家坝、鲁台子站最高水位均为有资料记载以来的第 2 位；入江水道金湖站最高水位均为历史第 3 位。息县至汪集河段最高水位超过 2003 年 0.06~0.37m。沂沭泗水系中运河、新沂河部分河段超警戒水位。一级支流沙颍河、竹竿河、潢河、白露河、史灌河、池河等均出现超警戒水位洪水。其中，竹竿河竹竿铺站、潢河潢川站、白露河北庙集站最高水位超保证水位；竹竿铺、北庙集站最高水位超过 2003 年。洪河全线超警戒水位，班台站水位超保证水位，超过 2003 年最高水位 0.19m。洪泽湖北部支流濉河、老濉河及徐洪河均出现超警洪水，老濉河泗洪站超过历史最高水位 0.02m。淮河干流息县站、王家坝(总)站、润河集站、鲁台子站及支流竹竿河竹竿铺站、潢河潢川站、洪汝河班台站、徐洪河金锁镇站最大流量均大于 2003 年；新濉河浍塘沟站、泗洪站流量为历史最大值。

经过初步分析与推理，2007 年淮河洪水王家坝、润河集、正阳关、蚌埠洪水重现期为 15~20 年，洪泽湖(中渡)约为 25 年，为新中国成立以来仅次于 1954 年的流域性大洪水。

(2) 突发洪水量级信息判断

洪水的形成多由长时间的强降雨造成，根据淮委的惯例，多是以 30 天连续累积洪量作为表征洪水量级的标准。蚌埠站作为淮河中上游的重要控制站，在水文预报和防洪调度过程中发挥着重要的作用。因此本节内容主要以蚌埠站为例判断淮河流域突发洪水量级，蚌埠站洪水量级划分标准如表 6.2 所示。当蚌埠站洪水量化阈值为 30d 洪量大于等于 148.3 亿 m³ 这一阈值的洪水时，即认为是突发性洪水。

表 6.2　蚌埠站洪水量级划分

洪水量级	重现期(频率)	阈值/亿 m³
一级	＞50 年(＜2%)	＞219.0
二级	20～50 年(2%～5%)	179.4～219.0
三级	10～20 年(5%～10%)	148.3～179.4

资料来源：王慧敏. 中国极端洪水干旱预警与风险管理关键技术[D]. 南京：河海大学硕士学位论文，2012

以下以蚌埠站为例，采用前述基于数据驱动控制的正向推理技术进行推理判断。经过推理后发现，站点蚌埠 2007 年 30d 洪量为 168 900 万 m³，洪水量级为三级，重现期为 10 年。

由蚌埠站 30d 洪量判断历史各次全流域性大水量级如表 6.3 所示，各次大洪水均达到三级以上非常规突发性洪水标准，其中 1954 年洪水为一级非常规突发洪水，1931 年和 2003 年为二级非常规突发洪水。

表 6.3　淮河流域各次突发洪水量级表

发生年份	30d 洪量/亿 m³	洪水量级
1931	213.8	二级
1954	247.6	一级
1991	153.5	三级
2003	179.9	二级
2007	168.9	三级

从蚌埠站历史各次大洪水 30d 洪量对比可看出，淮河流域蚌埠以上区域 20 世纪以来共发生非常规突发性洪水 10 次，其中一级洪水 1 次，二级洪水 2 次，发生间隔从 2 年到 28 年不等；20 世纪 40～60 年代中期 35 年间发生非常规突发性洪水 5 次，是洪水高发期；进入 21 世纪，2003 年和 2007 年各发生一次，发生间隔缩短。

2. 突发洪灾决策主体研讨及决策方案形成

(1) 突发洪灾情景要素体系研讨

通过对本次突发洪灾现实情景信息分析和本次洪水量级的推理，各决策主体进入群体研讨阶段。首先，研讨人员通过了解、感知系统平台所发布的基本情景、自然环境及灾情情景的可视化信息，选择自己认为对本次洪灾应急决策起关键作用的情景要素并对其重要性进行赋分，在此过程中可以与其他与会研讨人员进行研讨，有助于作出合理的决策。之后，研讨人员各自提出所认可的情景要素体系后，由国家防总的代表主导进行研讨，并可以在各个阶段向参与研讨的群体发送实时的通知或发布阶段性成果。最终集结并发布基本情景、自然环境情景及灾情情景的情景要素体系构成(表6.4)，重要性指数代表经专家意见的集结后各情景要素在所属情景中所占的重要性比重。

表6.4 主持人发布的各情景要素体系构成

情景类型	情景要素		重要性指数
基本情景	时间		0.05
	范围		0.35
	代表站		0.15
	洪峰流量		0.15
	洪水等级		0.3
自然环境情景	最大月洪量		0.16
	流量频率		0.11
	降水量频率		0.13
	平均降水量		0.13
	水情	站名	0.09
		最高水位	0.09
	气象条件		0.16
	疫情暴发可能性		0.13
灾情情景	受淹农田		0.13
	倒塌房屋		0.07
	受灾耕地面积		0.1
	死亡人数		0.13
	灾害等级		0.1
	灾害范围		0.09
	直接经济总损失		0.13
	成灾面积		0.12
	受灾人口		0.13

(2) 突发洪灾情景相似度度量与检索

为了在短时间内对历史上淮河流域所发生的相似洪灾情景进行分析，参照往年洪灾应对策略的启用和措施的实施效果。通过检索历史上淮河流域发生的洪灾情景及其应对策略情景，对检索到的相似情景的要素属性进行深入了解，以支持个体层提出应对策略。分别通过参与研讨的淮河防总代表的决策过程和参与研讨的领域专家代表的决策过程两次洪灾情景相似度判断，可知2007年与1991年的自然环境情景较相似，而与2003年的灾害情景更为相似，分别如表6.5和表6.6所示。

表 6.5　自然环境情景相似度计算列表

项目	情景要素		重要性指数	2007 年情景	2003 年情景	1991 年情景	情境相似度×重要性指数（2007 年：2003 年）	情境相似度×重要性指数（2007 年：1991 年）
自然环境情景	最大月洪量		0.16	161.1 亿 m³	318 亿 m³	274 亿 m³	0.0829	0.1055
	流量频率		0.11	9.0%	6.4%	7.7%	0.0775	0.0934
	降水量频率		0.13	10.6%	6.1%	9.1%	0.0733	0.1092
	平均降水量		0.13	300～700mm	200～600mm	200～800mm	0.1205	0.1273
	水情	站名	0.09	王家坝	吴家渡	吴家渡	0	0
		最高水位	0.09	25.59m	22.05m	21.98m	0.0889	0.0888
	气象条件		0.16	暴雨	暴雨	暴雨	0.1637	0.1637
	疫情暴发可能性		0.13	较小	较小	较小	0.1272	0.1272
自然环境情景总相似度							73.40%	81.51%

表 6.6　灾情情景相似度计算列表

项目	情景要素	重要性指数	2007 年情景	2003 年情景	1991 年情景	情景相似度×重要性指数（2007 年：2003 年）	情景相似度×重要性指数（2007 年：1991 年）
灾情情景	受淹农田	0.13	—	12.9 万 hm²	—	0	0.132 3
	倒塌房屋	0.07	11.53 万间	77 万间	198 万间	0.0604	0.0361
	受灾耕地面积	0.1	250 万 hm²	384.7 万 hm²	551.7 万 hm²	0.0778	0.0467
	死亡人数	0.13	4 人	20 人	500 人	0.1321	0.1298
	灾害等级	0.1	特大水灾	特大水灾	大水灾	0.0884	0
	灾害范围	0.09	全流域	全流域	全流域	0.0882	0.0882
	直接经济总损失	0.13	155.2 亿元	286 亿元	340 亿元	0.0814	0.0605
	成灾面积	0.12	160 万 hm²	259.1 万 hm²	401.6 万 hm²	0.0854	0.0388
	受灾人口	0.13	2474 万人	3730 万人	5432 万人	0.1017	0.0603
灾情情景相似度						71.54%	59.27%

注："—"代表缺测或官方未发布统计数据

（3）基于历史情景信息的突发洪灾决策方案参考

在上述决策过程中，通过对历史情景的相似度比较，研讨决策的群体各自检索到符合预期相似度的历史洪灾情景，其中多数研讨人员认为 1991 年、2003 年与本次洪灾的情景较为相似。因此，在国家防总代表的主导下，各研讨主体对这两次洪灾的历史情景进行了分析和研讨，尤以这两次洪灾当时所采取的应对策略情景为重点分析的对象。

1) 1991年洪灾应对策略情景分析。1991年洪水期间主要采取的应对策略与措施如下。

第一，利用上游水库拦洪错峰，15座水库共拦蓄洪水38亿m³，削减洪峰70%～90%，其中所启用的水库包括薄山、宿鸭湖、南湾、石山口、五岳、泼河、鲇鱼山、梅山、响洪甸、磨子潭、佛子岭等。

第二，运用中游引蓄洪区分泄滞蓄洪水，共运用3个蓄洪区和14个引洪区，共滞蓄洪水40亿m³，充分发挥洪泽湖调蓄作用提前预泄，适时分泄，洪泽湖最大调蓄水量约32亿m³。

汛期拦蓄洪水效益显著的水库主要有梅山、鲇鱼山、响洪甸、磨子潭、佛子岭、宿鸭湖、泼河等水库。其中梅山、鲇鱼山、响洪甸、泼河水库均出现建库以来的最高库水位。在6月中旬先后启用或漫决的有童元、建湾、黄郢、南润段、润赵段、邱家湖、姜家湖、董峰湖8个行洪区和濛洼蓄洪区。7月上旬，除上述行蓄洪区再度启用外，又先后启用或漫决的有唐垛湖、上六坊堤、下六坊堤、石姚段、洛河洼、荆山湖6个行洪区，城西湖、城东湖2个蓄洪区。另外，汤渔湖行洪区为照顾煤矿、电厂而主动启用滞蓄泥河洼地洪水，瓦埠湖蓄洪区未曾启用，内水已达24亿m³，对淮河干流失去蓄洪作用。淮河蚌埠以上，除寿西湖外，所有行蓄洪区均被启用或进水。

2) 2003年洪灾应对策略情景分析。在2003年的淮河流域洪水中，各级防汛部门科学调度水库、分洪水道、行蓄洪水等水利工程，最大限度地发挥了水利工程的防洪作用。采取的主要应对策略与措施如下。

第一，充分利用上游水库拦洪错峰，淮河流域18座大型水库共拦蓄洪水20.2亿m³。如梅山水库入库洪峰7400m³/s，最大泄量975m³/s，削减洪峰86.8%，响洪甸水库拦蓄洪水3.5亿m³，降低正阳关洪峰水位0.15m。

第二，及时启用茨淮新河、怀洪新河分洪泄水，茨淮新河曾3次开闸行洪，最大分洪流量1500m³/s，累计分洪9.86亿m³，降低正阳关水位0.30m，怀洪新河4次开闸分洪，最大分洪流量1530m³/s，累计分洪16.1亿m³，降低蚌埠水位0.5m。

第三，适时运用行蓄洪区，蓄洪行洪，先后启用了9处行蓄洪区，对降低干流洪峰水位，缩短高水位持续时间，减轻淮北大堤等重要堤防的防守压力发挥重要作用。

第四，加大洪泽湖泄流，减轻中游和洪泽湖防守压力，充分利用入江水道入海水道，分淮入沂和灌溉总渠加快泄洪，洪泽湖最大出湖流量达到12 400m³/s，有效控制了洪泽湖水位，如入海水道最大泄量为1870m³/s，共泄洪44亿m³，实际降低洪泽湖水位0.4m。

3) 政策预案情景分析与参照。在对 1991 年和 2003 年两次历史洪灾的情景分析完毕后，研讨人员在国家防总代表的主导下，对《国家防汛抗旱应急预案》和《淮河防御洪水方案》等相关政策情景进行了分析和参考，提出下一阶段洪灾应对策略集，包括以下几个方面。

第一，淮河防御洪水方案的参照。2007 年 5 月 17 日，国务院正式批复了《淮河防御洪水方案》。《淮河防御洪水方案》和 1985 年国务院批复的淮河防御洪水方案相比，在洪水调度方面：一是细化了各量级洪水的安排，提高了防洪调度可操作性；二是明确了近年来新建成的临淮岗、入海水道、茨淮新河和怀洪新河等重点防洪工程的调度运用原则和启用条件；三是提高了蒙洼等蓄滞洪区的启用水位，蒙洼蓄洪区启用水位从 29.0m 提高到 29.3m，按照防洪规划对行洪区进行了调整，减少了超标准洪水弃守区范围；四是对淮河上中游重点大型水库错峰调度和洪泽湖提前预泄提出了要求；五是进一步明确了国家防总、淮河防总、各省防指调度权限。

《淮河防御洪水方案》的主要参照原则如下：第一，当淮河干流王家坝水位达到 29.3m 的分洪水位且继续上涨时，淮河防总代表及有关省向国家防总代表提出了"启用蒙洼蓄洪区分洪，减轻干流压力"的建议。第二，运用水库拦洪、削峰、错峰，充分利用河道泄洪，适时运用行洪区、蓄洪区、分洪河道，采取"拦、泄、蓄、分、行"等综合措施。第三，淮河防总负责流域洪水防御的统一指挥和统一调度工作，河南省、安徽省、江苏省负责本行政区域内的抗洪抢险和行蓄洪区运用准备、人员转移安置及救灾等工作。第四，淮河防总协调河南省尽可能控制上游水库泄洪，拦蓄洪水；协调江苏省调度入海水道和洪泽湖周边分洪闸加大泄洪流量，降低洪泽湖水位，为接纳淮河干流来水腾出库容。

第二，各级防汛抗旱应急预案的参照。2006 年，国家防总发布了《国家防汛抗旱应急预案》，2007 年 5 月，淮委编制完成了《淮委防汛抗旱应急预案》，沿淮河南省、安徽省、江苏省分别于 2007 年大汛之前完成了防汛风险应对策略制订。在本次研讨决策中，根据淮河汛情的发展、变化，研讨人员应提出相应的启动各级应急响应的策略，以保证防汛各项工作高效有序进行。

第三，蓄滞洪区运用预案的参照。根据国家防总办公室《蓄滞洪区运用预案编制大纲》，2007 年 5 月，安徽省完成编制了《安徽省蓄滞洪区运用预案》，确保人民群众的生命安全，进一步落实各项措施，并细化到户，责任落实到人，明确每家每户撤退转移路线，安置地点等具体内容。

(4) 突发洪灾应急合作决策方案形成

1) 个体层决策主体策略集的提出。在该阶段，研讨人员充分利用上述各类情景分析的成果和研讨过程中获取的群体经验与知识，提出具体的应对策略集，如表 6.7 所示。

表 6.7 研讨人员分别提出的应急决策策略集

研讨人员	策略类型	策略具体内容
国家防总代表	排泄涝水	开启蚌埠闸降低淮河水位
	拦洪削峰	启用宿鸭湖水库拦洪削峰
	蓄洪	启用蒙洼蓄洪区蓄洪
	分洪	启用入海水道分洪
	行洪	运用邱家湖行洪区行洪
淮河防总代表	排泄涝水	开启里下河地区沿海四大港排涝
	提前预泄	开启三河闸泄洪，腾出洪泽湖库容
	拦洪削峰	启用南湾水库拦洪削峰
	蓄洪	启用老王坡蓄洪区蓄洪
	行洪	运用南润段行洪区行洪
地方政府代表	排泄涝水	调度各类泵站抽排涝水
	拦洪削峰	启用石漫滩水库拦洪削峰
	拦洪削峰	启用梅山水库拦洪削峰
	行洪	运用姜唐湖行洪区行洪
领域专家代表	拦洪削峰	启用石山口水库拦洪削峰
	分洪	启用怀洪新河分洪
	行洪	运用石姚段行洪区行洪
	行洪	运用洛河洼行洪区行洪

2）群体层决策主体交互式策略研讨。参与研讨决策的群体可以将各自提出的策略进行研讨，对自己或其他成员的策略提出支持、反对、补充及证据等意见，并针对研讨主体发言中的有效知识进行聚类分析。在异步研讨过程中，参与研讨的个体可以浏览最新的水雨情预报信息及查询各水文站指标历史年度值的变化，也可以调用情景决策模型库中的预测决策模型进行辅助决策。在此基础上，与研讨群体就灾情的发展趋势进行研讨，对已提出的策略作出调整。

3）应急合作决策对策方案集形成。通过研讨信息的聚类可视化分析，研讨会议主持人（国家防总）对研讨群体所提出的各种策略进行汇总、分析，并通过群体一致性排序确定并发布最终的应对策略方案集，如表 6.8 所示。

表 6.8 最终发布的洪灾应急合作决策对策方案集

序号	策略类型	策略具体内容
1	排泄涝水	开启蚌埠闸降低淮河水位
2	排泄涝水	开启里下河地区沿海四大港排涝

续表

序号	策略类型	策略具体内容
3	排泄涝水	调度各类泵站抽排涝水
4	拦洪削峰	启用南湾水库拦洪削峰
5	拦洪削峰	启用石山口水库拦洪削峰
6	拦洪削峰	启用宿鸭湖水库拦洪削峰
7	拦洪削峰	启用石漫滩水库拦洪削峰
8	拦洪削峰	启用梅山水库拦洪削峰
9	提前预泄	开启三河闸泄洪，腾出洪泽湖库容
10	蓄洪	启用蒙洼蓄洪区蓄洪
11	蓄洪	启用老王坡蓄洪区蓄洪
12	分洪	启用入海水道分洪
13	分洪	启用怀洪新河分洪
14	行洪	运用邱家湖行洪区行洪
15	行洪	运用姜唐湖行洪区行洪
16	行洪	运用南润段行洪区行洪
17	行洪	运用石姚段行洪区行洪
18	行洪	运用洛河洼行洪区行洪

3. 突发洪灾应急合作决策体系的应用效果评价

（1）研讨所集结的对策方案集基本与 2007 年实际采取的应急响应措施相符

2007 年在国家防总的统一指挥下，淮河防总和各省防指采取"拦、泄、蓄、分、行、排"等综合措施，科学调度各类治淮工程，使其发挥了巨大的防洪减灾效益。应急响应措施主要有以下几个方面：上游水库拦洪削峰；提前预泄腾出河湖库容；充分运用蒙洼、老王坡蓄洪区蓄洪；适时启用入海水道、怀洪新河等河道工程分洪，抓住时机，实施分淮入沂，分担淮河防汛压力；及时运用行洪区行洪。通过与实际措施的对照分析，仿真研讨所集结形成的排泄涝水、拦洪削峰、蓄洪及行洪 4 种类型的策略基本与实际应急措施的内容相符，说明研讨系统在辅助决策方面所提供的情景式决策依据较为准确，可以科学形象地还原现实及历史洪灾的可视化情景，并提供决策者应遵循的应急政策参考，使得参与应急合作的多主体通过群体研讨的方式快速形成符合实际需求的应对策略集。

（2）洪灾情景集的相似度检索和分析提高了决策的科学性和有效性

在研讨过程中，当前所发生的突发现实洪灾事件具有时间有限、信息缺乏及致灾范围较广等特点，其应急决策不同于传统的基于单一决策模型的方式，因此，研讨系统通过各种科学手段所建立的多种洪灾情景，如现实情景、历史情景及预测未来变化趋势的未来情景等，可作为研讨人员有效的决策依据，帮助研讨者、决策者做好应急准备，提出积极有效的策略。通过仿真的过程验证了构建情景是应急决策的基础和条件，如何有效利用并合理分析情景是突发洪灾应急合作决策的重要任务。

（3）实现了政府主导的多利益决策主体研讨协商

研讨进程在政府决策者的主导和控制下高效有序地进行。2007年淮河非常规突发洪水灾害事件应急的一个突出特点，就是强化了政府的应急管理——应急管理体系的建设逐步成为各地方政府履行社会管理职能和公共服务职能的重要内容，强化了对地方政府的问责力度，从而有效提高了2007年淮河非常规突发洪水灾害应急过程中政府合作的效率。参与本次研讨的非常规突发洪水灾害应急合作主体间关系复杂，不同类型主体和同一类型主体之间都存在目标差异，甚至矛盾冲突的情况，客观反映多主体、多目标复杂与冲突的情况，所以非常规突发洪水灾害应急合作不仅仅是"决策"选择"最优"问题，更主要解决决策中不同利益主体参与研讨获得彼此都"满意"的方案过程，即需要以"沟通与协调"的方式进行。

因此，在研讨过程中，通过群体层名义小组的研讨模型，政府决策者作为主持人引导各研讨主体进行洪灾情景关键要素体系及应对策略集等内容的研讨活动，在各个阶段协调各类主体之间的研讨观点及意见，向参与研讨的多主体发布通知、阶段成果等各类决策信息。通过2007年淮河流域非常规突发洪水灾害应急过程分析可知，淮委和地方政府间的合作有效保证了2007年淮河非常规突发洪水灾害应急管理工作的有序开展。淮委同流域各地方政府按照蓄泄兼筹、上下游兼顾、团结协作和局部利益服从全局利益的洪水调度原则，采取了"拦、泄、蓄、分、行"等综合措施（如在淮委协调下，江苏省提前开启三河闸拦洪削峰、安徽省开启王家坝闸蓄洪、河南省老王坡滞洪区两次滞洪等），使得2007年淮河大洪水损失降到最低。

（4）实现了"情景—应对"的动态应急合作决策模式

在研讨过程中，通过个体层的RPD决策模型的实现，各类研讨主体在研讨期间可以通过快速获取洪灾的现实情景来提出各自的应对策略集，并且随着情景问题的复杂变化，不断完善灾害情景的信息，应对策略集也随之完善。这样就形成了一个"情景—沟通—合作—共识—情景"的动态循环的决策模式。在2007年淮河非常规突发洪水灾害应急中，就是因为面对洪灾现实情景，蒙洼的主动分洪策略，有效提高了此次洪水灾害的应急效率。

（5）先进决策技术有助于科学应对水灾害

通过建立基于综合集成研讨厅的水灾害应急合作决策体系，通过知识推理、情景可视化、模型库设计、决策研讨等技术整合共享灾情情景信息，准确判断洪水量级信息，详细获取应急决策信息及快速形成应急决策方案集。尽管本书以

2007 年淮河流域非常规突发洪水灾害为应用背景，对非常规突发水灾害应急合作决策体系的理论构建和相关模型技术进行仿真验证，但仿真结果充分说明先进决策技术有助于科学应对水灾害。

■ 6.4　淮河流域非常规突发洪水灾害应急管理的保障措施及对策

通过以上分析提出淮河流域非常规突发洪水灾害应急合作管理的保障措施及对策，具体包括以下几个方面。

1）强互惠政策对非常规突发洪水灾害应急合作演化有着重要影响。因此，为了保证强互惠政策的科学性、强制性及有效实施，应该建立中立型的应急决策体系，强化组织机制保障，着力加强应急管理能力建设。要制订出合理的应急行动方案，就应该配备权力明晰的应急决策体系。加强中央政府、流域机构对非常规突发洪水灾害事件预防和处置的统一领导、总体协调，并在组织机构上予以落实。要进一步强化组织管理，建立机构健全、管理有序、运转高效、程序规范的防御洪水灾害事件的工作组织体系，形成多部门参与、统一指挥分工协调、共同合作的工作机制。进一步明确应急决策者在应急管理过程中的引导、激励作用。

2）监督、激励、惩罚机制对非常规突发洪水灾害应急合作演化有着重要影响，因此，建立健全应急管理问责和监督机制，是非常规突发洪水灾害应急管理高效的重要保障。制定明确、详细的责任对应制，进行责任分类、分级，对在应急管理过程中不履行职责、不作为的，要追求个人责任。监督机制不仅包括领导的视察和检查，还要充分发挥新闻舆论监督和社会公众监督的作用，通过多种形式的监督使应急管理职责真正落到实处。同时，实施激励和惩罚机制，充分调动应急主体的主动性和积极性。

3）外界信息的获取和自身的学习能力对应急行动主体合作演化有较大的影响，因此，构建信息共享平台，确保信息渠道畅通，是非常重要的。信息可以在应急主体之间共享、扩散，从而影响非常规突发洪水灾害应急管理的决策过程。淮河流域应进一步加强水灾害信息系统及决策支持的建设和完善，构建流域水灾害应急信息共享平台，为应急决策提供支持。一方面，利用先进的信息技术、遥感技术，加大信息采集力度，为决策者提供及时准确的信息，同时发布雨情、水情、工情、灾情、应急救灾情况；另一方面，利用信息共享平台，向应急行动主体、受灾群众传达决议，加强上下级、同级部门的信息沟通。各地必须建立多元主体洪灾应急管理信息传播机制，切实加强汛情、险情、灾情和抗洪等各类防汛信息的上报及传播工作。

4）应急决策技术提高及专业队伍建设有助于非常规突发洪水灾害应急合作能力提升。除了上述信息技术外，一方面应不断学习和运用先进的现代决策理论、决策手段和决策技术，提高科学决策技术在非常规突发水灾害应急决策中的作用，提升应急决策科学化水平；另一方面还应不断加强应急专业队伍建设，必须加强应急决策者多元化发展，既要有知识丰富型的专家咨询队伍，又要有综合型、高技能的应急专业技术人才队伍，还要有经验丰富型的领导专家队伍等。充分发挥科学决策技术与专业决策人才的优势，科学有效地应对非常规突发洪水灾害事件。

5）应急主体初始信念值对非常规突发洪水灾害应急合作的演化有着重要影响，因此，加强洪水灾害应急管理知识宣传教育，培养危机意识。首先必须树立正确的危机意识，保持敏感度，同时充分利用报刊、广播、电视等各种手段开展定期或不定期地防汛抗灾知识宣传教育，增强广大干部群众的防汛抗灾意识和自救能力。大力督促基层完善责任制体系及防御预案体系，提高各级政府和基层的应急处置能力，以及基层群众防灾、避灾、自救、互救的意识和能力。

第 7 章

云南省非常规突发干旱灾害
应急管理应用研究

■ 7.1 云南省非常规突发干旱灾害应急管理现状分析

7.1.1 云南省干旱灾害基本概况

云南省位于北纬 $21°8'32''$ ~ 北纬 $29°15'8''$ 和东经 $97°31'39''$ ~ 东经 $106°11'47''$，位于青藏高原东南侧，地势高耸，山高谷深，地形地貌极为复杂。全省平均海拔接近 2000m，区内海拔变化较大。总的趋势是西北高、东南低，呈不均匀阶梯状逐级降低，最高点在西北部的梅里雪山卡格博峰，海拔为 6740m，最低点位于与越南接壤的河口县境内南溪河与红河的交汇点，海拔仅 76.4m，高差达 6663.6m；由东南向西北，每推进 1000m，海拔高程平均升高 6~7m，海拔悬殊之大在全国少见。云南地貌类型众多，并有明显的地域性。按形态分类，有高原、山地、盆地等；以山地为主，占全省土地面积的 84%，高原、丘陵占 10%，坝子(盆地、河谷)仅占 6%。

云南省南北走向的山脉地形孕育了六大江河水系，即长江、珠江、红河、澜沧江、怒江、伊洛瓦底江，这六大水系均为入海河流的上中游，水量较为丰富。云南河流众多，全省境内流域面积在 100km² 以上的河流有 908 条，1000km² 以上的河流有 108 条，5000km² 以上的河流有 25 条，10 000km² 以上的河流有 10条。除了源远流长的大小江河之外，还有分布在各地的大小天然湖泊共 30 多个，其中泸沽湖、程海、滇池、阳宗海、星云湖、抚仙湖、杞麓湖、异龙湖、洱海等九大高原湖泊蓄水量丰富，同时也是人口相对集中、经济社会较为发达的工业和城镇的供水水源。

云南地处高原，海拔较高，太阳辐射较强。总体上，全省四季变化不明显，气候特征主要表现为干季和湿季交替，干季因受来自印度、巴基斯坦北部的干暖气流控制，天气晴朗，干燥、风速大、蒸发量大，降水量十分稀少，仅为年降水量的5%～20%。因此，这段时期容易出现大范围的干旱灾害。全省平均降水量为1278.8mm，折合水量4900亿 m³。降水量地区时空分布复杂，西部、西南部和东南部年降水量较大，而中部和北部的降水量较少。从全省范围来看，降水量分布规律如下：山区降水量多，河谷、坝区降水量少；迎风坡降水量大，背风坡降水量小。因此，虽然降水量丰富，但受复杂地形的影响时空分布不均，存在明显的地区差异，并且降水量主要集中在汛期（5～10 月），一般占全年的85%以上，造成云南极易出现干旱和洪涝等自然灾害。

1. 云南省旱灾总概况

云南省各种自然灾害频繁发生，其中旱灾发生频率高，影响范围大，不仅影响云南的农业生产，还对工业用水、人民生活用水和农村牲畜用水造成巨大危害，除此之外还会导致浅山区森林植被死亡，对生态环境造成重大影响。1990～2010 年，有 10 年发生了比较严重的干旱，发生干旱的年份分别是 1991 年、1992 年、1999 年、2002 年、2003 年、2005 年、2006 年、2007 年、2009 年、2010 年，其中 2009～2010 年为百年不遇大旱，2011 年云南再遇大旱，大部分地区旱情超过 2010 年，是自 1959 年以来第二大旱年[251]。据统计，2005 年云南春夏连旱，共造成农业经济损失 53 亿元、工业经济损失约 80 亿元；2010 年春夏西南地区大旱经济损失超 351.86 亿元人民币，受灾人口超 5826.73 万，耕地受旱面积达 1.01 亿亩（1 亩≈666.67m²）。其中，2009～2010 年干旱的特点为出现早、持续时间长、影响范围广、灾情程度重，全省农业直接经济损失超过 200 亿元，造成 16 个市州 2512 万人受灾。

受季风影响，云南省水资源年内分配极不均匀，来水和需水时间上的不对应性致使干旱灾害频繁发生，特别是农业生产用水量最大的 4 月和 5 月的用水量占全年用水量的 30%～40%，而同期来水量仅为全年的 2%～3%，造成了农业需水量最多的时候，正是降水、径流量最少的时候。冬春季降水量少，极易发生干旱，以冬春旱发生最为频繁，对农业生产影响较大。春夏连旱是造成云南省全省性大旱的主要因素，危害极大，其次是夏旱，影响相对小的是秋旱。加之，云南处于低纬度高原地区，地理位置特殊，地形地貌复杂，气候的区域差异和垂直变化十分明显，年温差小，日温差大，干湿分明。降水量最多的是 6～9 月份 4 个月，约占全年降水量的 60%。11 月至次年 4 月的冬春季节为旱季，降水量只占全年的 10%～20%，甚至更少。不仅如此，在小范围内，由于海拔的变化，降水的分布也不均匀[252]。因此，干旱频繁出现。

研究者以干旱综合指数，用云南省 1959～2005 年的资料分析得出云南 1～3月干旱最严重，平均每年有约 2/3 的土地受旱；其次是 11～12 月，有约 50%的土地受旱；再次是 4~6 月上旬，有 22% 的土地受旱；9~10 月干旱较轻，有约 5% 的土地受旱；6~8 月平均受旱面积不到 1%，基本不受干旱的影响。但近几年云南旱灾综合指数呈显著上升趋势，4~6 月上旬和 9~10 月这两个时段干旱有发展加重的气候变化趋势，其他月份旱情也仍然较为突出。旱灾的发生和变化总是由气候因素主导，近 3 年以来云南省年降雨量是该省有气象记录以来比较少的几年，大部分地区甚至是有记录以来降雨量最少的年份，加之气候变化及云南特殊的地理环境，加剧了云南的干旱。近年来全球气候变化异常，云南进入了干旱多发期，干旱灾害严重程度呈加重势态。

2. 云南省干旱灾害时空分布规律

干旱作为一种自然灾害，其发生往往具有一定的时空分布规律。基于历史数据，统计分析云南干旱灾害在时间分布与空间分布的规律。旱灾的时间分布，不仅表现在不同年际之间，即使是特定的年份，各个季度、月份也表现不同。在空间上，由于各个区域地理位置及自然环境的差异，不同的区域呈现出不同旱灾特性。

根据资料统计，云南省在 1950~2010 年共经历 58 个旱年，其中大旱 22 年，小旱 36 年，平均 3 年一大旱，1 年一小旱。特大旱情发生在 1963 年、1979 年、1987 年、2005 年及 2010 年；两年连旱发生在 1979~1980 年、1982~1983 年；四年连旱发生在 2003~2006 年；五年连旱发生在 1985~1989 年、2008~2012 年[252]。在 1950~2010 年，自 1979 年全省大范围干旱之后便进入了干旱多发期，至今干旱灾害严重程度呈加重势态。依据《云南省统计年鉴》《云南省水利统计年鉴》《水资源公报》和《云南省抗旱研究》等资料，重点研究自 1990 年以来全省各地的受旱、受灾状况，统计结果发现：1990~2007 年的 18 年中，每年均有部分市（州）发生严重以上干旱，少则 1 个市（州），多达 15 个市（州）。自 2000 年以后，全省每年发生严重以上干旱市（州）数量明显增多，2005 年达最大，全省 16 个市（州）中，有 15 个市（州）发生严重以上干旱。

云南受季风影响，水资源年内分配也极不均匀，年份、季度、月份降水不均导致出现季节性和连季持续干旱。水资源时空分布不均，需水和产水时间不相适应，是造成云南省干旱的重要原因。根据各市（州）1950~2007 年干旱发生情况及旱灾等级分类，统计各地区经历不同级别的旱灾，结果如表 7.1 所示。

据表 7.1 分析，云南省受旱面积广、受旱率高、严重干旱以上的易发区主要集中在昭通市、曲靖市、昆明市、玉溪市、文山壮族苗族自治州（以下简称"文山州"）、红河哈尼族彝族自治州（以下简称"红河州"）、楚雄彝族自治州（以下简称"楚雄州"）、大理白族自治州（以下简称"大理州"）、丽江市、保山市，发生严重以上干旱的频次均大于 10，其中以昭通市、曲靖市、文山州、大理州、楚雄州最为严重。

表 7.1　1950～2007 年各地（州、市）干旱灾害年

地州	昭通		德宏		曲靖		昆明	
干旱等级	轻旱～中度	严重～特大	轻旱～中度	严重～特大	轻旱～中度	严重～特大	轻旱～中度	严重～特大
发生次数	17	23	20	6	26	23	25	13
地州	玉溪		文山		红河		楚雄	
干旱等级	轻旱～中度	严重～特大	轻旱～中度	严重～特大	轻旱～中度	严重～特大	轻旱～中度	严重～特大
发生次数	23	16	17	21	22	15	19	22
地州	大理		丽江		临沧		普洱	
干旱等级	轻旱～中度	严重～特大	轻旱～中度	严重～特大	轻旱～中度	严重～特大	轻旱～中度	严重～特大
发生次数	17	26	19	12	20	8	27	4
干旱等级	轻旱～中度	严重～特大	轻旱～中度	严重～特大	轻旱～中度	严重～特大	轻旱～中度	严重～特大
发生次数	22	1	20	9	22	6	17	13

注：轻旱～中度指受旱率<20%；严重～特大指受旱率>20%

3. 云南省干旱发展趋势

全球气候变暖趋势的发展，导致了水资源时空分布不均加剧，年径流减少趋势明显，径流年内分配更不均匀，洪涝与干旱灾害发生频次增加等发展趋势。特别是云南省，干旱多发生在冬春少雨季节，受全球气候变暖的影响，干旱发生频次增加的趋势更加明显。1950～2007 的统计资料显示，云南省的旱灾发生频次、受旱面积、旱灾损失等均呈上升趋势[251]。特别是 20 世纪 80 年代、90 年代和 21 世纪旱灾发生频次、受旱面积、旱灾损失等均呈明显上升趋势。通过选取受旱率、成灾率和粮食损失率 3 个干旱灾害指标，依据 1990～2009 年云南省各州（市）上报的干旱灾害汇总数据及《云南水旱灾害》1950～1993 年干旱灾害统计数据成果整理绘制的云南省不同年代受旱率、成灾率、粮食减产率变化过程如图 7.1 所示。

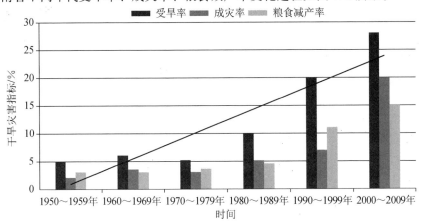

图 7.1　云南省不同年代受旱率、成灾率、粮食减产率变化过程

由图 7.1 可以看出，每 10 年累计，受旱面积、成灾面积、粮食减产呈明显增长趋势，特别是 20 世纪 80～90 年代和 21 世纪初增长最为明显，幅度也最大。平均粮食减产率由不到 3.3% 增长到 14.9%，反映了干旱灾害的严重程度随年代呈上升的趋势。

7.1.2　云南省干旱灾害应急管理现状

2009 年 7 月以来，云南省大部分地区降水非常少，导致严重的干旱，随着时间的推移，云南省的干旱升级为百年不遇的干旱灾害，近几年旱灾呈现出分布广、频率高、灾害强度大等特点，给云南省的经济发展造成严重损失，对人民的生活造成了重大影响。按照党中央、国务院的统一部署，云南省全力推进应急管理工作，成立了云南省突发公共事件应急委员会及其办公室，16 个市（州）成立了应急管理领导机构并明确了办事机构，129 个县（市、区）成立了应急管理领导机构，部分县（市、区）成立了办事机构，云南省基本形成横向到边、纵向到底的应急预案体系。就云南省抗旱减灾工作来说，云南省各级政府在抗旱减灾方面取得了明显成效。

在组织建设上，云南省政府初步建立了应急抗旱的组织指挥网络。建立了防汛抗旱指挥部及其常设机构，确立了"统一领导、综合协调、分类管理、分级负责、属地管理为主"的水旱灾害应急管理体制，基本明确了启动各级别防汛抗旱应急响应后各级政府的灾害管理责任，基本形成了较完备的抗旱组织体系。

在政策法规建设上，云南省制定了《云南省实施〈中华人民共和国水法〉办法》（2005 年 10 月 1 日起施行）、《云南省防汛抗旱应急预案》（2006 年 1 月 26 日起施行）、《云南省抗旱条例》（2007 年 10 月 1 日起施行）、《云南省抗旱服务组织建设管理办法》《云南省抗旱物资管理细则》和《云南省抗旱服务组织收费项目细则》，这些抗旱政策、法规和制度为指导云南省抗旱工作提供了基本依据。

在投入机制及物资保障方面，《云南省抗旱条例》明确规定了县级以上人民政府应当设立抗旱专项经费，并纳入本级财政预算。确立了抗旱经费按照政府投入与受益者合理承担的基本原则。《云南省抗旱条例》对抗旱应急物资的储备、应急经费的保障、行政征用，以及社会动员和捐助的基本原则做了相关规定，这些规定在抗旱救灾过程中发挥了重要的作用。

此外，云南省建立了省—市（州）—县（区、市）—乡镇—村社五级抗旱组织体系。总之，云南省近年来不断完善抗旱应急机制，基本构建了救灾分级负责体系、救灾经费保障体系、救灾物资储备体系、灾情信息体系、救灾捐赠体系和救灾政策法规体系六大体系，在云南灾害应急管理中发挥了作用，并取得了明显成效。

当然，云南抗旱应急中还存在很多不足之处，具体表现如下：防洪抗旱办公室定位不明确；抗旱管理队伍不完善，存在职能薄弱、体制不顺、能力不强、活力不足等现象；抗旱工程基础设施建设不足；资源信息不足，缺乏抗旱专项经费；抗旱服务组织能力薄弱；缺乏抗旱相关的配套法律法规；抗旱资金投入准确性差，拨付时效性差，未将抗旱资金纳入本级财政预算；抗旱物资缺乏动态管理机制，物资配送体系不完善；灾害信息机制还需完善，信息技术还需提高；缺乏专业应急队伍，缺乏应急合作响应机制，民众抗旱意识和节水意识薄弱等。上述这些不足将对云南省干旱灾害应急合作响应行动带来一定的影响，面对云南省近年来连续发生严重干旱的严峻形势，只有采取更有力的措施，才能全面提升抗旱减灾综合能力。

■ 7.2 云南省非常规突发干旱灾害应急合作响应研讨决策体系

7.2.1 应急合作响应行动的研讨决策主体

1. 参与应急合作的研讨决策主体

为促进抗旱减灾工作科学、规范、有序进行，最大限度减轻旱灾损失，保障经济社会全面、协调、可持续发展，针对云南省干旱频发的特殊省情，云南省人民政府始终把抗旱减灾当做头等大事来抓，初步建成了强有力的组织指挥网络。依据《中华人民共和国抗旱条例》《云南省抗旱条例》和《云南省防汛抗旱应急预案》等相关的法律法规，云南省政府建立了防汛抗旱指挥部及其常设机构，指挥全省的防汛抗旱工作。因此，云南省特大旱灾应急合作响应研讨系统中，主要参与主体及职责和任务描述如下[205]。

1) 中央政府代表。中央政府层级主要从宏观政策及地区稳定发展的角度来把握应急管理方案的运行。在云南省特大旱灾应急合作的研讨过程中，作为中央政府的代表主要有国家防总。

2) 云南省防汛抗旱指挥部（以下简称"云南省防指"）。负责领导、组织协调全省的防汛抗旱工作，贯彻"安全第一，常备不懈，以防为主，全力抢险"的方针，制定全省防汛抗旱工作的方针政策、发展战略。主要职责是审定重要江河湖泊、水库、城市的防汛抗旱预案，指挥抗洪抢险和抗旱减灾，调控和调度全省水利水电设施的水量。各成员单位根据防汛抗旱需求配合开展相关工作。

3) 云南省防指办公室。设在省水利厅，成员单位包括中共云南省委宣传部、省发展和改革委员会、省工业和信息化委员会、省公安厅、省民政厅、省财政厅、省国土资源厅、省住房和城乡建设厅、省交通运输厅、省水利厅、省农业厅、省林业厅、省卫生和计划生育委员会、省环境保护厅、省新闻出版广电局、省安全生产监督管理局、省信息产业办公室、省地震局、省气象局、省通信管理局、昆明铁路局、民航云南安全监督管理办公室、云南电网公司、武警云南省总队、武警云南省森林总队、省公安边防总队、省公安消防总队等单位，各单位一位负责人和武警部队各一位首长为云南省防指成员。云南省防指办公室承办云南省防指的日常工作，贯彻落实国家和云南省防汛抗旱工作的法律、法规、政策。主要职责是遵照云南省防指的指示，在国家防办、流域防办的指挥下，按照分级负责的原则，协调相关成员单位开展省级负责的防汛抗旱各项具体工作，组织拟定重要江河、九大湖泊及大中型蓄水工程的防御洪水方案。及时掌握全省汛情、旱情、灾情，提出具体的抗洪抢险、抗旱减灾措施建议；对全省防汛抗旱工作进行督促，指导各地做好江河防御洪水方案、抗旱预案、水利工程防洪预案，指导防汛抗旱现代化、信息化建设，以及防汛机动抢险队和抗旱服务组织建设及管理。及时向云南省防指报告重大汛情、旱情、灾情，向国家防总、流域防总和云南省防指成员单位报告和通报防汛抗旱信息。

4）县级以上人民政府防汛抗旱指挥部。由本级人民政府和有关部门、当地驻军、人民武装部负责等组成，其办事机构设在同级水行政主管部门。全省 16 个市（州）、129 个县（市）的水利局（水务局）均设立了防汛抗旱指挥部办公室。防汛抗旱的日常管理工作由各级防汛抗旱指挥部设在水利部门的防汛抗旱指挥部办公室处理。在上级防汛抗旱指挥机构和本级人民政府的领导下，组织和指挥本地区的防汛抗旱工作。

5）其他防汛抗旱指挥机构。水利部门所属的水利工程管理单位、施工单位及水文部门等，临时成立相应的专业防汛抗旱组织，负责本单位的防汛抗旱工作；针对重大突发事件，可以组建临时指挥机构，具体负责应急处理工作。

6）专家。通过专家间相互研讨、补充、激发，形成决策方案。因此，专家是整个研讨的核心。在云南省非常规突发干旱灾害应急合作响应研讨体系中，专家应包括水利专家、社会学家、管理学专家等。

总之，特大旱灾应急响应工作的各主体行动与工作职责的初步划分如图 7.2 所示。

2. 干旱灾害应急合作的研讨主题

在云南省干旱灾害发生发展的过程中，云南省防指与省防指办公室、县级以上防汛抗旱指挥部及有关专家将关于云南省旱灾抗旱应急合作展开研讨，主要包括以下主题。

（1）区域应急水源分析

该研讨主题由云南省防指主持，参加人员包括云南省防指、省防指办公室、县级以上防汛抗旱指挥部、专家、重点区域的民众代表。研讨内容包括以下几项：①昆明市、楚雄州、曲靖市、红河州、文山州、大理州、昭通市、丽江市等重点地区应急水源分布情况；②城市、乡镇、山区、半山区应急水源情况及应急

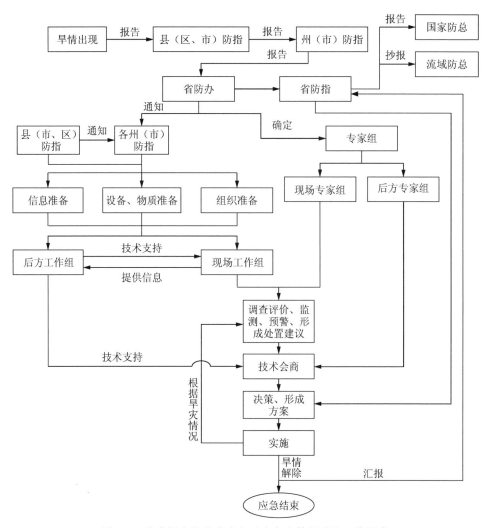

图 7.2　非常规突发旱灾应急响应各主体行动及工作职责

供水指导措施。

（2）突发旱灾情况下的备水水源分析

该研讨主题由云南省防指主持，参加人员包括云南省防指、省防指办公室、县级以上防汛抗旱指挥部、专家、重点区域的普通民众代表。研讨内容包括以下几项：①突发干旱情况下的应急备用水源调配；②应急备用水源水质安全问题；③应急备用水源选择分析；④初选水源饮用水安全分析等。

（3）制订云南应急水源分水方案

该研讨主题由云南省防指主持，参加人员包括云南省防指、省防指办公室、县级以上防汛抗旱指挥部。研讨内容包括以下几项：①生活用水、农业用水、工

业用水的应急水源保障方略及分水方案；②限制用水定额拟定；③应急供水定额
拟定等。

（4）制订云南应急水源调度方案

该研讨主题由云南省防指主持，参加人员包括云南省防指、省防指办公室、
县级以上防汛抗旱指挥部。研讨内容包括云南省防指根据《云南省防汛抗旱应急
预案》，会同各重点区域制订区域应急水源调度方案，展开云南省抗旱应急水源、
备用水源等调度方案制订，确保人饮安全。

（5）救灾

该研讨主题由云南省防指主持，参加人员包括云南省防指、省防指办公室、
县级以上防汛抗旱指挥部，其他相关职能部门。研讨内容包括云南省各级人民政
府协同有关部门、单位做好受灾人员安置、生活供给、卫生防疫、物资供应、治
安管理、征用补偿、恢复生产和重建家园等工作，同时协同有关部门按规定进行
灾情调查统计，并及时上报。

（6）各级应急响应的启动

该研讨主题由云南省防指主持，参加人员包括云南省防指、省防指办公室、
县级以上防汛抗旱指挥部。研讨内容包括从责任制落实到预案制订，从队伍组织
到工程调度，从应急响应到区域协调，从应急水源分水到应急水源调度等方面。

7.2.2　应急合作响应行动的决策流程

围绕云南省非常规突发干旱灾害应急合作展开其决策研讨分析及制定，主要
包括旱灾情景决策信息获取、干旱灾害等级划分、应急水源及备用水源研讨分析
和多主体决策研讨应急方案集形成。

1. 干旱灾害决策信息获取

通过对干旱基础信息、历史旱情信息及旱灾信息等进行分析、加工和处理，
获取旱灾决策信息，主要包括云南省历史干旱灾害信息分析、现代干旱灾害分析
和旱灾害频率分析。

（1）云南省历史干旱灾害信息分析

在云南省历史干旱灾害资料数据基础上，分别从时间尺度和空间尺度获取云
南省历史旱灾发生的规律特征、旱灾发生具体区域、旱灾空间分布动态演变及旱
灾重现概率等信息。数据分析时间区间为云南省历史（1450～1949 年）干旱灾害
500 年，以 100 年为时间间隔，划分为 5 个阶段：第一阶段为 15 世纪下半叶到
16 世纪上半叶（1450～1549 年）；第二阶段为 16 世纪下半叶到 17 世纪上半叶
（1550～1649 年）；第三阶段为 17 世纪下半叶到 18 世纪上半叶（1650～1749 年）；
第四阶段为 18 世纪下半叶到 19 世纪上半叶（1750～1849 年）；第五阶段为 19 世
纪下半叶到 20 纪上半叶（1850～1949 年）。

1) 云南省历史旱灾年际分布特征信息。以 100 年为期，每一阶段发生灾害的频次呈上升趋势，第五阶段达到平均每年发生一次旱灾，也就是说每年都有不同程度的旱灾发生。总体来看，云南 500 年干旱灾害发生为平稳—波动交替进行，具有一定的周期性，某些年份发生了较为严重干旱灾害，且时常出现多年干旱的情况。

2) 云南省历史旱灾年间分布特征信息。单季节旱灾发生率在各阶段夏季最高，冬季最低，春、秋两季则是相互缠绕，各有高低。季节连旱灾发生率在各阶段内春夏连旱最高，夏秋连旱、秋冬连旱、冬春连旱、春夏秋连旱、冬春夏连旱则是相互缠绕，各有高低。就跨年旱灾来看，5 个阶段共发生 10 次跨年旱灾，其中第五阶段最为严重，发生 5 次跨年旱灾，涉及 15 年。总体来看，云南省历史干旱灾害严重，无论是单季旱、季节连旱还是多年连旱，特别是第五阶段，几乎每年都有旱灾发生。

3) 云南省历史旱灾空间分布特征信息。以市(州)尺度分析来看，近 500 年来，云南省各市(州)都遭受了不同程度旱灾。以区(县)尺度分析来看，云南历史干旱灾害发生最多的是在滇中、滇东部分地区，滇西地区发生旱灾较少，滇东北、滇东南、滇中部分地区发生旱灾处于中间水平。根据重心概念分析可知，云南省 500 年干旱灾害重心集中于云南省中部，并且云南省历史干旱灾害重心具有自西向东小范围移动的特点。

(2) 云南省现代干旱灾害信息分析

选取《云南水旱灾害》(1950～1990 年)、《中国统计年鉴》(1991～2009 年)、《云南年鉴》(1991～2007 年)、《云南减灾年鉴》(1996～2003 年)中的旱灾受灾面积、旱灾成灾面积和旱灾粮食损失 3 类旱灾损失数据，构成本研究的数据系列。通过分析后，获取信息：①云南是一个旱灾灾害频发的省份，平均每 2.3 年就会出现一次比较严重的旱灾；②近 60 年来云南省干旱灾害频发，特别是较大以上灾害发生次数以 10 年为期呈现上升趋势；③2000 年以来的 10 年间，旱灾形势严峻，发生重大灾害 1 次，特大灾害 8 次[253]。结果表明：云南省发生重大灾害以上次数以 10 年为期呈现上升趋势，防灾减灾形势严峻。

(3) 云南省干旱灾害频率分析

主要获取旱灾重现概率信息，即通过旱灾受灾面积、旱灾成灾面积和旱灾粮食损失 3 类指标及基于这 3 类指标综合得到的综合损失指数分析云南 2003～2006 年的四年连旱及 2009 年秋季以来的特大干旱灾害的重现期。通过分析获取下列信息：以旱灾受灾面积、旱灾成灾面积、旱灾粮食损失和综合损失指数来看，2003 年发生旱灾的重现期分别约为 11.3 年、16.5 年、11.2 年和 11.3 年，2004 年发生旱灾的重现期分别约为 11.9 年、22.5 年、11.7 年和 24.3 年，2005 年发生旱灾的重现期分别约为 211.1 年、105.6 年、211.0 年和 136.5 年，2006 年发生旱灾的重现期分别约为 19.8 年、107.1 年、38.4 年和 31 年，2009 年发生旱灾的重现期分别约为 33.1 年、9.3 年、17.8 年和 20 年。这是由于 2009 年云南大旱是从秋季开始一直到 2010 年夏季结束，而本项研究采用的数据资料为一年统计得到，即 2009 年数据资料只统计到 2009 年结束，因此，计算得到 2009 年的旱灾为 20 年一遇[253]。总之，云南省近 10 年来旱灾灾害严重，旱灾农业损失巨大。

2. 干旱灾害等级划分

云南省位于季风气候区，降水量时空分布不均匀，而且地形、地貌复杂，相对高差大，水资源开发利用难度大、程度低，气象干旱（即降水量少及分布差异）是导致云南省干旱的主要原因。根据云南省干旱特性和资料条件，经综合分析，确定降水量距平百分率（P_a）、标准化降水指数（standardized precipitation index，SPI）、农作物受旱率（I）和因旱饮水困难人口比率（Y）4 个指标为干旱评价的指标。

为了与《云南省人民政府办公厅关于印发云南省防汛抗旱应急预案的通知》、中华人民共和国国家标准《气象干旱等级》（GB/T 20481—2006）和《旱情等级标准》（SL 424—2008）等相关标准和规定一致，云南省旱灾应急响应的干旱等级划分为轻旱、中旱、重旱、特旱 4 个等级。以降水量为基础资料的降水量距平百分率（P_a）和标准化降水指数（SPI）的干旱等级采用《气象干旱等级》中的判别标准，以农业受旱面积和农村饮水困难为基础资料的农作物受旱率（I）、农村饮水困难人口比率（Y）的干旱等级分别采用《云南省防汛抗旱应急预案》《旱情等级标准》中的判别标准，各级别干旱等级判别标准如表 7.2 所示。

表 7.2　干旱等级标准

指标名称 ＼ 干旱等级	轻度干旱	中度干旱	严重干旱	特大干旱
降水量距平百分率（P_a）/%	$-50 < P_a \leqslant -25$	$-70 < P_a \leqslant -50$	$-80 < P_a \leqslant -70$	$P_a \leqslant -80$
标准化降水指数（SPI）	$-1.0 < \text{SPI} \leqslant -0.5$	$-1.5 < \text{SPI} \leqslant -1.0$	$-2.0 < \text{SPI} \leqslant -1.5$	$\text{SPI} \leqslant -2.0$
农作物受旱率（I）/%	$10 < I \leqslant 30$	$30 < I \leqslant 50$	$50 < I \leqslant 70$	$70 < I$
因旱饮水困难人口比率（Y）/%	$15 \leqslant Y < 20$	$20 \leqslant Y < 30$	$30 \leqslant Y < 40$	$40 \leqslant Y$

为了说明旱灾等级划分，选择南盘江流域为示范区。根据南盘江流域所涉及的昆明、曲靖、玉溪、红河、文山 5 个市（州）降水量、灾情统计资料，首先采用

不同指标对旱灾进行划分，并比较采用不同指标划分的干旱等级的一致性，然后选择适合的评价指标作为应急响应的启动指标。通过分析可知：南盘江流域涉及的昆明、曲靖、玉溪、红河、文山五个市（州）干旱以无旱和轻旱为主。按降水量距平百分率法划分的干旱等级统计，1990～2010 年的 21 年中，无旱年份 3～8 年，轻旱 9～16 年，中旱 1～5 年，重旱 1～4 年，特旱仅玉溪出现 1 年。干旱频次发生最高的是曲靖市，统计的 21 年中有 18 年发生不同等级的干旱；其次是玉溪市，21 年中有 17 年发生不同等级的干旱；昆明市 21 年中有 15 年发生不同等级的干旱；文山州 21 年中有 13 年发生不同等级的干旱。干旱等级划分结果与当地处于季风气候区、降水量分布不均匀、易发生干旱的实际相符。由于标准化降水指数、农作物受旱率、饮水困难率 3 种方法划分的干旱等级一致率较其他方法的一致率高，可选择这 3 种方法作为南盘江流域干旱等级划分方法；并结合气象预报，选择标准化降水指数作为干旱应急响应的启动指标，更能体现抗旱减灾的效益，对干旱变化反应敏感，在各个区域和各个时段均能有效地反映干旱状况。

在此基础上，根据云南省综合干旱等级标准，结合《云南省防汛抗旱应急预案》，确定启动旱灾应急响应的指标和标准体系。对应干旱的等级，旱灾应急响应也分为四级，分一级、二级、三级和四级，逐一对应的干旱等级分别为特大干旱、严重干旱、中度干旱、轻度干旱。启动旱灾应急响应的指标和标准体系具体如表 7.3 所示。

表 7.3　旱灾应急响应的指标和标准体系

干旱等级	响应等级
特大干旱	一级响应
严重干旱	二级响应
中度干旱	三级响应
轻度干旱	四级响应

3. 应急水源及备用水源研讨分析

（1）应急水源研讨分析

根据现有水源条件分析，若出现较大旱情，昆明、曲靖、楚雄、红河、文山、昭通、大理、丽江等市（州）的水源条件较差，其他南部丰水地区除部分县市外水源条件均相对较好。分别对云南省昆明、曲靖、楚雄、红河、文山、昭通、大理、丽江等重点地区水源进行分析。

（2）应急备用水源选择原则和条件

如果发生了严重的干旱灾害，应急备用水源选择的原则是：在深入分析各主要河流、湖泊未来几个月（汛期到来前）可能的来水情况下，为抗旱后期水利工程蓄水水源枯竭后寻找新的抗旱备用水源，指导当地政府的应急供水，缓解人民群众饮水困难，保障他们的生命安全。

首先，各市(州)必须将已有水源集中调配。为了便于统一指挥，应急备用水源分析的对象按市(州)进行划分，在各市(州)的基础上再确定各县的应急备用水源点。各地区旱情发展情况不同，区域水资源条件差异较大，因此在选择时以2009～2010年大旱情况为参考，分重点区域和一般区域分别进行分析。重点区域：昆明市、楚雄州、曲靖市、红河州、文山州、大理州、丽江市、昭通市。一般区域：玉溪市、保山市、德宏傣族景颇族自治州(以下简称"德宏州")、普洱市、西双版纳傣族自治州(以下简称"西双版纳州")、怒江傈僳族自治州(以下简称"怒江州")、迪庆藏族自治州(以下简称"迪庆州")、临沧市。

根据突发情况下备用水源方案的要求，备用水源选择的条件包括：①河流、湖泊来水量在未来时段来能满足周边区域的人畜饮水需求；②应急备用水源是为了保障人畜饮水的需求，因此应具备一定的交通条件，满足人背、马驮、车拉的要求；③在来水量满足的条件下，水源点的水质能保障人畜饮用水安全；④2009～2010年云南旱情严重，个别较小河流水量大幅减少，由于旱灾面广，村民居住分散，因此流量较小的河流在一定程度上可缓解分散居民点的用水需求，但由于水量不能保证，选择时不作为备用水源。

4. 多主体决策研讨应急方案集形成

在上述信息基础上，通过多主体决策研讨形成云南旱灾应急方案集，具体方案集如下。

1) 城市应急供水方案集。要积极启用备用水源，加强后备水源的输水管线改造工作，并加强水源管理。各县市(区)都要制订合理的供水计划，节约用水，科学管理，以满足各县市(区)中心城镇的需水要求。现状条件下，各主要城镇都有一定的蓄水工程，供水保障程度较好。个别地表水源缺乏的城镇，可通过寻找地下水源的方式进行解决。

2) 乡镇应急供水方案集。从现有水源看，蓄水工程能满足云南省部分乡镇的人畜用水需求，存在缺水问题的乡镇主要分布在河流中上游等海拔较高地区。对于缺水地区可通过积极寻找新水源，购置抽水设备和运水工具缓解供水困难；加强现有水利工程水量的调度能力，加大运水调度力度，通过节约用水、定点、定时供水，尽量满足缺水地区的人畜饮水需求。对于地表水源较缺乏地区，可进一步挖掘周边水源，积极寻找地下水源，加大打井力度，采取临时打井解决缺水问题。

3) 山区、半山区应急供水方案集。由于云南省地形地貌复杂，山高谷深，山区、半山区水源主要为小型坝塘、水窖和山箐长流水，水源保证程度不高；特别是在严重干旱形势下，大部分水源已经干涸，滇东南岩溶山区更为严重。根据山区、半山区的水源状况和缺水形势，应急措施主要有积极寻找各种新水源；加大提水工程和临时输水设施建设；根据区域水文地质条件，在适宜的地区寻找地下水源；加大运水、送水、储水力度，保障人畜饮水，在边远山区、半山区则组织抗旱救灾服务队拉水、送水上门供应。

4）突发干旱条件下应急备用水源方案集。经过应急备用水源初选和初选水源饮水安全分析，最终确定突发干旱条件下的昆明市、曲靖市、玉溪市、昭通市、楚雄州、红河州、文山州、普洱市、西双版纳州、大理州、保山市、德宏州、丽江市、怒江州、迪庆州、临沧市等地区应急备用水源。

综上，在获取旱灾应急相关决策信息后，云南旱灾应急响应最关键的是对现有应急水源和应急备用水源进行有效分水，因此科学的分水方案是旱灾应急合作响应的重要一环。

7.3　云南省非常规突发干旱灾害应急合作响应分水方案

7.3.1　应急合作响应分水方案的设计思想

根据4.3节所构建的非常规突发干旱灾害应急水资源合作储备模型和应急水资源调配模型，计算云南省各市（州）应急水资源量。在此基础上，结合常态和非常态的统合管理思想，设计短、中期干旱灾害应急合作响应的滚动式应急调水方案优化方案。

滚动计划法（rolling plan）也称滑动计划法，是企业生产管理中一种编制生产计划的特殊方法。它是一种动态编制计划的方法，是按照"近细远粗"的原则制订一定时期内的计划，即在每次编制或调整计划时，均将计划按时间顺序向前推进一个计划期，即向前滚动一次，按照制订的项目计划进行施工，对保证项目的顺利完成具有十分重要的意义。

传统滚动计划法的编制方法是在已编制出的计划的基础上，每经过一段固定的时期（如一个月或一个季度，这段固定的时期被称为滚动期）根据变化了的环境条件和计划的实际执行情况，从确保实现计划的目标出发，对原计划进行调整。每次调整时，保持原计划期限不变，而将计划期顺序向前推进一个滚动期。

近年来国内外灾害应急决策的研究已经取得了一定的发展，但从应急决策制定周期的角度来看，这些已有的应急响应方案大多侧重阶段性（中期）调度与配置，针对干旱灾害应急调度的研究也相对较少。云南省干旱灾害的应急响应调度通常是一个阶段性调度与短期调度相统一的动态过程，因此拟采用改进的滚动式计划法，即"预报、决策、实施、修正、再决策、再实施"的循环往复、向前滚动的决策过程。干旱灾害应急响应的分水调度不仅要满足面临时段的最优调度，同时还要保证阶段性优化调度目标的实现。同时，云南省干旱灾害应急响应决策支持系统的调度时段步长是变化的，长短时间步长保持动态嵌套，保证总体目标的实现。

因此，云南省干旱灾害应急合作响应中分水方案的总体设计思想可概括为"实时决策、中短嵌套、滚动修正、宏观总控"。其中，"实时决策"是指滚动期初始时间节点下，对旱情进行实时监测、预测，并根据短期（滚动期）的供、需水情况进行短期调度决策；"中短嵌套"是指在短期调度方案的基础上滚动制订阶段性的中期调度预案，即中期调度预案是以短期调度为嵌套条件；"滚动修正"是指根据最新的气象、环境变化和上一期调度配置的执行情况对调度偏差进行修正，逐旬、逐月滚动修正、优化，直到调度期结束；"宏观总控"是指上述优化调度应该以云南省长期气象规律与特征及历史灾情统计分析为阶段性调度方案的决策控制基础，保证月、旬各时段的调度合理性。

7.3.2　应急合作响应分水方案设计及应用

1. 应急合作响应分水方案设计

（1）以旬为滚动期的短期应急方案滚动优化

云南省干旱灾害应急合作响应滚动式分水决策主要是围绕以旬为滚动期的短期应急方案的制订和执行。由于干旱灾害应急调度是一个事前决策、风险决策的过程，调度与配置执行过程中会遇到气象环境的变化、供需水的变化及不确定性和随机性所造成的失真。为了纠正这些因素导致的影响，干旱灾害应急决策的调度管理必须包含短期滚动修正的机制，修正调度偏差，以防止偏差积累影响中期调度与配置方案的制订。以旬为滚动期的干旱灾害应急方案的制订流程如图 7.3 所示。

① 进行旬计划方案的制订，需在本旬起始日对当前干旱监测、预测结果，以及供、需水情况进行分析；

② 制订本旬的旱灾应急调度方案；

③ 根据旬计划方案执行应急调度与配置，并对本旬应急响应方案执行的效果进行分析、评价；

④ 在制订下一个旬计划之前，先对上一旬方案执行的偏差量、下一旬供需水变化情况和旱情监测预测结果等信息进行综合分析；

⑤ 经上述分析后，判断本旬与上旬应急方案相比较，其设置条件和参数是否发生变化，若无变化则直接转入流程②，若有变化则转入流程⑥；

⑥ 修正上旬应急方案中的条件或参数，再转入流程②；

⑦ 继续按上述方式逐旬对应急方案的计划进行滚动制订。

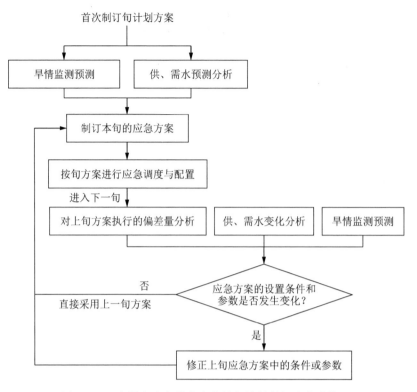

图 7.3　云南旱灾应急分水方案的句计划制订及滚动修正

（2）以月为滚动期的中期应急响应方案滚动优化

在干旱灾害应急滚动式分水方案滚动优化的制订流程中，短期应急响应分水方案是中期应急响应分水方案的基础，中期应急响应分水方案以短期应急响应分水方案为嵌套条件。在每个月的上、中、下旬应急响分水应方案执行完毕基础上，可以制订出下个月的应急响应分水预案，从而对下月所包含的各句计划方案形成一定的约束和参照，进一步控制各滚动期的调度合理性，并按此模式逐月向前混动。

以月为滚动期的旱灾应急分水方案制订流程如图 7.4 所示。

① 当应急响应方案的第 N 月的上、中、下旬应急方案依次滚动执行完毕后，即可进行汇总形成第 N 月的应急响应方案；

② 分析第 N 月应急响应方案的执行效果；

③ 结合中长期干旱特征描述与干旱分区信息，对第 N 月应急响应方案执行的偏差量、第 $N＋1$ 月供需水变化情况及旱情监测预测结果等信息进行综合分析；

④ 在第 N 月应急响应方案基础上对发生变化的条件或参数进行修正，其中

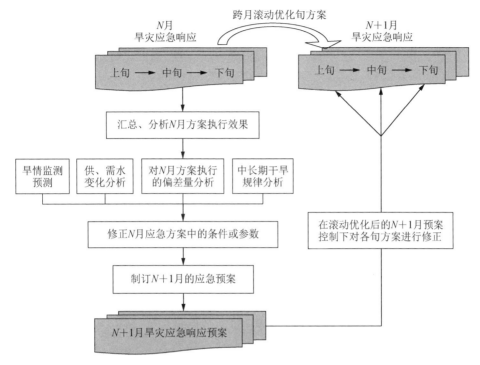

图 7.4   云南旱灾应急分水方案的月计划制订及滚动修正

对于没有发生变化的各指标参数可以直接沿用第 N 月方案中的值；

⑤ 制订出第 N+1 月的应急响应预案；

⑥ 将原先经过滚动优化的第 N+1 月各个旬时段的应急响应方案与流程⑤中所形成第 N+1 月应急响应预案中经拆解的旬预案进行比较、修正，从而进一步实现中期方案与短期方案之间的嵌套、约束与控制。

2. 应急合作响应分水方案应用——云南省某区

云南省某区位于云南省东部，根据该区防洪抗旱指挥部提供的资料，自 2009 年 7 月份以来，连续 5 个多月降水持续偏少，4 个多月气温偏高，遭遇了 50 年一遇特大干旱。至 2010 年 2 月，降水量为 50 年来最少，达重旱或特旱，发布干旱红色预警。根据《云南省防汛抗旱应急预案》，云南省防指于 2010 年 1 月 26 日启动了云南省防汛抗旱应急预案重大级（Ⅱ级）应急响应，于 2 月 23 日将全省抗旱应急响应级别由重大级（Ⅱ级）提升为特别重大级（Ⅰ级），该区同日启动了相应级别的抗旱应急响应。因此，选择该区作为云南旱灾应急响应行动的示范实例，并选择主要以生活用水保障为主体的旱灾应急响应分水计划方案。

1）某区用水水源分析。首先，对某区 11 个乡、镇、街道的人口、生活饮用水水源进行详细调查与分析；其次，对该区农业灌区用水水源情况进行调查与分析。

2）某区应急（备用）水源分析。该区常规水源工程包括1个大型水库、3个中型水库、2个小型水库，由该区水务局直管和统一调度。目前没有专门的抗旱应急（备用）水源工程，发生干旱时可将常规水源工程有选择性地作为抗旱应急（备用）水源，如果干旱灾害导致居民饮用水困难或严重影响重点工业企业的正常生产，可根据实际情况启动抗旱应急水源，规模灌区发生干旱时也可根据实际情况启动应急（备用）水源调水；如果是非灌区作物发生干旱一般不启用应急（备用）水源，应急（备用）水源主要保障原控制范围内的作物不受旱。

3）某区应急合作响应滚动式分水方案的设计。为确保该区在旱灾期间能够平稳有序应急，针对该区现有水源和应急备用水源，展开该区应急响应滚动式分水方案的决策分析，具体设计流程如下（图7.5）：①通过监测与预测得出当前该区的旱情等级专题图；②对该区下属各乡镇的旱情进行分析，明确其旱情等级及特征；③分析应急水源地"网络图"，确定各乡镇是否有可用的常规水源和应急备用水源（如小水窖，小水塘，小一型、小二型及中型水库），掌握各水库对应的分水地区；④以乡镇为出发点，计算各乡镇常规水源工程中的小一型和小二型水库可外调的蓄水量[w＝各水库当前的蓄水量－各用水主体（城镇人饮、农业灌溉、工业用水等）的需水量－保证未来最低供水量－"死库容"的容量]，其中，由各水库的库容曲线可得出当前的蓄水量，各用水主体的需水量要根据当前旱情等级下的供水保证率×各用水主体的需水定额标准进行计算；⑤若为该乡镇供水的小一型、小二型水库可外调的蓄水量w大于或等于0，则可由乡镇通过本地的小一型和小二型水库自行进行抗旱分水；⑥若为该乡镇供水的小一型、小二型水库可外调的蓄水量w小于0，其值就代表当前该乡镇仍缺的水量，说明通过本地的小一型、小二型水库供水仍不能满足抗旱应急的需求，系统将发出预警，提示该地区需进一步向市级主管部门提出对中型以上水库的应急调水申请；⑦确定对各用水主体进行供水的次序；⑧形成各乡镇的抗旱应急响应方案，包括应急分水方案、抗旱物质配置方案及抗旱服务调配方案等；⑨方案执行后对为缓解旱情所采取的措施和效果进行分析评价，具体包括解决人饮困难，减少工业损失、抗旱浇地面积和农作损失等。

在上述分水方案决策分析基础上，基于综合集成研讨开发了云南旱灾应急合作响应决策平台，模拟云南旱灾应急分水方案，分别研究以旬、以月为滚动期的应急响应方案滚动优化流程，确保了本技术方案在整体决策流程上的可行性和有效性（具体平台设计技术这里不再赘述）。通过云南旱灾应急响应平台，可得到某区滚动式应急分水响应方案。

4）某区分水调度预案生成。根据该区当前的旱灾等级、供需水分析及应急分水配置等过程生成包括抗旱水源调度、抗旱物资运输等应急响应方案，从而为

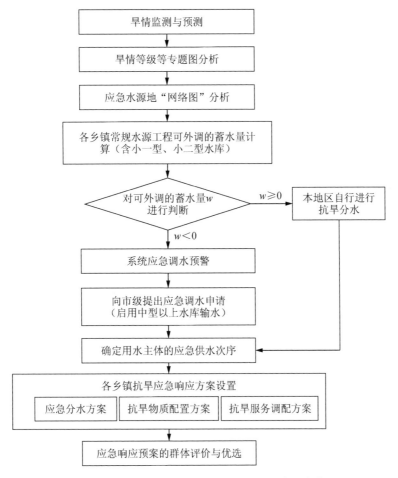

图 7.5　某区旱灾应急合作响应滚动式分水方案的决策过程

各防指成员单位的应急响应行动部署提供辅助决策参考。可在应急响应平台上对该区旬、月配水方案进行配置和查询，也可查询应急水源点供水情况。

　　综上，某区旱灾应急分水预案可通过旱灾应急合作响应决策系统实时展现。因此，可以利用这一决策支持系统对云南旱灾应急合作响应实时跟踪分析，同时该系统也可为其他地区旱灾应急管理提供服务。

7.4　云南省非常规突发干旱灾害应急管理的保障措施及对策

　　在云南省干旱灾害抗旱时期，应建立统一、快速、协调、高效的应急处置机制，做到职责明确、规范有序、反应及时，保证抗旱救灾工作高效有序进行，最大限度减少干旱灾害带来的影响和损失，保障缺水地区居民的人畜饮水需求，实现科学应对干旱灾害。具体保障措施及对策如下。

1）不断健全政府主导的抗旱减灾体系。这是旱灾应急合作响应的组织和法律保障。云南省政府于 2008 年率先在全省范围内建立行政问责制，并在旱灾应急中发挥较好作用。在今后旱灾应急中，不断完善抗旱应急组织体系，进一步强化抗旱责任制、多方协调的联动机制等抗旱工作机制。加强抗旱应急法律法规建设，促进有法可依的旱灾应急行动。制定抗旱服务组织建设和管理办法，建立抗旱服务的长效运行机制。组织进一步修订完善抗旱应急响应预案，增强预案的针对性和可操作性，确保抗旱工作有力、有序、有效开展。

2）多渠道广辟水源，科学分水、配水、取水。这是旱灾应急合作响应的基础资源保障。加强水利基础设施建设和大中小型水源调蓄工程建设，提高水资源调蓄能力，实行调水引流、多源互补。各地区要统筹协调地表、地下水源，减少工农业用水。各级防汛抗旱指挥部门要统一调配各种水源，并编制本地区的应急供水方案。采取限制供水及制订联合供水、划片区分时段供水、循环用水等节约用水方案，科学合理地利用现有供水水资源。充分利用现有电站水库的蓄水条件，对适宜作为备用水源点的电站，要调控发电水量，最大限度地满足周边需水地区的用水要求。同时，积极新建和改造老旧输水设施设备、增加拉（运）水设备和储水设施等，积极寻找周边的零散水源，加强地下打井找水工作，积极挖掘本地的水源及供水能力。此外，如果供水水源无法满足人畜用水需求，将按突发情况下的应急拉水措施实施或迁移人口。

3）科学提高旱灾应急能力。这是旱灾应急合作响应的技术保障。科学监测、科学预报、科学决策和科学行动是减少灾害损失的必要手段和重要前提。加强旱情监测预警系统建设，增加易旱地区旱情监测站点数量和密度。建立旱灾应急信息收集、管理、报送机制。加强干旱信息数据库建设，提升对历史干旱资料的收集、整理和分析能力，提高旱情分析、预测和评估的综合能力。进一步加强旱灾应急响应决策支持的建设和完善，构建旱灾应急信息共享平台，为旱灾应急预案制订提供决策支持和科学依据。

4）加强抗旱应急投入机制建设。这是旱灾应急合作响应的资金保障。建立与应急响应级别相挂钩的分级投入机制，在预案中补充完善资金保障方面的刚性条款，补充各级财政投入责任与规模方面的具体规定。进一步调整改革现行救灾资金拨付程序，强化资金拨付时效，提高与应急响应机制的协调性。明确各级应急响应下中央和地方政府的投入责任、比例和规模，建立防汛抗旱资金投入责任考核机制，将其纳入各级政府年度考核体系，以确保各级政府承担的救灾资金能足额、及时到位。在此基础上，健全救灾资金使用监管和绩效评价制度，提高灾害资金使用效益。同时，加强水旱灾害基础研究，如灾损动态评估，增强资金投入的科学性等。

　　5）提高抗旱节水意识。这是旱灾应急合作响应的社会保障。人类活动对干旱的影响越来越大，水资源的严重浪费、污染与人类活动有着密不可分的关系。因此，各级部门应做好抗旱宣传，增强人们的法律意识，不断提高人们参与防灾减灾活动的自觉性和参与水旱灾害风险管理的积极性，真正做到治与防相结合。大力宣传节水意识，贯彻节水思想，树立节水道德规范，合理利用水资源，尤其是农业水资源的利用率较低，节水灌溉方面的政策、法规相对滞后，节水灌溉技术水平低，需要加强节水灌溉技术的研究和科学试验，建立健全农业节水技术支撑体系，保证水资源的有效利用。在经济发展相对落后且旱情较严重的昭通市、文山州、大理州加强抗旱投入，同时重点宣传节水思想。

参 考 文 献

［1］国务院. 国家突发公共事件总体应急预案［DB/OL］. http://news. xinhuanet. com/politics/ 2006-01/08/content. 4024011. htm［2006-01-08］.

［2］十届全国人大常委会. 中华人民共和国突发事件应对法［DB/OL］. http://www. gov. cn/ ziliao/flfg/2007-08-/30/content-732593. htm［2007-08-30］.

［3］国家科委全国重大自然灾害综合研究组. 中国重大自然灾害及减灾对策（总论）［M］. 北京：科学出版社，1994.

［4］国家环境保护总局. 环境统计会报［DB/OL］. http://www. mep. gov. cn/zwgk/hjtj［2010-01-10］.

［5］国家防汛抗旱总指挥部，水利部. 中国水旱灾害公报 2010［M］. 北京：中国水利水电出版社，2011.

［6］水利部. 中国水灾年表［DB/OL］. http://www. chiawater. net. cn/flood/ChinaFlood. html ［2008-08-07］

［7］IPCC. Climate Change 2013：The Physical Science Basis（AR5）［M］. Working Group I Contribution to the FIFTHth Assessment Report of the Intergovernmental Panel on Climate Change. Cambridge：Cambridge University Press，2013.

［8］王静爱，孙恒，徐伟，等. 近 50 年中国旱灾的时空变化［J］. 自然灾害学报，2002，11 (2)：1-6.

［9］赵海燕，张强，高歌，等. 中国 1951～2007 年农业干旱的特征分析［J］. 自然灾害学报，2010，19(4)：201-206.

［10］Dai A. Drought under global warming：a review［J］. Wiley Interdisciplinary Reviews：Climate Change，2011，2(1)：45-65.

［11］袁文平，周广胜. 干旱指标的理论分析与研究展望［J］. 地理科学进展，2004，19(6)：982-991.

［12］国家防汛抗旱总指挥部，水利部. 中国水旱灾害公报：2012［M］. 北京：中国水利水电出版社，2013.

［13］张建云，王国庆. 气候变化与中国水资源可持续利用［J］. 水利水运工程学报，2009，(4)：17-21.

［14］《气候变化国家评估报告》编写委员会. 气候变化国家评估报告［M］. 北京：科学出版社，2007.

［15］陈安，陈宁，倪慧荟. 现代应急管理理论与方法［M］. 北京：科学出版社，2009.

［16］国家自然科学基金委员会. 2011 年度国家自然科学基金项目指南［M］. 北京：科学出版社，2010.

［17］Posner R A. Catastrophe：Risk and Responese［M］. New York：Oxford University Press，2004.

［18］ISO. Financing catastrophe risk：capital market solutions［DB/OL］. http://www. iso. com/Research-and-Analyses/Studies-and-Whitepapers/Financing-Catastrophe-Risk-Capital-Market-Solutions. html[2009-11-14].

[19] FEMA. National Response Framework[EB/OL]. http://www. fema. gov/pdf/emergency/ nrf/nrf-core. pdf[2010-03-14].

[20] Hoetmer G J. Emergency Management: Principles and Practice for Local Government[M]. Washington, D. C. : International City Management Association, 1991.

[21] Mitchell J K. Hazards and disasters in theUnited States: a Brief Review of Public Policies, Programs, Coordination and Emerging Issues[R]. Rutgers University, 2004.

[22] 计雷, 池宏, 陈安, 等. 突发事件应急管理[M]. 北京: 高等教育出版社, 2006.

[23] 陈安, 李铭禄. 干扰管理、危机管理和应急管理概念辨析[J]. 应急管理会刊, 2007, 1(1): 8-9.

[24] 祁明亮, 池宏, 赵红, 等. 突发公共事件应急管理研究现状与展望[J]. 管理评论, 2006, 18(4): 35-45.

[25] 李保俊, 袁艺, 邹铭, 等. 中国自然灾害应急管理研究进展与对策[J]. 自然灾害学报, 2004, 13(3): 18-23.

[26] Dynes R R, Quarantelli E L. Helping Behavior in Large Scale Disasters//Participation in Social and Political Activities. By David Horton Smith and Jacqueline Macaulay[M]. San Francisco, CA: Jossey-Bass, 1980: 339-354.

[27] Fink S. Crisis Management: Planning for the Inevitable[M]. New York: American Management Association, 1986.

[28] 魏加宁. 危机与危机管理[J]. 管理世界, 1994, (6): 53-59.

[29] 刘高峰, 王慧敏. 水灾害事件应急管理研究述评[J]. 人民黄河, 2012, 34(6): 26-29.

[30] Zografos K G, Vasilakis G M, Giannouli I M. Methodological framework developing decision support system(DSS) for hazardous materials emergency response operations[J]. Journal of Hazardous Materials, 2000, (7): 503-521.

[31] Das S, Lee R. A nontraditional methodology for flood stage damage calculation[J]. Water Resources Bulletin, 1988, (6): 110-135.

[32] Jonge T D et al. Modeling floods and damage assessment using GIS in HydroGIS96[A]// Kovar K, Hachtnebel H P. HydroGIS: Application of Geographic Information System in Hydrology and Water Resources Management. London: IAHS Publication, 1996: 299-306.

[33] Herath S, Dutta D. Flood Inundation Modeling and Loss Estimation Using Distributed Hydrologic Model, GIS and RS[C]. Proceeding of International Workshop on the Utilization of Remote Sensing Technology to Natural Disaster Reduction, 1998: 239-250.

[34] Scott A. Environment-accident index: validation of a model[J]. Journal of Hazardous Materials, 1998, (61): 305-312.

[35] Jenkin L. Selecting scenarios for environmental disaster planning[J]. European Journal of Operation Research, 2000, (121): 275-286.

[36] Holsapple C M, Whinston A B. Model management issues and directions[J]. Working

Paper No. 7. Department of Decision Science and Information Systems. University of Kentucky，November，1988，(12)：276-290.

[37] Brown B W，Shelton R A. TVA's use of computers in water resources management [J]. Water Resources Planning and Management，1986，112(3)：409-418.

[38] Steven D. Computer models in Lower Colorado River Operation[J]. Water Resources Planning and Management，1986，112(3)：395-408.

[39] Simonovic S P. Intelligent Decision Support and reservoir management and operation [J]. Computer-Aided Civil And Infrastructure Engineering，1989，3(4)：367-385.

[40] Dobbins J P. Development of an inland marine transportation risk management. information system[J]. Journal of Transportation Research Board，2007，1782(1)：31-39.

[41] 文康，金管生，陆青平，等．洪灾损失的调查与评估[R]．郑州：黄河水利委员会，1997，5：13-16.

[42] 董加瑞，王昂生．干旱、洪涝灾害预测及损失评估耦合模式[J]．自然灾害学报，1997，6(2)：70-76.

[43] 冯平，崔广涛，钟昀．城市洪涝灾害直接经济损失的评估与预测[J]．水利学报，2001，(8)：64-68.

[44] 王艳艳，陆吉康，郑晓阳，等．上海市洪涝灾害损失评估系统的开发[J]．灾害学，2001，16(2)：7-13.

[45] 程涛，吕娟，张立忠，等．区域洪灾直接经济损失即时评估模型实现[J]．水利发展研究，2002，2(12)：40-43.

[46] 黄涛珍，王晓东. BP神经网络在洪涝灾害损失快速评估中的应用[J]．河海大学学报(自然科学版)，2003，31(4)：457-460.

[47] 刁化功．水灾害的风险预警评估和管理机制[J]．现代经济探讨，2006，(11)：84-86.

[48] 冯平，钟翔，张波．基于人工神经网络的干旱程度评估方法[J]．系统工程理论与实践，2000，(3)：141-143.

[49] 刘静，王连喜，马力文，等．中国西北旱作小麦干旱灾害损失评估方法研究[J]．中国农业科学，2004(2)：201-207.

[50] 徐启运，张强，张存杰，等．中国干旱预警系统研究[J]．中国沙漠，2005，25(5)：785-789.

[51] 黄强，陈晓楠，邱林，等．基于混沌优化神经网络的农业干旱评估模型[J]．水利学报，2006，37(2)：247-252.

[52] 张素芬，任喜禄，褚丽妹．辽西地区2006年特大旱灾损失及抗旱减灾措施[J]．中国农村水利水电，2009，(8)：75-76.

[53] 张遂业，李金晶，李永鑫，等．水污染事件损失评价指标体系研究[J]．人民黄河，2005，27(11)：37-38.

[54] 陈嘉斌，黄建勋，陈苑，等．北江流域突发化学品水污染危害评估系统应用与医疗应急对策[J]．职业卫生与应急救援，2008，26(6)：305-307.

[55] 陈秀万．遥感与GIS在洪水灾情分析中的应用[J]．水利学报，1997，(3)：70-73.

[56] 魏一鸣，金菊良，杨存建，等.洪水灾害风险管理理论[M].北京：科学出版社，2002.

[57] 李纪人，丁志雄，黄诗峰，等.基于空间展布式社会数据库的洪涝灾害损失评估模型研究[J].中国水利水电科学研究院学报，2003，1(2)：104-110.

[58] 徐美，黄诗峰，李纪人.RS与GIS技术支持下的2003年淮河流域洪涝灾害快速监测与评估[J].水利水电技术，2004，35(5)：83-86.

[59] 武晟，解建仓，吴景霞，等.灾区"自愈"思想初探及洪灾评估系统的构建[J].水科学进展，2008，19(2)：245-250.

[60] 许健，吕永龙，王桂莲.GIS/ES技术在突发性环境污染事故应急管理中的应用探讨[J].环境科学学报，1999，19(5)：567-571.

[61] 何进朝，李嘉.突发性水污染事故预警应急系统构思[J].水利水电技术，2005，(10)：93-95，99.

[62] 彭祺，胡春华，郑金秀，等.突发性水污染事故预警应急系统的建立[J].环境科学与技术，2006，29(11)：58-61.

[63] 陈蓓青，谭德宝，程学军，等.三峡水库突发性水污染事件应急系统的开发[J].人民长江，2006，37(5)：89-91.

[64] 饶清华，许丽忠，张江山.闽江流域突发性水污染事故预警应急系统构架初探[J].环境科学导刊，2009，28(3)：69-72.

[65] 高鹏飞，王鹏，郭亮，等.流域水污染应急决策支持系统中模型系统研究[J].哈尔滨工业大学学报，2009，41(2)：92-96.

[66] 李晶.构建全方位水危机管理的新框架[J].中国水利，2003，(6)：65-66.

[67] 唐玉斌.水灾害发生的原因及其治理制度创新分析：从经济学视角进行分析[J].华南农业大学学报(社会科学版)，2006，5(2)：58-64.

[68] 叶炜民，于琪洋.水利突发公共事件应急管理现状分析[J].中国水利，2006，(17)：52-53.

[69] 邱瑞田.我国洪水干旱突发事件及应急管理[J].中国应急救援，2007，(4)：4-8.

[70] 程晓陶.我国水旱灾害应急能力面临新考验[J].中国减灾，2007，(4)：26-27.

[71] 孙录勤，张勇林，陈立文.加强流域机构次生水旱灾害应急管理的探讨[J].人民长江，2008，39(22)：23-25.

[72] 孙又欣，何少斌.湖北省水旱灾害应急管理实践[J].中国水利，2008，(11)：44-46.

[73] 谢春.洪灾应急管理机制存在的问题及对策[J].企业家天地，2008，(1)：162.

[74] 裴宏志，曹淑敏，王慧敏.城市洪水风险管理及灾害补偿研究[M].北京：中国水利水电出版社，2008.

[75] 胡新辉，王慧敏，马树建.我国城市洪水风险管理新模式：政府、市场、公众合作[J].华东经济管理，2008，22(9)：121-125.

[76] 王冠军，张秋平，柳长顺.构建与国家防汛抗旱应急响应等级相适应的分级投入机制探讨[J].中国水利，2009，(17)：13-15.

[77] 陈佐.突发性环境污染事故分析与应急反应机制[J].铁道劳动安全卫生与环保，2002，29(2)：45-47.

[78] 孙振世. 浅谈我国突发性环境污染事故应急反应体系的建设[J]. 中国环境管理，2003，22(2)：5-7.

[79] 陈赛. 尽快构建环境责任保险制度[N]. 中国经济时报，2006-01-10(5).

[80] 赵来军，朱道立，李怀祖. 非畅流流域跨界水污染纠纷管理模型研究[J]. 管理科学学报，2006，9(4)：18-25.

[81] 李红九. 三峡库区航运突发事件预警和应急管理机制[J]. 武汉理工大学学报(社会科学版)，2006，19(1)：114-117.

[82] 潘泊，汪洁. 长江流域重大水污染事件应急机制探讨[J]. 水资源保护，2007，23(1)：87-90.

[83] 孙秉章，胡效珍. 浅析突发性水污染事件的应急处理措施[J]. 山西水土保持科技，2009，(2)：31-32.

[84] 徐冉，王梓，程永正，等. 突发水污染事故应急管理体系研究[J]. 河北工业科技，2009，26(4)：218-220.

[85] Little J D. The use of storage water in a hydro-electric system[J]. Operations Research，1955，(3)：187-197.

[86] Windsor J S. Optimization model for reservoir flood control[J]. Water Resources Research，1973，9(5)：1219-1226.

[87] Windsor J S. A programming model for the design of multi-reservoir flood control system [J]. Water Resources Research，1975，11(1)：30-36.

[88] Beckor G L. Multi-objective analysis of multi-reservoir operations[J]. Water Resources Research，1982，18(5)：1326-1336.

[89] Wasimi S A，Kitanidis P K. Real-time forecast and daily operation of a multi-reservoirs system during floods by linear quadratic gaussion control[J]. Water Resources Research，1983，19(6)：1511-1522.

[90] Unver O I，Mays L. Model of real-time optimal flood control operation of a reservoir system[J]. Water Resources Management，1990，4(1)：20-45.

[91] Mohan S，Raipure D M. Multi-objective analysis of multi-reservoir system[J]. Water Resources Plan Management，1992，118(4)：356-370.

[92] Suleyman T，William A W. The emerging area of emergency management and engineering [J]. IEEE Transactions on Engineering Management，1998，45(2)：103-105.

[93] Subramania C. Dissemination of weather information to emergency managers：a decision support tool[J]. IEEE Transactions on Engineering Management，1998，45(2)：106-114.

[94] Sherali H D，Subramanian S. Opportunity cost-based models for traffic incident response problem[J]. Journal of Transportation Engineering，1999，125(3)：176-185.

[95] Josefa Z，Hernandez J，Serrano M. Knowledge-based models for emergency management systems[J]. Expert Systems with Applications，2001，(20)：73-186.

[96] Akellaa M R，Bangb C，Beutnerc R. Evaluating the reliability of automated collision notification systems[J]. Accident Analysis&Prevention，2003，35(3)：349-360.

[97] Barbarosoglu G，Arda Y. A two-stage stochastic programming framework for transportation planning in disaster response[J]. Journal of Operational Research Society，2004，（55）：43-53.

[98] 虞锦江. 水电站水库防洪优化控制[J]. 水电能源科学，1983，1(1)：65-69.

[99] 董增川. 大系统分解原理在库群优化调度中的应用[D]. 河海大学博士学位论文，1986.

[100] 胡振鹏，冯尚友. 防洪系统联合运行的动态规划模型及其应用[J]. 武汉水电学院学报，1987，（4）：55-65.

[101] 许自达. 介绍一种简捷的防洪水库群洪水优化调度方法[J]. 人民黄河，1990，（1）：26-30.

[102] 王本德，周惠成，程春田. 梯级水库群防洪系统的多目标洪水调度决策的模糊优选[J]. 水利学报，1994，（2）：31-39.

[103] 谢新民，陈守煜，王本德，等. 水电站水库群模糊优化调度模型与目标协调：模糊规划法[J]. 水科学进展，1995，6(3)：189-197.

[104] 陈守煜，袁晶瑄，郭瑜. 可变模糊决策理论及其在水库防洪调度决策中应用[J]. 大连理工大学学报，2008，48(2)：259-262.

[105] 邵东国，郭元裕，陈佩君. 水库实时优化调度余留库容模糊决策方法研究[J]. 系统工程学报，1999，14(3)：234-238.

[106] 周惠成，张改红，王国利. 基于熵权的水库防洪调度多目标决策方法及应用[J]. 水利学报，2007，38(1)：100-106.

[107] 谢柳青，易淑珍. 水库群防洪系统优化调度模型及应用[J]. 水利学报，2002，（6）：38-42.

[108] 钟平安，李兴学，张初旺，等. 并联水库群防洪联合调度库容分配模型研究与应用[J]. 长江科学院院报，2003，20(6)：51-54.

[109] 曹永强，殷峻暹，胡和平. 水库防洪预报调度关键问题研究及其应用[J]. 水利学报，2005，36(1)：51-55.

[110] 刘招，黄文政，黄强，等. 基于水库防洪预报调度图的洪水资源化方法[J]. 水科学进展，2009，20(4)：578-583.

[111] 杨俊杰，周建中，李英海，等. 基于模糊联系数的水库多目标防洪调度决策[J]. 华中科技大学学报(自然科学版)，2009，37(9)：101-104.

[112] 覃晖，周建中，王光谦. 基于多目标差分进化算法的水库多目标防洪调度研究[J]. 水利学报，2009，40(5)：513-519.

[113] 陈守煜，于义彬，马用祥. 松花江流域蓄滞洪区方案优选智能决策研究[J]. 大连理工大学学报，2003，43(3)：362-366.

[114] 李传哲，于福亮，刘佳，等. 基于GIS的层次分析法在蓄滞洪区启用次序决策中的应用[J]. 长江科学院院报，2006，23(5)：48-51.

[115] 罗晓青. 淮河蓄滞洪区调度与运用初探[J]. 中国水利，2006，（23）：33-35.

[116] 阎俊爱. 基于GIS的河道、蓄滞洪区洪水演进动态可视化仿真研究[J]. 数学的实践与认识，2008，38(22)：70-76.

[117] 陈道英. 外洪内旱时引水涵闸的抗旱调度问题浅析[J]. 中国农村水利水电，2004，(10)：7-16.

[118] 孔珂，解建仓，马维纲. 应急水量调度仿真的多 Agent 模型[J]. 计算机工程与应用，2005，(28)：179-181.

[119] 张军献，张学峰，李昊. 突发水污染事件处置中水利工程运用分析[J]. 人民黄河，2009，31(6)：22-23.

[120] 高淑萍，刘三阳. 基于联系数的多资源应急系统调度问题[J]. 系统工程理论与实践，2003，(6)：113-115.

[121] 张婧，申世飞，杨锐. 基于偏好序的多事故应急资源调配博弈模型[J]. 清华大学学报（自然科学版），2007，47(12)：2172-2175.

[122] 何建敏，刘春林，曹杰，等. 应急管理与应急系统：选址、调度与算法[M]. 北京：科学出版社，2005.

[123] 赵林度，刘明，戴东甫. 面向脉冲需求的应急资源调度问题研究[J]. 东南大学学报（自然科学版），2008，38(6)：1116-1120.

[124] 杨继君，许维胜，冯云生，等. 基于多模式分层网络的应急资源调度模型[J]. 计算机工程，2009，35(10)：21-24.

[125] 魏敏杰，纪昌明. 应急资本在洪灾风险转移中的融资分析[J]. 中国农村水利水电，2003，(11)：40-42.

[126] 刘铁忠，李志祥，王梓薇. 灾害应急中的国防资源动员研究[J]. 科技进步与对策，2005，(10)：28-30.

[127] 李茂堂，韩钢. 突发水污染灾害现场应急通信系统的设计[J]. 微计算机信息，2009，(3)：177-178.

[128] Doheny J, Fraser J. Modeling Decisions In Emergency Situations[R]. University of Edinburgh，1995.

[129] Kathleen M K T, Vaught C, Scharf T. Judgment and decision making under stress: an overview for emergency manager[J]. International Journal of Emergency Management，2003，1(3)：278-289.

[130] McCarthy S, Tunstall S, Parker D. Risk communication in emergency response to a simulated extreme flood[J]. Environmental Hazards，2007，(7)：179-192.

[131] 万庆，励惠国. 蓄洪区灾民撤退过程动态模拟(I)：技术与方法研究[J]. 地理学报，1995，(增刊)：62-68.

[132] 郑日昌. 灾难的心理应对与心理援助[J]. 北京师范大学学报（社会科学版），2003，(5)：28-31.

[133] 谭红专. 洪灾的危害及其综合评价模型的研究[D]. 中南大学博士学位论文，2004.

[134] 董惠娟，顾建华，邹其嘉，等. 论重大突发事件的心理影响及本体应对：以印度洋地震海啸为例[J]. 自然灾害学报，2006，15(4)：88-91.

[135] 陈秀梅，陈洁. 突发事件中领导心理与行为的路径选择[J]. 领导科学，2006，(9)：44-45.

[136] 马奔. 应急管理中的心理危机干预与重建：以汶川大地震为例[J]. 甘肃社会科学，2008，(5)：48-51.

[137] 李俊岭，刘庆顺，闫建超. 应急动态决策的行为过程与模式研究[J]. 河北学刊，2008，28(5)：146-150.

[138] 马丽波，谭百玲. 基于心理契约视角的政府应急管理机制构建[J]. 中国工商管理研究，2009，(5)：8-10.

[139] 包晓. 应急心理干预机制建设探析[J]. 经济师，2009，(11)：51-52.

[140] 徐本华. 加强人文关怀，关注应激心理：应急管理中的心理问题探讨[J]. 信阳师范学院学报(哲学社会科学版)，2009，29(2)：38-41.

[141] 王丽莉. 论政府在重大灾难事件心理援助中的责任[J]. 理论与改革，2009，(5)：22-25.

[142] 钱学森，于景元，戴汝为. 一个科学的新领域：开放的复杂巨系统及其方法论[J]. 自然杂志，1990，13(1)：3-10.

[143] Minsky M. The Society of Mind [M] New York：Simon & Schuster，1988.

[144] Wooldridge M，Jennings N R. Intelligent agents：theory and practice [J]. Knowledge Engineering Review，1995，10(2)：115-52.

[145] 张少苹，戴峰，王成志. 多 Agent 系统研究综述[J]. 复杂系统与复杂性科学，2011，8(4)：1-5.

[146] Serugendo G D M，Gleizes M P，Karageorgos A. Self-organisation and emergence in MAS：an overview [J]. Informatica (Slovenia)，2006，30(1)：45-54.

[147] 廖守亿，戴金海. 复杂适应系统及基于 Agent 的建模与仿真方法[J]. 系统仿真学报，2004，16(1)：113-119.

[148] 邓宁，刘加顺，罗荣桂. 基于 Agent 对供应链风险管理的研究[J]. 中国管理科学，2006，14(z1)：412-416.

[149] 薛领，杨开忠. 城市演化的多主体 (multi-agent) 模型研究[J]. 系统工程理论与实践，2003，23(12)：1-9.

[150] Sian S S. Extending learning to multiple agents：issues and a model for multi-agent machine learning (MA-ML)[C]. Proceedings of the Machine Learning：EWSL-91，F，1991，Springer.

[151] 李强. 城市公共安全应急响应动态地理模拟研究[D]. 清华大学博士学位论文，2010.

[152] Mala M. A multi-agent system based approach to emergency management，proceedings of the Intelligent Systems (IS)[C]. IEEE International Conference，2012.

[153] Sheremetov L B，Contreras M，Valencia C. Intelligent multi-agent support for the contingency management system [J]. Expert Systems with Applications，2004，26(1)：57-71.

[154] Yang C，Chu D，Lu S. Integrated multi-agent-based platform for emergency logistics management[C]. Proceedings of the ICLEM 2010@ sLogistics For Sustained Economic Development：Infrastructure，Information，Integration，F，2010，ASCE.

[155] Purvis M，Cranefield S，Nowostawski M，et al. Multi-agent system interaction protocols in a dynamically changing environment [A]//Wagner TA. An Application Sci-

ence for Multi-agent Systems[M]. New York：Springer-Verleg New York Inc.，2004：95-111.

[156] Ramchurn S D，Huynh D，Jennings N R. Trust in multi-agent systems [J]. The Knowledge Engineering Review，2004，19(1)：1-25.

[157] 韩梅琳，樊瑞满，郑建国. 供应链突发事件应急协调机制研究[J]. 统计与决策，2007，20(3)：170-171.

[158] 李圆. 基于 BDI Agent 的个体推理和多部门应急协商方法及应用[D]. 华中科技大学博士学位论文，2012.

[159] 陈海涛，白凤，房明民. 基于多 Agent 的城市应急管理通信机制研究[J]. 情报科学，2010，12：139-143.

[160] 王飞，尹占娥，温家洪. 基于多智能体的自然灾害动态风险评估模型[J]. 地理与地理信息科学，2009，25(2)：85-92.

[161] 魏一鸣，张林鹏，范英. 基于 Swarm 的洪水灾害演化模拟研究[J]. 管理科学学报，2002，5(6)：39-46.

[162] Shen S，Shaw M. Managing coordination in emergency response systems with information technologies[C]. Proceedings of the AMCIS，F，2004，Citeseer.

[163] Olfati-Saber R，Fax J A，Murray R M. Consensus and cooperation in networked multi-agent systems [J]. Proceedings of the IEEE，2007，95(1)：215-233.

[164] Lesser V R. Cooperative multiagent systems：a personal view of the state of the art [J]. Knowledge and Data Engineering，IEEE Transactions on，1999，11(1)：133-142.

[165] Zhong Q，Du J. Research on multi-agent coordination in emergency decision-making[C]. Proceedings of the E-Product E-Service and E-Entertainment (ICEEE)，International Conference on，F，2010，IEEE.

[166] Bulka B，Gaston M. Local strategy learning in networked multi-agent team formation [J]. Autonomous Agents and Multi-Agent Systems，2007，15(1)：29-45.

[167] Singh V K，Modanwal N，Basak S. MAS coordination strategies and their application in disaster management domain[C]. Proceedings of the Intelligent Agent and Multi-Agent Systems (IAMA)，2011 2nd International Conference on，F，2011，IEEE.

[168] Ochoa S F，Neyem A，Pino J A，et al. Supporting group decision making and coordination in urban disasters relief [J]. Journal of Decision Systems，2007，16(2)：143-172.

[169] Zhang L，Qi Z，Wang S H，et al. Exploring Agent-based modeling for emergency logistics collaborative decision making [J]. Advanced Materials Research，2013，710：781-785.

[170] Kanno T，Morimoto Y，Furuta K. A distributed multi-agent simulation system for the assessment of disaster management systems [J]. International Journal of Risk Assessment and Management，2006，6(4)：528-44.

[171] Balbi S，Perez P，Giupponi C. A spatial agent-based model to explore scenarios of adaptation to climate change in an alpine tourism destination[A] // Ernst A，Kuha S. 3rd World

Longres on Sociol Simulation[C]. Kassel：University Kassel，2010.

[172] Bharosa N，Lee J，Janssen M. Challenges and obstacles in sharing and coordinating infor-
mation during multi-agency disaster response：propositions from field exercises [J]. In-
formation Systems Frontiers，2010，12(1)：49-65.

[173] 陈海涛，毕新华，韩田田. 基于多主体的应急管理协调研究[J]. 学习与探索，2011，
(6)：56-63.

[174] 韩田田. 基于复杂系统的应急管理协调研究[D]. 吉林大学博士学位论文，2012.

[175] 杜健. 应急管理中的多主体协调决策研究[D]. 大连理工大学博士学位论文，2010.

[176] 王莉. 核电站事故应急协同决策系统可靠性建模与仿真[D]. 哈尔滨工程大学学位论
文，2012.

[177] 吴国斌，张凯. 多主体应急协同效率影响因素实证研究：以湖北省高速公路为例[J].
工程研究：跨学科视野中的工程，2011，(2)：164-173.

[178] Huang W，Ma Z，Li C，et al. Computational experiment system architecture of extreme
flood and drought disaster events[C]. Proceedings of the Mechanic Automation and Con-
trol Engineering (MACE)，2011 Second International Conference on，2011.

[179] Edrissi A，Poorzahedy H，Nassiri H，et al. A multi-agent optimization formulation of
earthquake disaster prevention and management [J]. European Journal of Operational Re-
search，2013，229(1)：261-275.

[180] Warner J. Multi-stakeholder Platforms for Integrated Water Management [M]. New
York：Ashgate Publishing，2007.

[181] Li C，Wang F，Wei X，et al. Solution method of optimal scheme set for water resources
scheduling group decision-mahing based on multi-agent computation [J]. Intelligent Au-
tomation & Soft Computing，2011，17(7)：871-83.

[182] Gintis H. Strong reciprocity and human sociality[J]. Journal of Theoretical Biology，2000，
206：169-179.

[183] Fehr E，de Quervain D J F，Fischbacher U，et al. The neural basis of altruistic punish-
ment [J]. Science，2004，305(5688)：1254-1258.

[184] 王覃刚. 关于强互惠及政府型强互惠理论的研究[J]. 经济问题，2007，1：10-12.

[185] Buchanan J M，Vanberg V J. Constitutional implications of radical subjectivism[J]. The
Review of Austrian Economics，2002，15(2/3)：121-129.

[186] Gintis H，Bowles S，Boyd R，et al. Explaining altruistic behavior in humans [J].
Evolution and Human Behavior，2003，24(3)：153-172.

[187] Bowles S，Gintis H. The origins of human cooperation[A]//Hammerstein P. Genetic and
Cultural Evolution of Cooperation[C]. Cambridge：MIT Press，2003.

[188] Bowles S，Gintis H. The evolution of strong reciprocity：cooperation in heterogeneous
populations[J]. Theoretical Population Biology，2004，65(1)：17-28.

[189] Sánchez A，Cuesta J A. Altruism may arise from individual selection [J]. Journal of The-
oretical Biology，2005，253(1)：233-240 .

[190] Dahanukar N，Watve M. Group selection and reciprocity among kin[J]. The Open Biology Journal，2009，2：66-79.

[191] Rutte C，Taborsky M. Generalized reciprocity in rats[J]. Plos Biology，2007，5(7)：1421-1425.

[192] Deng K Y，Gintis H，Chu T G. Strengthening strong reciprocity[J]. Journal of Theoretical Biology，2011，268：141-145.

[193] 王覃刚. 演化经济学中的社会合作的起源问题[J]. 经济研究导刊，2010，16：3-7.

[194] 王覃刚. 制度演化：政府型强互惠模型[D]. 华中师范大学博士学位论文，2007.

[195] 韦倩. 人类合作行为与合作经济学理论分析框架[D]. 山东大学博士学位论文，2009.

[196] 韦倩. 强互惠理论：起源、现状与未来[N]. 光明日报(理论周刊)，2010-08-03(10).

[197] 董红斌，黄厚宽，印桂生，等. 协同演化算法研究进展[J]. 计算机研究与发展，2008，45(3)：454-463.

[198] Pattipati K R. A dynamic decision model of human task selection performance[J]. IEEE Transaction on SMC，1983，13(3)：145-156.

[199] Morgan P D. Simulation of an adaptive behavior mechanism in an expert decision maker [J]. IEEE Transaction on SMC，1993，23(1)：65-126.

[200] 高小平. 建立综合化的政府公共危机管理体制[J]. 公共管理高层论坛，2006，(2)：25-41.

[201] 宋学锋. 复杂性、复杂系统与复杂性科学[J]. 中国科学基金，2003，(5)：262-269.

[202] 许国志. 系统科学[M]. 上海：上海科技教育出版社，2000.

[203] 马克，刘岩. 突发风险事件的不确定性与应急管理创新[J]. 社会科学战线，2011，(8)：1-5.

[204] 王慧敏，佟金萍. 基于CAS的流域水资源配置与管理及建模仿真[J]. 系统工程理论与实践，2005，23(5)：34-36.

[205] 国务院. 国家防汛抗旱应急预案[DB/OL]. http://www. gov. cn/yjgl/2006-01/11/content _ 155475. htm[2006-01-11].

[206] Ostrom E. Governing the Commons：The Evolution of Institutions for Collective Action [M]. New York：Cambridge University Press，1990.

[207] Ostrom E. Collective action and the evolution of social norms [J]. Journal of Economic Perspectives，2000，14：137-158.

[208] 佟金萍. 基于CAS的流域水资源配置机制研究[D]. 河海大学博士学位论文，2006.

[209] 谢识予. 经济博弈论[M]. 上海：复旦大学出版社，2002.

[210] 盛昭瀚，蒋德鹏. 演化经济学[M]. 上海：上海三联书店，2002.

[211] 谢识予. 有限理性条件下的进化博弈理论[J]. 上海财经大学学报，2001，3(5)：3-9.

[212] Roth A E，Erev I. Learning in extensive form games：Experimental data and simple dynamic models in the intermediate term[J]. Games and Economics Behavior，1995，8：164-212.

[213] Slonim R，Roth A E. Learning in high republic[J]. Econometrica，1998，（66）：569-596.

[214] Fudenberg D，Levine D. Leaning in games[J]. Ruropean Economic Review，1998，（42）：631-629.

[215] Cheung Y W，Friedmna D. Individual learning in normal form names：some laboratory results[J]. Games and Economic Behavior，1997，（19）：46-76.

[216] 章平，戴燕. 个体决策与学习行为：有限理性建模综述[J]. 南开经济研究，2006，（3）：116-128.

[217] 赵晗萍，冯允成，蒋家东. 进化博弈模型中有限理性个体学习机制设计框架[J]. 系统工程，2005，23(9)：16-19.

[218] 成思危. 复杂性科学探索[M]. 北京：民主与建设出版社，1999.

[219] 蒋珩. 区域突发公共事件应急联动体系研究[D]. 武汉理工大学博士学位论文，2006.

[220] 邢华. 水资源管理协作机制观察：流域与行政区域分工[J]. 改革，2011，（5）：68-73.

[221] 杨龙. 地方政府合作的动力、过程与机制[J]. 中国行政管理，2008，（7）：96-99.

[222] Drabek T E，Hoetmer G J. Emergency management：principles and practice for local government [C]. Washington，DC，1991.

[223] Te Brake G，van der Kleij R，Cornelissen M. Distributed mobile teams：effects of connectivity and map orientation on teamwork[C]. Proceedings of the Proceedings of the 5th International ISCRAM Conference，Washington，DC，2008.

[224] 林闯. 随机 Petri 网和系统性能评价[M]. 2 版. 北京：清华大学出版社，2005.

[225] Petri C A. Communication with Automata[M]. New York：Griffiss Air Force Base，1966.

[226] 林闯，曲扬，郑波，等. 一种随机 Petri 网性能等价化简与分析方法[J]. 电子学报，2002，30(11)：1620-1623.

[227] Youness O S，El-Kilani W S，El-Wahed W F A. A behavior and delay equivalent petri net model for performance evaluation of communication protocols[J]. Computer Communications. 2008，31(10)：2210-2230.

[228] 刘霞，严晓. 公共危机治理网络视阈下的政府间关系[J]. 云南社会科学，2009，（6）：28-32.

[229] 王慧敏，刘高峰，佟金萍. 非常规突发水灾害事件动态应急决策模式探讨[J]. 软科学，2012，26(1)：20-24.

[230] 王其藩. 系统动力学[M]. 上海：上海财经大学出版社，2009.

[231] 朱宪辰，李玉连. 异质性与共享资源的自发治理：关于群体性合作的现实路径研究[J]. 经济评论，2006，（6）：17-23.

[232] 王艳艳，梅青，程晓陶. 流域洪水风险情景分析技术简介及其应用[J]. 水利水电科技进展，2009，29(2)：56-60.

[233] 岳珍，赖茂生. 国外"情景分析"方法的进展[J]. 情报杂志，2006，（7）：59-60.

[234] 戴汝为. 人机结合的智能工程系统：处理开放的复杂巨系统的可操作平台[J]. 模式识别与人工智能，2004，17(3)：257-261.

[235] 谭俊峰，张朋柱，黄丽宁．综合集成研讨厅中的研讨信息组织模型[J]．系统工程理论与实践，2005，25(1)：86-92．

[236] 顾基发，王浣尘，唐锡晋，等．综合集成方法体系与系统学研究[M]．北京：科学出版社，2007．

[237] 唐锡晋，刘怡君．有关社会焦点问题的群体研讨实验：定性综合集成的一种实践[J]．系统工程理论与实践，2007，(3)：42-49．

[238] 于景元，周晓纪．从定性到定量综合集成方法的实现和应用[J]．系统工程理论与实践，2002，22(10)：26-32．

[239] 赵锋，何卫平，秦忠宝，等．基于广义专家群思考模型的 Web 知识获取研究[J]．计算机工程与应用，2008，44(12)：81-84．

[240] 谭俊峰，张朋柱，程少川，等．面向研讨过程的群体成员权重算法[J]．系统工程理论方法应用，2005，14(2)：97-103．

[241] 熊才权，李德华．综合集成研讨厅共识达成模型及其实现[J]．计算机集成制造系统，2008，14(10)：1913-1918．

[242] 崔霞，戴汝为，李耀东．群体智慧在综合集成研讨厅体系中的涌现[J]．系统仿真学报，2003，15(1)：146-153．

[243] 左春荣．基于定性推理理论和 Multi-Agent 的群决策支持系统研究[D]．合肥工业大学博士学位论文，2008．

[244] 金涛．面向突发危机事件的范例推理研究[D]．上海交通大学博士学位论文，2007．

[245] 张兴学，张朋柱．群体决策研讨意见分布可视化研究：电子公共大脑视听室(ECBAR)的设计与实现[J]．管理科学学报，2005，8(4)：15-27．

[246] 钱敏．2007 年淮河洪水和防汛调度[J]．治淮，2007，(12)：7-10．

[247] 国务院．国务院关于淮河防御洪水方案的批复[DB/OL]．http://www.gov.cn/xxgk/pub/govpublic/mrlm/200803/t20080328＿32029.html[2008-03-28]．

[248] 汪方，田红．淮河流域 1960～2007 年极端强降水事件特征[J]．气候变化研究进展，2010，6(3)：228-229．

[249] 国家防汛抗旱总指挥办公室．2003 年淮河防汛抗洪[J]．防汛与抗旱，2003，3：3-18．

[250] 淮河防汛总指挥部办公室．2007 年防汛抗洪工作综述[J]．治淮，2007，10：4-7．

[251] 罗丽艳，李芸，马平森，等．云南省干旱及演变趋势分析[J]．人民珠江，2011，(2)：13-16．

[252] 马显莹，白树明，黄英．浅析云南干旱特征及抗旱对策[J]．中国农村水利水电，2012，(5)：101-104．

[253] 余航，王龙，田琳，等．基于信息扩散理论的云南农业旱灾风险评估[J]．中国农村水利水电，2011，(12)：91-94．